城市大气污染综合治理技术支撑与精准帮扶

基于山东省潍坊市实践研究

高健 杨艳/著

中国环境出版集团·北京

图书在版编目（CIP）数据

城市大气污染综合治理技术支撑与精准帮扶 ： 基于山东省潍坊市实践研究 / 高健，杨艳著. - -北京 ： 中国环境出版集团，2024. 11. - - ISBN 978-7-5111-6024-9

Ⅰ. X51

中国国家版本馆CIP数据核字第2024S4D566号

责任编辑 侯华华
封面设计 宋 瑞

出版发行 中国环境出版集团
（100062 北京市东城区广渠门内大街 16 号）
网 址：http：//www.cesp.com.cn
电子邮箱：bjgl@cesp.com.cn
联系电话：010-67112765（编辑管理部）
发行热线：010-67125803，010-67113405（传真）

印 刷 玖龙（天津）印刷有限公司
经 销 各地新华书店
版 次 2024 年 11 月第 1 版
印 次 2024 年 11 月第 1 次印刷
开 本 787×960 1/16
印 张 17.25
字 数 248 千字
定 价 138.00 元

前言

“十三五”初期，我国京津冀及周边区域大气污染问题较为突出，为进一步加快解决京津冀及周边地区大气重污染问题，2017 年 4 月，国务院第 170 次常务会议决定部署大气重污染成因与治理攻关项目（以下简称“攻关项目”），由环境保护部（现生态环境部）牵头，科学技术部、中国科学院、中国气象局等多部门联合攻关。为确保攻关项目顺利实施，2017 年 9 月依托中国环境科学研究院成立国家大气污染防治攻关联合中心，采用“1+X”模式组建攻关团队，即以中国环境科学研究院为主体，联合中国环境监测总站、环境保护部环境规划院（现生态环境部环境规划院）、北京大学、清华大学等优势单位集中攻关。以京津冀及周边地区大气污染传输通道“2+26”城市为重点研究区域，建立“包产到户”跟踪研究机制，成立 28 支“一市一策”跟踪研究专家团队，为地方城市“送科技解难题，把脉问诊开药方”，开展系列大气污染成因攻关研究工作。这一里程碑式重大项目为我国大气污染精准化治理开启了新思路和新方法，为其他重点区域和城市大气污染防治提供了有益借鉴。

潍坊市位于山东半岛中部，是工业和农业大市，西邻通道城市淄博市。2015—2018 年，潍坊市大气污染防治工作取得了一定进展，空气质量明显改善，但以细颗粒物、臭氧为代表的复合型污染问题仍较为突出，同时也面临技术和科学施策方面的挑战和瓶颈。2019 年潍坊市空气质量出现恶化，综合指数同比上升 7.9%，6 项常规污染物除 SO_2 浓度同比下降外，其他 5 项污染物浓度均同比上升，其中 $PM_{2.5}$、NO_2、CO 浓度同比上升超过 10%，大气环境污染形势严峻，亟须强有力的技术支撑和科学精准的治理对策。鉴于此，潍坊市人民政府决心开展大气污染成因分析与综合治理研究，借鉴京津冀及周边“2+26”城市“一市一策”跟踪研究模式，依托中国环境科学研究院组建专家团队。2019 年年末专家团队进驻潍坊市，开展为期两年半的大气污染综合治理跟踪研究，以期为潍坊市空气质量改善提供有力的科学指导和决策支撑。

本书由高健、杨艳策划，高健负责技术审定，杨艳负责统稿和校核。书稿内容来源于潍坊市大气污染成因综合治理“一市一策”跟踪研究项目研究成果，中国环境科学研究院项目组成员：高健、杨艳、陈建华、薛志钢、唐伟、刘翰青、王亚丽、张岳翀、马彤、林芃川、竹双、车飞、李洋、张皓、杜谨宏、任岩军、马京华、杨丽。在此诚挚感谢项目服务期间项目成员的倾心付出和全力支持；感谢河南天朗生态科技有限公司、壹点环境科技（广州）有限公司、生态环境部环境与经济政策研究中心和其他合作单位的大力支持和鼎力相助；感谢潍坊市生态环境局时任局长马焕军、时任局长罗相贤、时任局长孙吉海、时任副局长李建文、副局长孟建明、大气科科长吴占宁、大气科副科长刘岩的大力支持和有力领导，在此向项目服务期间提供咨询和指导的各位专家及同人致以诚挚谢意！

因作者学识有限，书中难免存在瑕疵，敬请读者给予批评指正。

目录

第1章
基本概况

1.1 自然地理

1.1.1 地理地貌

潍坊市位于山东半岛中部，居半岛城市群中心位置，土地总面积1 618 495.25 hm^2，约占山东省总面积的10%，居山东省第2位。市辖潍城区、奎文区、坊子区、寒亭区，青州市、诸城市、寿光市、安丘市、高密市、昌邑市（以上均为县级市），昌乐县、临朐县4区6市2县（截至2022年），另有高新技术产业开发区（简称“高新区”）、综合保税区（简称“保税区”）、滨海经济技术开发区（简称“滨海区”）、峡山生态经济开发区（简称“峡山区”）4个开发区（图1-1）。地跨东经118°10′～120°01′，北纬35°41′～37°26′，东与青岛、烟台两市连接，西邻淄博、东营两市，南连临沂、日照两市，北濒渤海莱州湾。地扼山东内陆腹地通往半岛地区的咽喉，胶济铁路横贯市境东西。直线距离西至省会济南市183 km，西北至首都北京市410 km。

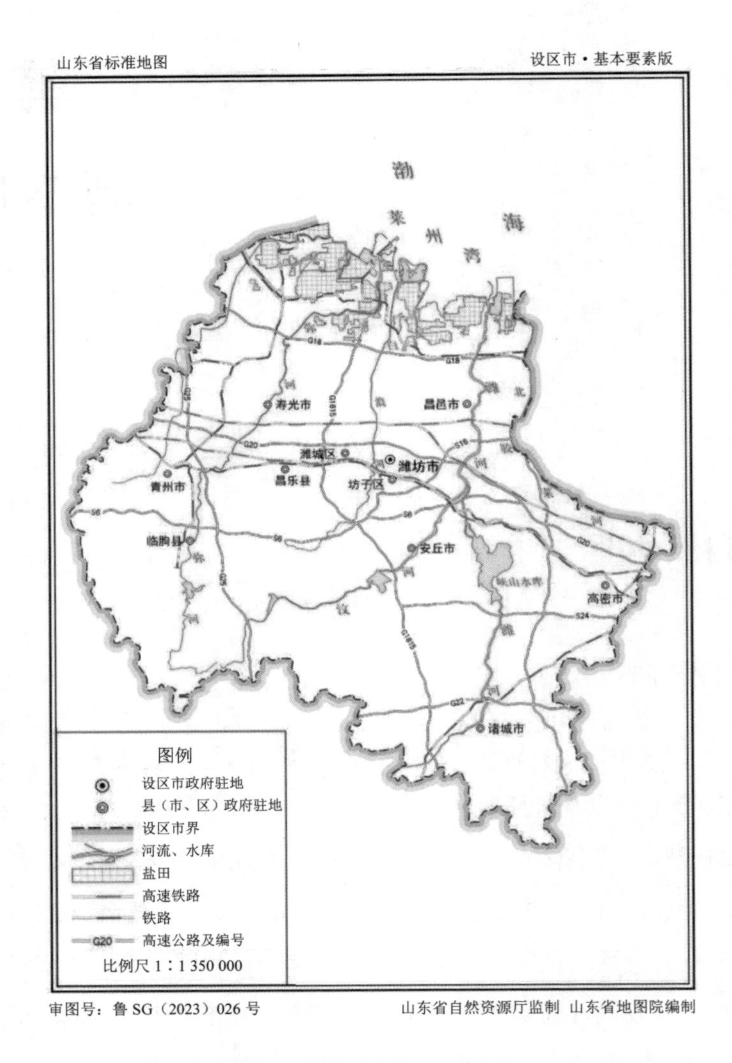

图 1-1 潍坊市行政区划图

潍坊市自然地形南高北低，地貌分异特征明显。南部多丘陵，中部系平原，北部为低洼碱地与滩涂。市域内山丘分属于两个山脉，自青州西南部至临朐、安丘南部属于泰沂山脉，呈东西走向；分布在诸城的属崂山山脉，呈东北一西南走向。位于临朐县的沂山玉皇顶为全市海拔最高点，海拔高程 1 031 m；中部为山前冲洪积平原，地形平坦，北部为滨海低洼地，海拔高程（黄海零点）1.2～7.0 m。地貌自南至北有构造剥蚀山地、剥蚀堆积高地、山前堆积平原、冲洪积平原和海积平原。

1.1.2　气候条件

潍坊市年平均气温为 12.6℃，1 月平均气温为−5.9～−0.5℃，7 月平均气温为 23.8～28.7℃。

潍坊市年平均降水量为 615.3 mm，春季降水量为 25.9～176.1 mm，夏季降水量为 232.5～629.7 mm，秋季降水量为 22.6～205.8 mm，冬季降水量为 3.0～72.6 mm。

潍坊市静风发生概率为 15.2%，扣除静风下年平均风速为 2.1 m/s，非扣除静风下年平均风速为 1.8 m/s。春夏季盛行南风，平均风速为 2.1 m/s；秋冬季盛行北风，平均风速为 1.5 m/s。

1.2　社会经济

按 2015 年不变价格计算，潍坊市地区生产总值（GDP）总量由 2011 年的 3 020.47 亿元增加至 2020 年的 5 891.55 亿元，年均增长 6.9%，社会经济保持持续增长。全市常住人口从 2011 年的 915.53 万人增加至 2020 年的 939.36 万人。人均 GDP 从 2011 年的 3.52 万元提高到 2020 年的 6.27 万元，居民收入快速增长。城镇化率从 2011 年的 47.9%增长到 2020 年的 64.4%，逐年稳定增加。

按当年价格计算，2020 年全市实现 GDP 5 872.2 亿元，按可比价格计算，比上年增长 3.6%。其中，第一产业实现增加值 535.6 亿元，比上年增长 2.4%；第二产业实现增加值 2 308.1 亿元，比上年增长 3.9%；第三产业实现增加值

3 028.4 亿元，比上年增长 3.5%。通过稳增长、调结构、转方式，产业结构持续优化升级。以工业为主的第二产业比重持续下降，以服务业为主的第三产业发展提速，第一、第二和第三产业结构比值由 2011 年的 10.1∶55.4∶34.5 调整为 2020 年的 9.1∶39.3∶51.6。

1.3 能源消费

能源消费持续增加使潍坊市大气污染防治形势更加严峻。潍坊市终端能源消费以煤炭和石油为主（图 1-2）。2020 年终端能源消费总量为 3 796.0 万 t 标准煤，其中煤炭、石油、天然气和电力占比分别为 38%、7%、5.5%和 20.8%。

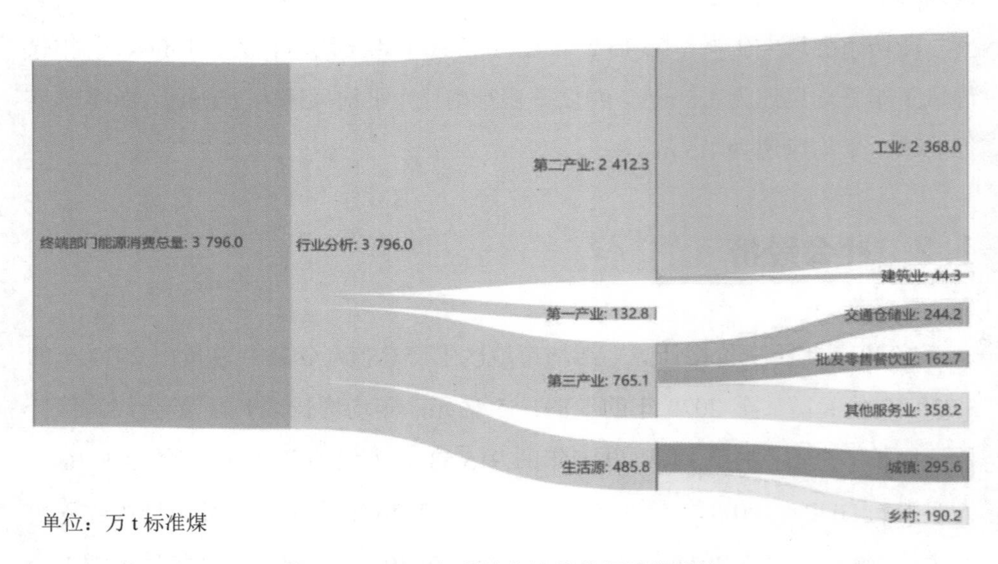

图 1-2　2020 年潍坊市终端能源消费结构

从能源消费的产业结构分布来看，第二产业是潍坊市终端能源消费的主要贡献者。2020 年潍坊市第二产业能源消费量为 2 412.3 万 t 标准煤，占全市终端能源消费总量的 63.5%，其中，化学原料和化学制品制造业能源消费量最多，其次是电力、热力生产和供应业，石油加工、炼焦和核燃料加工业，黑色金属冶炼和压延加工业。从第二产业能源消费结构看，煤炭、石油、天然气、电力和热力占比分别为 41.4%、0.9%、5.6%、25.2%和 23.4%（图 1-3）。

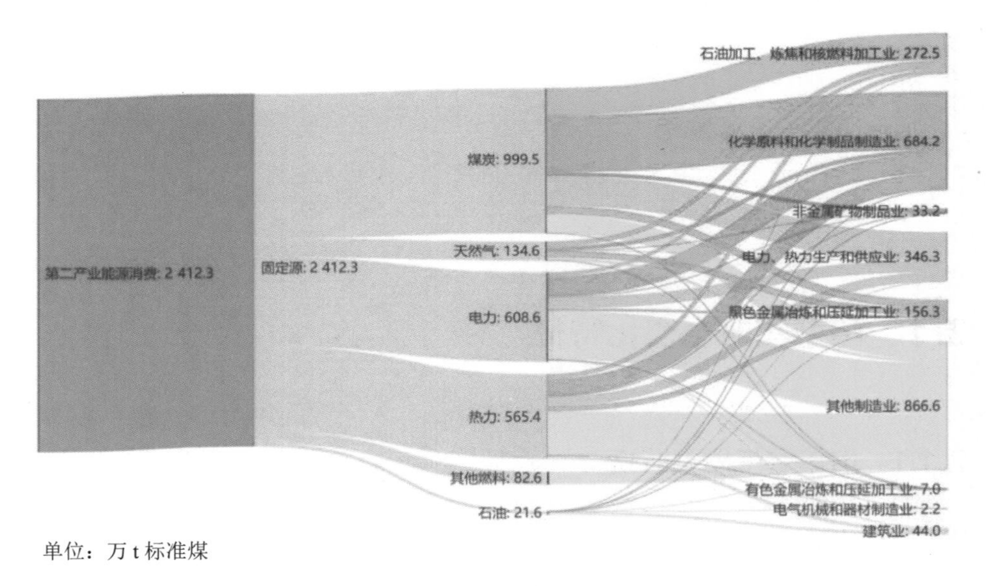

图 1-3　2020 年潍坊市第二产业能源消费结构

1.4　大气环境监测监管能力

潍坊市先后建成颗粒物激光雷达组网、光化学组网、颗粒物组分在线监测、工业企业智慧用电监控、高空瞭望、用车大户门禁监控、道路环境颗粒物车载走航监测、企业污染物在线监测等设备，覆盖化学组分监测以及工业企业、扬尘、机动车等多种污染源。协同配置无人机、走航车、红外热像仪等监测设备，基本实现大气污染物监测感知全要素、全天候、全覆盖。

第2章
空气质量历年变化与主要问题

2.1 污染物时空变化特征

2.1.1 历年空气质量状况

2.1.1.1 排名变化

2015—2019年潍坊市各项空气质量指标在168个全国重点城市中倒排名情况见表2-1，可以看出，2016年潍坊市多项污染物同比排名转好，2017年和2018年各项污染物排名基本稳定，但2019年多项污染物排名明显后退。

2019年潍坊市空气质量整体恶化，形势较为严峻，年综合指数为5.88，在168个全国重点城市空气质量排名中列倒排第24名，同比倒退17名；6项污染物[①]中$PM_{2.5}$、PM_{10}、NO_2、CO排名分别为倒29名、倒15名、倒44名、倒42名，同比排名均明显倒退。

① 《环境空气质量标准》（GB 3095—2012）规定的环境空气污染物基本项目。

表 2-1　2015—2019 年潍坊市各项空气质量指标在 168 个全国重点城市中倒排名

年份	综合指数	$PM_{2.5}$	PM_{10}	SO_2	NO_2	CO	O_3
2015	29	37	24	33	72	76	4
2016	44	44	30	31	92	83	18
2017	41	47	24	39	109	68	36
2018	41	48	19	48	81	72	37
2019	24	29	15	55	44	42	39

2.1.1.2　污染物对综合指数贡献的变化

2015—2019 年，6 项污染物中对综合指数贡献较大的污染物依次是 $PM_{2.5}$、PM_{10}、NO_2 和 $O_{3\text{-}8h\text{-}90}$。从污染物贡献率变化来看，2015—2019 年 $PM_{2.5}$、PM_{10}、$CO_{\text{-}95}$ 对综合指数的影响基本保持不变，分别保持在 27%、26%、7%左右；SO_2 对综合指数的贡献率从 10%降低到 4%，下降明显；NO_2、$O_{3\text{-}8h\text{-}90}$ 对综合指数的贡献率呈上升趋势，NO_2 贡献率逐年上升 1%，$O_{3\text{-}8h\text{-}90}$ 贡献率从 17%上升到了 20%（图 2-1）。

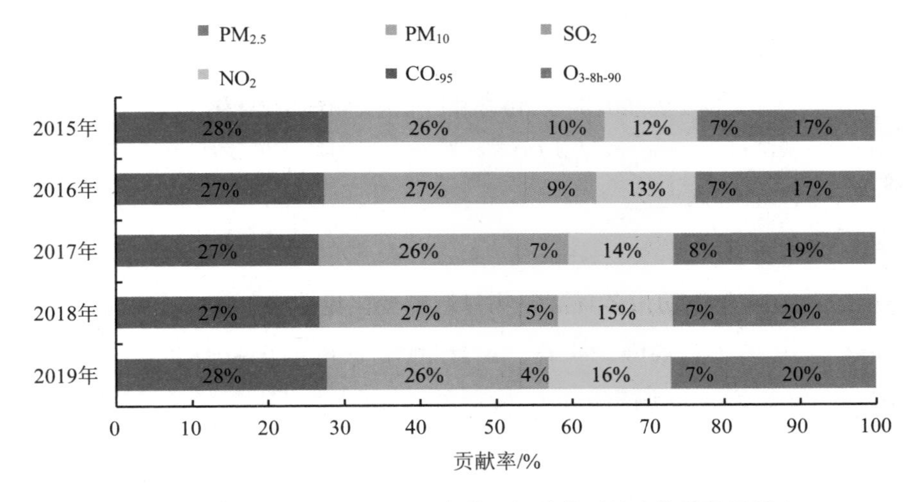

图 2-1　2015—2019 年潍坊市各项污染物对综合指数的贡献率

2.1.1.3 污染物浓度变化

（1）年变化

2015—2019 年，潍坊市 6 项污染物中 $PM_{2.5}$、PM_{10}、SO_2 浓度整体呈现下降趋势，降幅分别为 19%、20%和 68%，但 NO_2、O_3 浓度总体增加，增幅分别为 12%和 4%，O_3 年均浓度均在 160 μg/m³ 以上。但 2019 年潍坊市空气质量发生恶化，近 5 年内 $PM_{2.5}$、PM_{10}、NO_2、CO 浓度首次不降反升，空气质量形势严峻（图 2-2）。

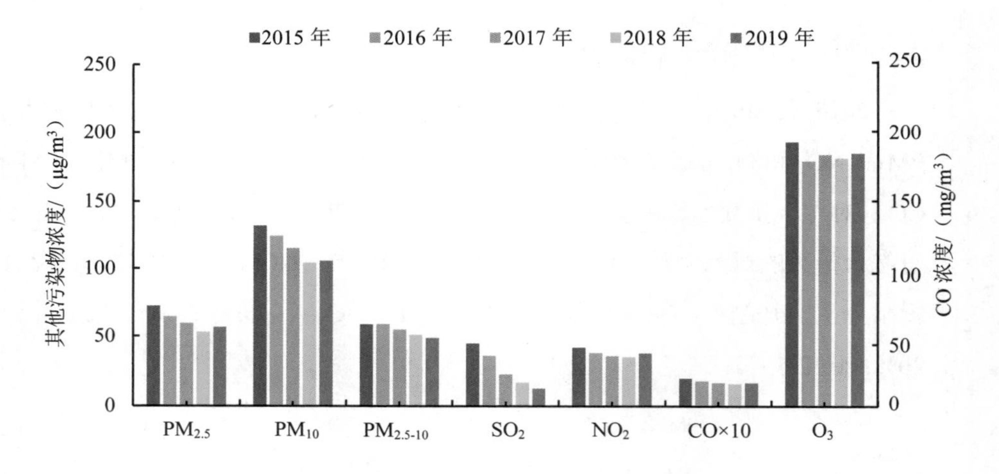

图 2-2 2015—2019 年潍坊市污染物年浓度变化

注：CO 浓度一般在 1.0～2.0 mg/m³，为使 CO 在此图中更好地呈现，其浓度乘以 10，否则数太小，看不出变化趋势。

（2）逐月变化

2015—2019 年潍坊市各项污染物月浓度变化见图 2-3。

PM_{10}：从历年月浓度变化看，每月 PM_{10} 浓度变化较为平滑，第一季度（2019 年除外）和第四季度的 PM_{10} 浓度有升高趋势。

$PM_{2.5}$：2019 年 1—2 月反弹最为明显，$PM_{2.5}$ 浓度高于往年（2015 年除外）；3—9 月，$PM_{2.5}$ 浓度除高于 2018 年外，基本低于往年或与往年持平；9 月后 $PM_{2.5}$

污染逐渐加重。

SO_2：2015—2019 年 SO_2 整体呈逐年下降趋势，从 2019 年来看，1—6 月 SO_2 月浓度与 2018 年同期浓度相比没有明显下降，甚至在 5 月较 2018 年同期上升。

NO_2：2019 年 NO_2 月浓度除 4—6 月外，剩余月份均高于往年同期（2015 年除外）；随着各城市臭氧问题越来越严重，夏季 NO_2 月浓度升高更为明显。

CO_{-95}：2019 年 6 项污染物中 CO 浓度同比上升 30.8%，上升幅度最大。但是综合指数贡献率一直保持在 7%左右。

$O_{3\text{-}8h\text{-}90}$：2019 年 $O_{3\text{-}8h\text{-}90}$ 月浓度除 4 月、5 月、8 月外，剩余月份基本高于往年同期。夏季臭氧问题更加突出，月浓度更高，污染高值月份更长。

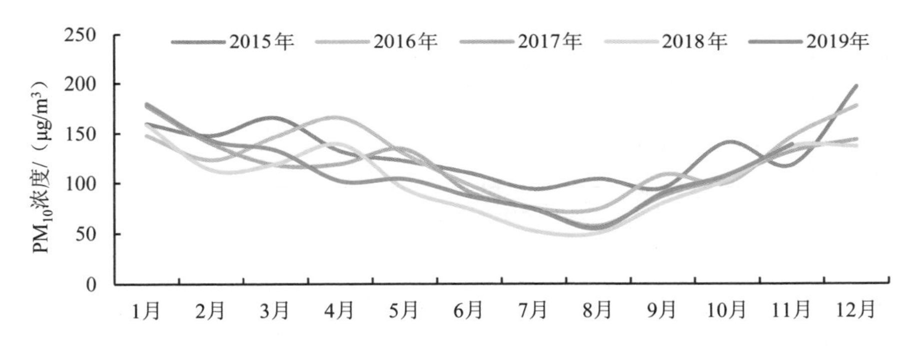

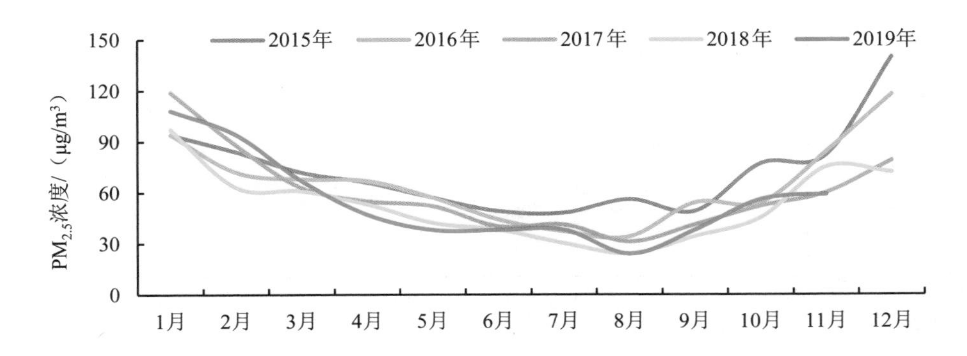

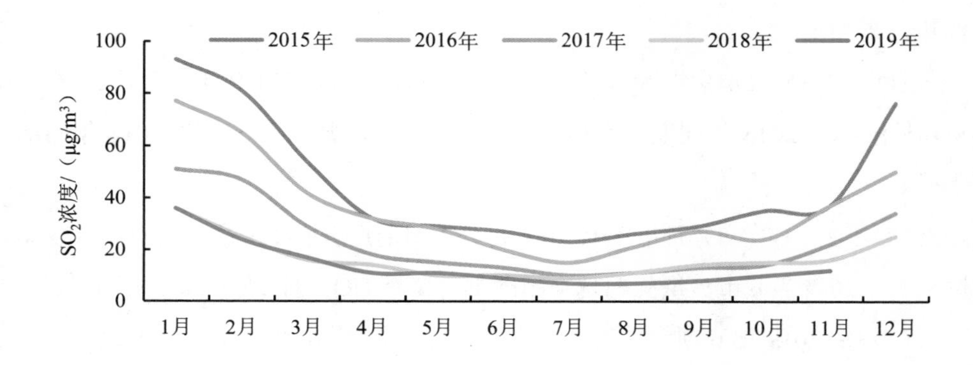
2015年
2016年
2017年
2018年
2019年
SO2浓度/（μg/m3）
100
80
60
40
20
0
1月
2月
3月
4月
5月
6月
7月
8月
9月
10月
11月
12月

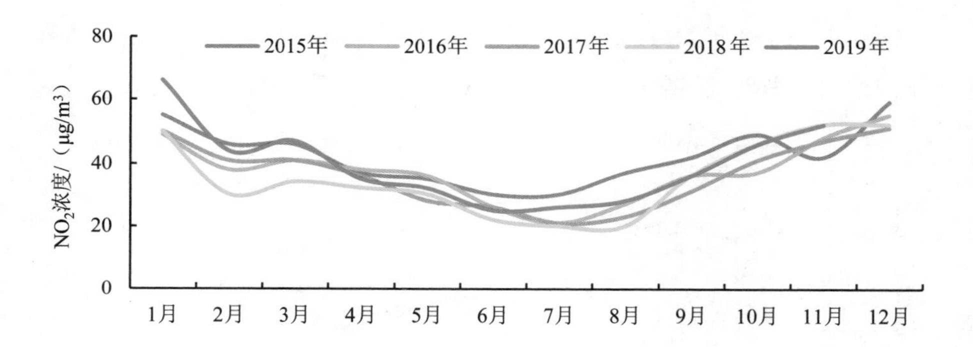
2015年
2016年
2017年
2018年
2019年
NO2浓度/（μg/m3）
80
60
40
20
0
1月
2月
3月
4月
5月
6月
7月
8月
9月
10月
11月
12月

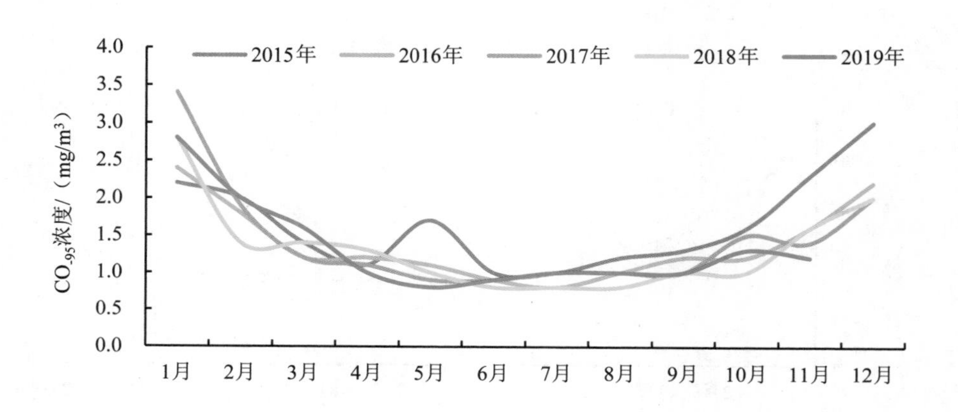
2015年
2016年
2017年
2018年
2019年
CO-95浓度/（mg/m3）
4.0
3.5
3.0
2.5
2.0
1.5
1.0
0.5
0.0
1月
2月
3月
4月
5月
6月
7月
8月
9月
10月
11月
12月

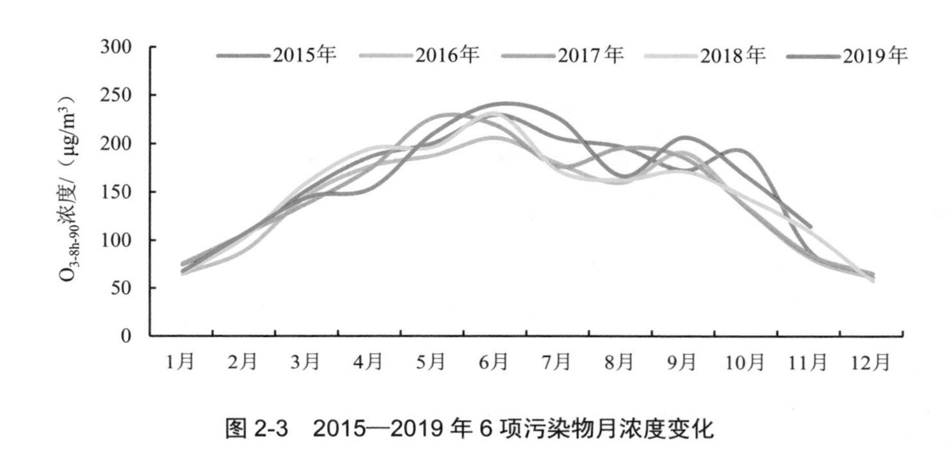

图 2-3　2015—2019 年 6 项污染物月浓度变化

2.1.2　2019 年空气质量状况

2.1.2.1　空气质量总体情况

2019 年潍坊市综合指数和污染物浓度及其同比变化情况见表 2-2，可以看出，2019 年潍坊市年综合指数为 5.88，在山东省 16 个地级市中倒排第 7 名，综合指数同比上升 7.90%，6 项污染物中仅 SO_2 浓度同比下降，其余 5 项污染物年浓度同比上升，其中 $PM_{2.5}$、NO_2、CO 同比上升率均超过 10%，反弹幅度较大。从全省排名位次看，SO_2、O_3 排名较好，分别倒排第 10 名、倒排第 11 名；排名最差的为 CO，在山东省倒排第 3 名，NO_2 排名也较差，在山东省倒排第 5 名。

表 2-2　2019 年潍坊市综合指数和污染物浓度及其同比变化

项目	综合指数	$PM_{2.5}$	PM_{10}	SO_2	NO_2	CO	O_3
指数/浓度	5.88	57 μg/m³	105 μg/m³	13 μg/m³	38 μg/m³	1.7 mg/m³	185 μg/m³
省内倒排名	7	6	7	10	5	3	11
指数/浓度同比变化率/%	7.90	11.80	4.00	−18.80	15.20	13.30	7.60

从全年来看，潍坊市主导风向为东南风，2018 年、2019 年东南风出现频率分别为 12%、14%，但从风速来看，相比 2018 年，2019 年平均风速更小，整体扩散条件略差，且 2019 年西北风出现频率增多，而西北部寿光市的空气质量为潍坊市最差，对中心城区有较大的传输影响。

2019 年潍坊市空气质量优良 217 d，占全年总天数的 59.5%；重污染 18 d，占全年总天数的 4.9%。逐月看，8 月优良天数最多（28 d），占全月的 90.3%；1—2 月、5—6 月优良天数偏少。重污染天数主要分布在 1—3 月、5 月和 12 月，除 5 月因 O_3 造成 1 d 重污染外，其余重污染天数均出现在冬季和春季，详见图 2-4。

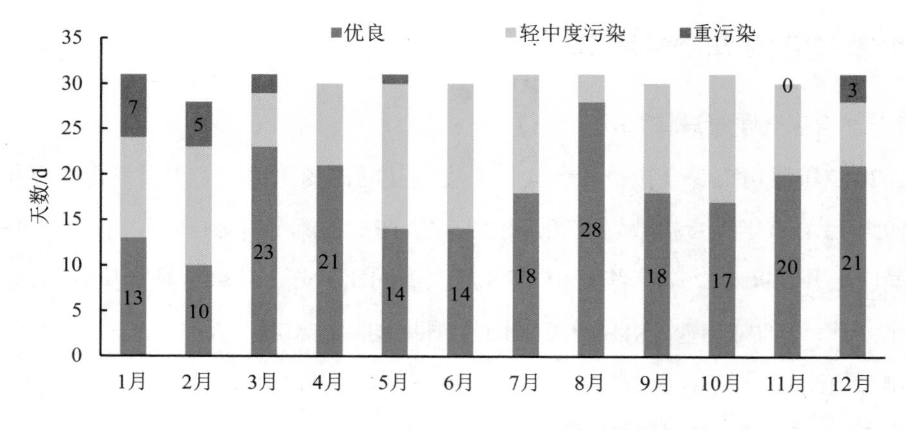

图 2-4　2019 年潍坊市逐月空气质量等级分布

2.1.2.2　污染物浓度空间变化

2019 年潍坊市西北部和中心城区空气质量较差，颗粒物和 NO_2 浓度较高；南部和西部区县空气质量较好，但 O_3 污染突出。

中心城区中经济区和高新区空气质量较好，坊子区、寒亭区、潍城区、奎文区污染程度接近，年综合指数为 5.82～5.90。从各项污染物浓度来看，中心城区 PM_{10}、NO_2、CO 浓度均较高，SO_2 浓度处于全市中等水平；坊子区、寒亭

区和潍城区 $PM_{2.5}$ 浓度均在 60 μg/m^3 以上；高新区、奎文区和经济区 $PM_{2.5-10}$ 浓度全市倒排前 3 名；奎文区和经济区 O_3 污染突出，浓度在 185 μg/m^3 以上。

西北部的寿光市污染最为突出，综合指数全市倒排第 1 名，$PM_{2.5}$、PM_{10}、NO_2、CO 浓度均为全市最高，SO_2 浓度仅次于青州市和滨海区，处于较高水平。西部的青州市综合指数处于全市中等水平，SO_2 和 O_3 浓度全市倒排第 1 名，CO 浓度全市倒排第 2 名；西部昌乐县空气质量优于中心城区，但 $PM_{2.5}$ 浓度较高。

南部诸城市和东南部高密市空气质量相近，较为突出的指标分别为 $PM_{2.5}$ 和 CO。南部且邻近中心城区的安丘市、峡山区和西南部临朐县空气质量最好，综合指数均在 5.50 以下，但 O_3 浓度（185 μg/m^3 以上）均处于较高水平。

东北部的昌邑市综合指数与中心城区相近，$PM_{2.5}$、CO 和 O_3 浓度均高于中心城区平均水平；北部边缘的滨海区年综合指数为 5.52，全市倒排第 4 名，空气质量较好，但 SO_2 浓度全市最高，O_3 浓度在 190 μg/m^3 以上。

2.2　大气污染防治压力与挑战

2.2.1　排名和浓度压力

2.2.1.1　2019 年排名倒退

2019 年潍坊市综合指数为 5.88，在 168 个全国重点城市中倒排第 24 名，排名同比倒退 17 名，在山东省 16 个地级市中排名第 10 名，排名压力较大；2019 年 6 项污染物中 $PM_{2.5}$、NO_2、CO 排名分别为倒 29 名、倒 44 名、倒 42 名，同比排名分别倒退了 19 名、37 名、30 名；PM_{10} 排名均较差，2019 年在 168 个全国重点城市中倒排第 15 名。

2.2.1.2　污染物浓度不降反升

2019 年潍坊市空气质量发生恶化，年综合指数为 5.88，同比上升 7.90%，

$PM_{2.5}$、PM_{10}、NO_2 和 CO 年均浓度分别为 57 μg/m^3、105 μg/m^3、38 μg/m^3 和 1.7 mg/m^3，近 5 年内 4 项污染物浓度首次不降反升，其中 $PM_{2.5}$、NO_2、CO 同比上升均超过 10%，空气质量形势非常严峻。相较山东省内周边城市（东营市、滨州市、青岛市、日照市），潍坊市 $PM_{2.5}$、PM_{10}、NO_2、CO 污染较为突出。2019 年重污染天数 18 d，除 5 月因 O_3 造成 1 d 重污染外，其余重污染天均出现在冬季和春季。

2.2.1.3 区域污染特征差异显著

2019 年潍坊市 $PM_{2.5}$ 浓度高值区集中在寿光、青州、昌邑和诸城；$PM_{2.5\text{-}10}$ 浓度在城区较高；SO_2 和 $CO_{\text{-}95}$ 浓度在青州西部浓度较高；NO_2 浓度在寿光、诸城、高新区浓度较高；而 $O_{3\text{-}8h\text{-}90}$ 浓度在西南部（青州、临朐）和北部（寿光）呈现较高水平，各项污染物浓度高值区在空间分布上存在较大差异。

2.2.1.4 排放强度高于全国平均水平

根据潍坊市 2019 年大气污染物排放清单结果分析，潍坊市各污染物排放强度小于京津冀和珠三角地区，但是高于全国平均水平。SO_2 排放强度为全国平均水平的 1.2 倍，NO_x 排放强度为全国平均水平的 1.9 倍，$PM_{2.5}$ 排放强度处于较高水平，是全国平均水平的 3.4 倍，VOCs（挥发性有机物）排放强度是全国平均水平的 1.8 倍。

2.2.2 面临的主要问题

2.2.2.1 能源结构问题

能源总消费量呈现逐年升高趋势，其中第二产业能源消耗占比最大。2020 年第二产业能源消费量为 2 412.3 万 t 标准煤，占全市终端能源消费总量的 63.5%，其中化学原料和化学制品制造业能源消费量最多，其次是电力、热力生产和供应业，石油加工、炼焦和核燃料加工业，黑色金属冶炼和压延加工业。

2.2.2.2　产业结构问题

2019 年潍坊市 GDP 5 688.5 亿元，比 2018 年增长 3.5%。其中，第一产业实现增加值 517.42 亿元，增长了 0.9%；第二产业实现增加值 2 291.04 亿元，与上年持平；第三产业实现增加值 2 880.04 亿元，增长了 7.5%。第一产业、第二产业产值占比高于全省平均水平。工业企业涵盖行业多，数量巨大，布局分散，产业集群多。潍坊市涉气企业共计 9 000 余家，行业覆盖 33 个重点行业，分布在 15 个县（市、区）；涉 VOCs 产业集群 17 类，集中分布特征较为明显，最具特点的有高密铸造、橡胶、人造板集群，寿光防水卷材集群，青州铸造、塑料制品、工业涂装集群等。

2.2.2.3　交通结构问题

2019 年潍坊市货物运输量 28 717 万 t，位居山东省第 3，且以公路运输为主，公路运输占比 86%。2019 年潍坊市汽车保有量 265 万辆，位居山东省第 3，其中，营运性运输车辆保有量 23 万辆，位居山东省第 1。潍坊港泊位 45 个，其中万吨级以上泊位 20 个，港口设计通过能力突破 4 000 万 t。2019 年道路移动源 NO_x 排放量占全市总量的 47.2%，其中重型和轻型载货汽车排放量最多，二者占所有车型排放总量的 55%。过境重型货车 NO_x 排放量占所有重型货车总排放量的 74.2%，在青银高速公路、S222、南环路、胶王路和长深高速公路上的车流量和排放量较高。

2.2.2.4　用地结构问题

潍坊市用地类型以农田为主，占比 70%以上，属山东省农业大市。各区县主城区建设用地面积接近全区总面积的 20%；建筑施工裸地主要集中在各区县的主城区范围内，属重点监管对象。潍坊市扬尘污染较重，2018 年和 2019 年连续两年 PM_{10} 浓度位于 168 个全国重点城市后 20 位之内。2019 年 PM_{10} 年均浓度为 105 μg/m^3，位于 168 个全国重点城市倒排第 15 名；从全省看，潍坊市 PM_{10} 浓度在山东省东部城市中区域独高，中心城区较城乡接合部 PM_{10} 污染更突出。

第3章 污染源识别与解析

3.1 大气污染源排放清单建立

3.1.1 活动水平数据调查

通过组织16个县（市、区）生态环境分局及乡镇街道、1 000多家重点企业，以及12个市直部门开展基础信息填报培训工作，在潍坊全市范围内深入开展重点大气污染源调查，获取污染源基本信息、活动水平和控制措施等资料，数据收集情况见表3-1。

表3-1 潍坊市2019年大气污染源清单基础信息数据收集情况

一级源分类	二级源分类	数据收集情况
化石燃料固定燃烧源	电力供热	59个电力供热企业信息
	工业锅炉	1 108个工业锅炉信息
	民用锅炉	54个民用锅炉信息
	民用燃烧	13个区县的民用燃烧信息

一级源分类	二级源分类	数据收集情况
工艺过程源	玻璃	1 个玻璃企业信息
	水泥	35 个水泥企业信息
	石油化工	415 个石油化工企业信息
	焦化	4 个焦化企业信息
	钢铁	9 个钢铁企业信息
	其他工业	4 579 个其他企业信息
移动源	道路移动源	2 651 109 辆机动车信息
	非道路移动源	209 462 辆非道路移动源信息
溶剂使用源	工业涂装	632 个工业涂装企业信息
	建筑涂料	1.9 万 t 建筑涂料使用信息
	汽修	303 个汽修企业信息
	印刷印染	202 个印刷印染企业信息
	农药使用	1 001.4 t 农药使用信息
	其他溶剂	111 个干洗店溶剂和 945.6 万 t 其他溶剂使用信息
农业源	畜禽养殖	67 136 万只畜禽养殖信息
	氮肥施用	24.1 万 t 氮肥施用信息
	土壤本底	1 191.6 万亩*耕地面积信息
	固氮植物	71 万亩固氮植物种植信息
	秸秆堆肥	795.4 万 t 秸秆堆肥信息
	人体粪便	353.7 万农村人口信息
扬尘源	土壤扬尘	117.7 万 hm^2 土地面积信息
	道路扬尘	33 045.5 km 道路信息
	施工扬尘	763 个工地信息
	堆场扬尘	133 个料堆信息
生物质燃烧源	工业生物质锅炉	8 个工业生物质锅炉信息
	生物质炉灶	13 个区县的民用生物质使用信息
	生物质开放燃烧	113 个火点信息

一级源分类	二级源分类	数据收集情况
储存储运源	加油站	1 013 个加油站信息
	油气储存	4 个储油库信息
废弃物处理源	固废处理	8 个固废处理企业信息
	废水处理	32 个废水处理企业信息
	烟气脱硝	78 个涉及烟气脱硝企业信息
其他排放源	餐饮	59 151 个餐饮企业信息

* 1 亩≈666.7 m^2。

3.1.2 排放量核算

以 2019 年为基准年，基于生态环境部发布的《大气细颗粒物一次源排放清单编制技术指南（试行）》《大气挥发性有机物源排放清单编制技术指南（试行）》《大气氨源排放清单编制技术指南（试行）》《扬尘源颗粒物排放清单编制技术指南（试行）》《生物质燃烧源大气污染物排放清单编制技术指南（试行）》《非道路移动源污染源大气污染物排放清单编制技术指南（试行）》《道路机动车大气污染物排放清单编制技术指南（试行）》等相关标准性指导文件，针对不同污染源，建立相应的排放因子集和污染物排放量计算方法。对固定燃烧源和工艺过程源重点采用物料衡算、排放因子和现场实测等方法核算，对扬尘源等面源类采取排放因子方法计算。针对重点污染源（移动源、扬尘源、生物质源）排放清单，利用重型货车全球定位系统（GPS）轨迹大数据（本地和过境货车交通量和行驶里程数据等）、卫星遥感监测数据（工地裸地经纬度、裸露面积，火点数量、经纬度、持续时间等），计算和构建了 2019 年潍坊市大气污染物排放清单。

2019 年排放清单覆盖 10 类一级排放源和 9 种主要污染物［$PM_{2.5}$、PM_{10}、SO_2、NO_x、CO、NH_3、VOCs、OC（有机碳）、BC（元素碳）］。其中，一级排放源中的二级排放源分类见表 3-1。

3.1.3　清单编制与质控

潍坊市大气污染物排放清单结果汇总工作完成后，组织相关行业专家对数据进行审核并提出修改完善建议。结合潍坊市统计年鉴、空气质量数据、第二次污染源普查数据和潍坊市重污染天气应急减排清单对污染源排放量进行了校核。此外，清单编制组对潍坊市部分重点企业进行实地调研，主要行业为印刷印染、工业涂装和橡胶制品等，并依据专家意见和建议对清单数据进行校验和修改完善，最终完成大气污染物排放清单。对于化石燃料固定燃烧源、工艺过程源、溶剂使用源、农业源、生物质燃烧源、储存储运源、废弃物处理源和其他排放源排放量计算的不确定性主要体现在活动水平数据收集的过程中，由于统计范围存在局限性，存在未调查到的项目导致排放量被低估的可能性。在移动源和扬尘源排放清单的定量核算过程中，使用的排放因子有一部分进行了本地化，还有一部分参考了生态环境部发布的相关技术指南和国内外研究文献，具有一定的不确定性。

3.1.4　排放清单建立

3.1.4.1　污染物排放量

2019 年潍坊市污染物排放量分别为 SO_2 21 712 t、NO_x 70 574 t、CO 705 908 t、VOCs 86 197 t、NH_3 111 717 t、PM_{10} 88 352 t、$PM_{2.5}$ 43 571 t、BC 3 658 t 和 OC 6 227 t。SO_2、NO_x、CO、VOCs、NH_3、PM_{10} 和 $PM_{2.5}$ 的排放强度分别为 1 343.0 kg/km^2、4 365.2 kg/km^2、43 662.9 kg/km^2、5 331.6 kg/km^2、6 910.1 kg/km^2、5 464.9 kg/km^2 和 2 695.0 kg/km^2。潍坊市 2019 年各污染物排放量贡献率见图 3-1。

NO_x 的首要一级贡献源是移动源，占总排放量的 54.1%，其次为化石燃料固定燃烧源，占总排放量的 22.5%，工艺过程源占总排放量的 22.3%。首要二级贡献源为道路移动源，占总排放量的 47.2%，其中主要排放源是轻型柴油货车和重型柴油货车。

$PM_{2.5}$的首要一级贡献源是工艺过程源，占总排放量的 54.3%，其次为扬尘源（占 22.0%）和化石燃料固定燃烧源（占 11.5%）。首要二级贡献源依次为钢铁行业（占 25.1%）、其他工业（占 17.8%）、道路扬尘（占 11.3%）、施工扬尘（占 9.6%）。

PM_{10}的首要一级贡献源是扬尘源，占总排放量的 46.3%，其次为工艺过程源（占 40.4%）。首要二级贡献源依次为施工扬尘（占 22.6%）、道路扬尘（占 20.4%）、钢铁（占 17.1%）、其他工业（占 15.1%）。

VOCs 的首要一级贡献源是工艺过程源，占总排放量的 71.5%，其次为溶剂使用源（占 10.1%）。首要二级贡献源依次为其他工业（占 38.2%）、石油化工（占 14.0%）、焦化（占 11.8%）。

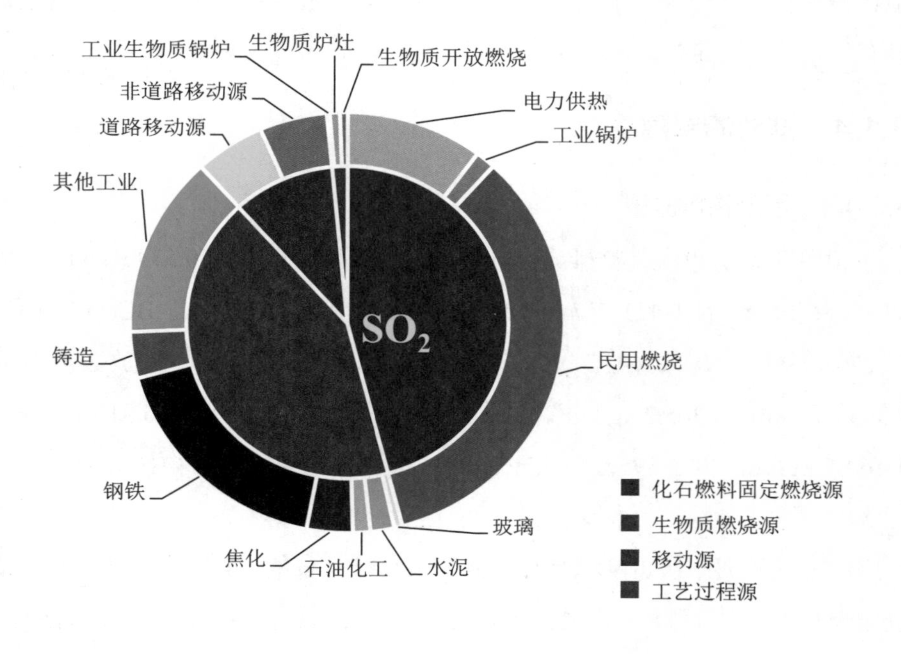

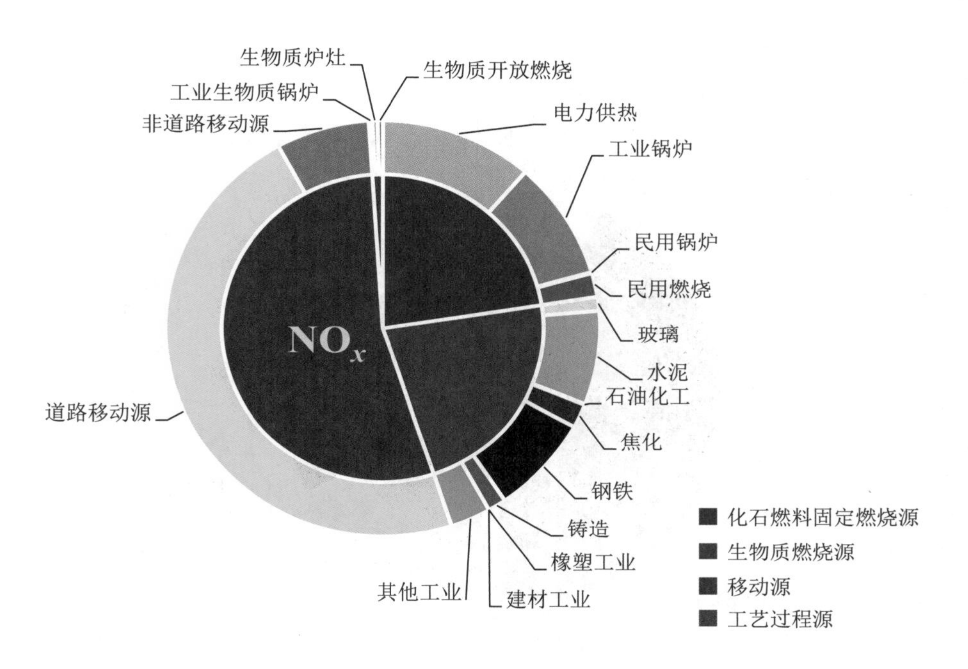
生物质炉灶
生物质开放燃烧
工业生物质锅炉
非道路移动源
电力供热
工业锅炉
民用锅炉
民用燃烧
玻璃
NO$_x$
水泥
石油化工
道路移动源
焦化
钢铁
化石燃料固定燃烧源
铸造
生物质燃烧源
橡塑工业
移动源
其他工业
建材工业
工艺过程源

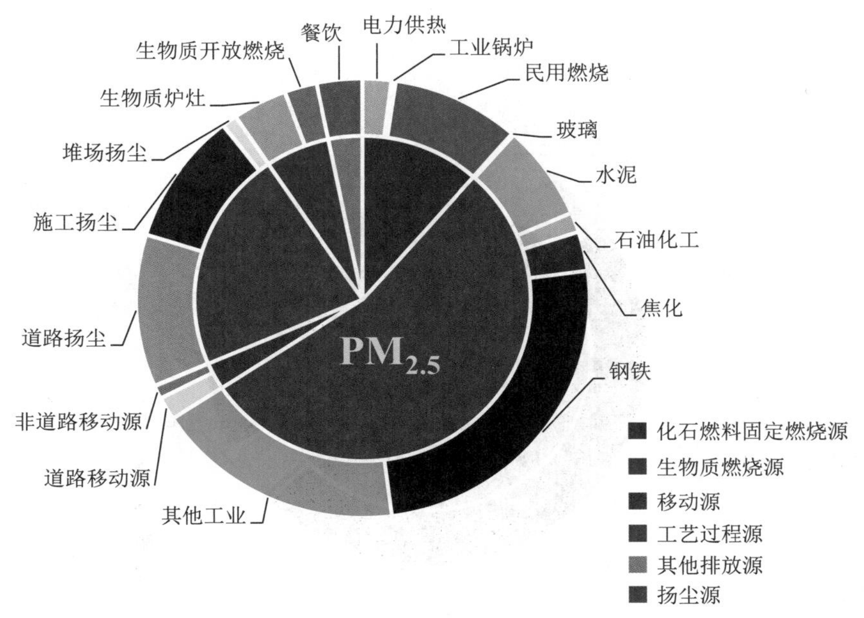
餐饮
电力供热
生物质开放燃烧
工业锅炉
民用燃烧
生物质炉灶
玻璃
堆场扬尘
水泥
施工扬尘
石油化工
焦化
道路扬尘
PM$_{2.5}$
钢铁
非道路移动源
化石燃料固定燃烧源
道路移动源
生物质燃烧源
移动源
其他工业
工艺过程源
其他排放源
扬尘源

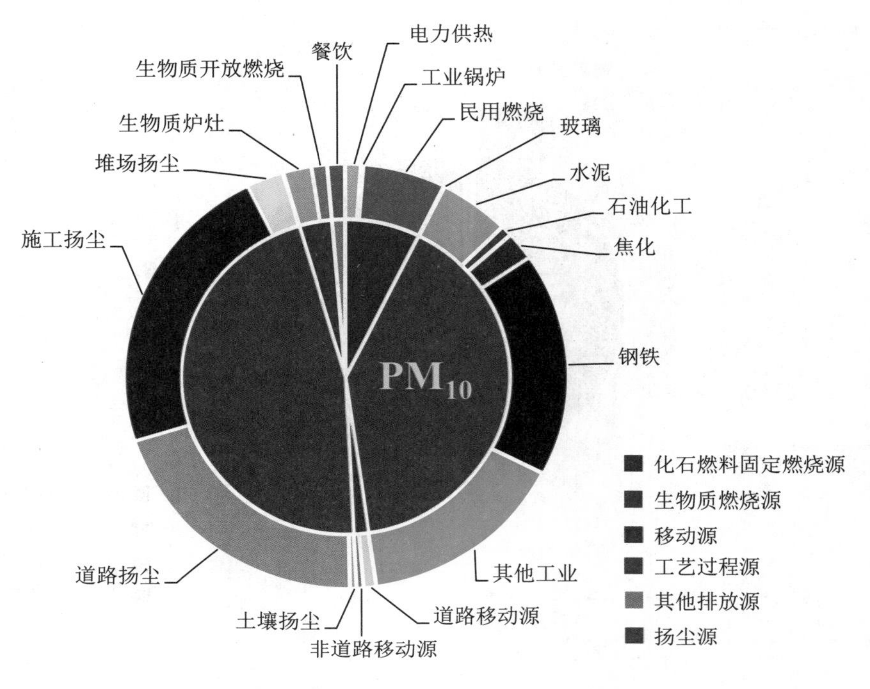
电力供热
餐饮
生物质开放燃烧
工业锅炉
民用燃烧
生物质炉灶
玻璃
堆场扬尘
水泥
石油化工
施工扬尘
焦化
钢铁
PM_{10}
化石燃料固定燃烧源
生物质燃烧源
移动源
工艺过程源
其他排放源
扬尘源
道路扬尘
其他工业
土壤扬尘
道路移动源
非道路移动源

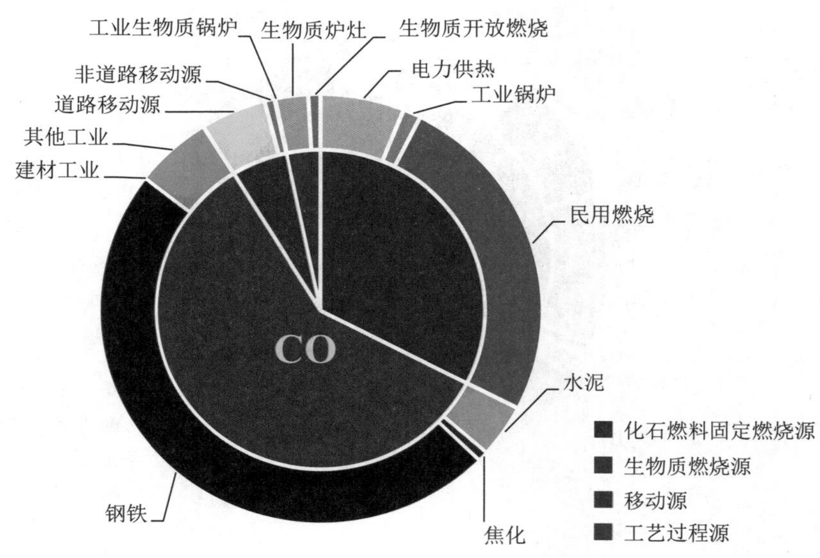
工业生物质锅炉
生物质炉灶
生物质开放燃烧
非道路移动源
电力供热
道路移动源
工业锅炉
其他工业
建材工业
民用燃烧
CO
水泥
化石燃料固定燃烧源
生物质燃烧源
钢铁
移动源
焦化
工艺过程源

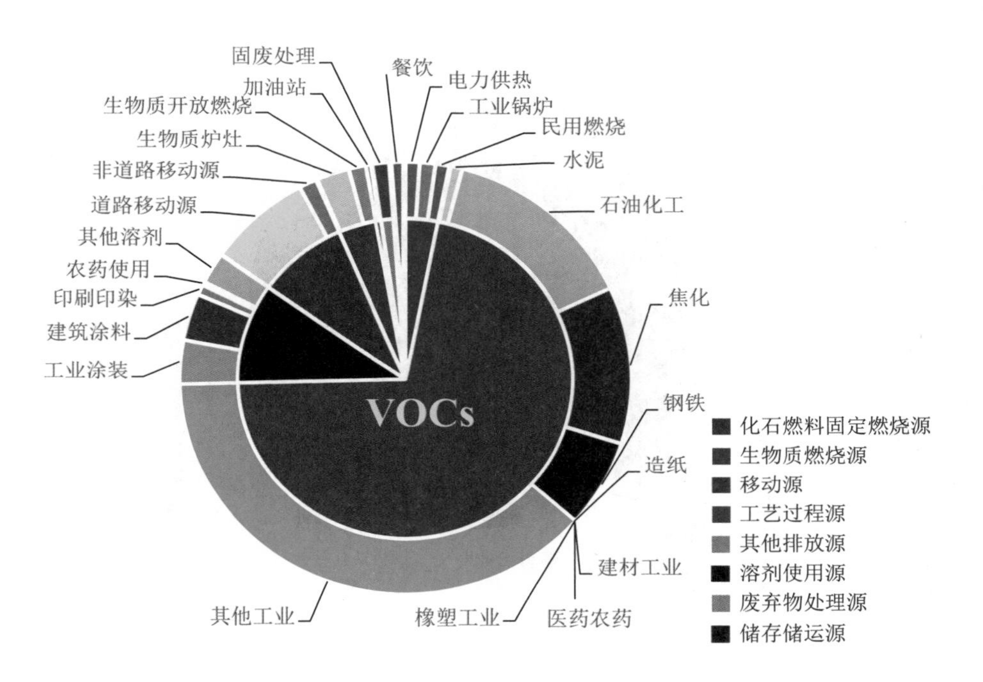
固废处理
餐饮
加油站
电力供热
生物质开放燃烧
工业锅炉
民用燃烧
生物质炉灶
水泥
非道路移动源
道路移动源
石油化工
其他溶剂
农药使用
焦化
印刷印染
建筑涂料
工业涂装
VOCs
钢铁
造纸
建材工业
其他工业
橡塑工业
医药农药
化石燃料固定燃烧源
生物质燃烧源
移动源
工艺过程源
其他排放源
溶剂使用源
废弃物处理源
储存储运源

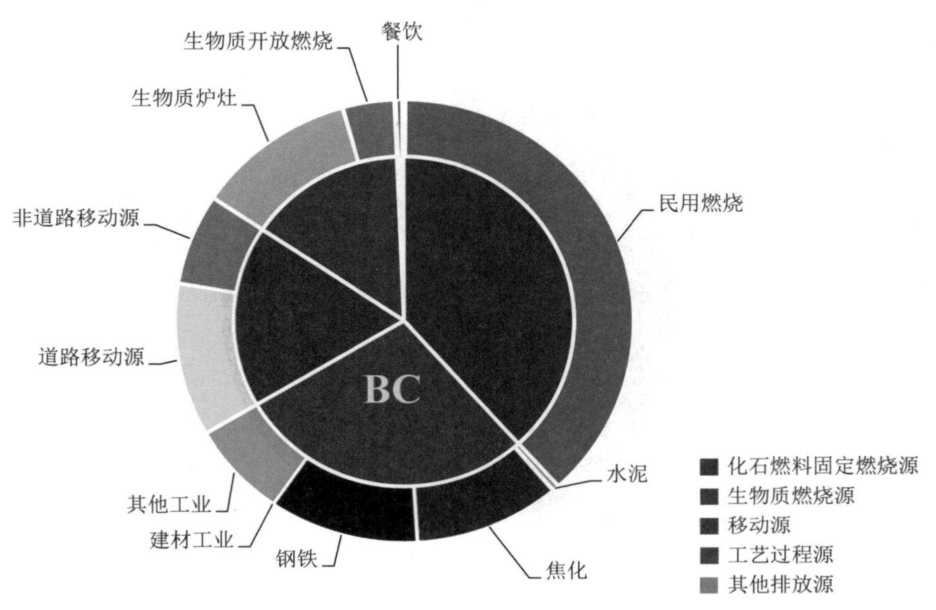
生物质开放燃烧
餐饮
生物质炉灶
民用燃烧
非道路移动源
道路移动源
BC
水泥
其他工业
建材工业
钢铁
焦化
化石燃料固定燃烧源
生物质燃烧源
移动源
工艺过程源
其他排放源

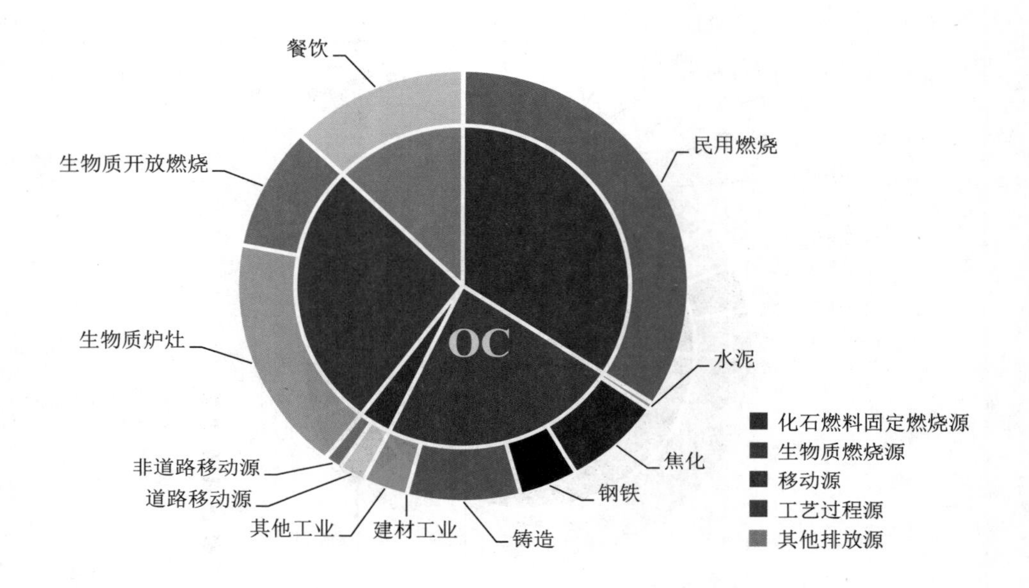

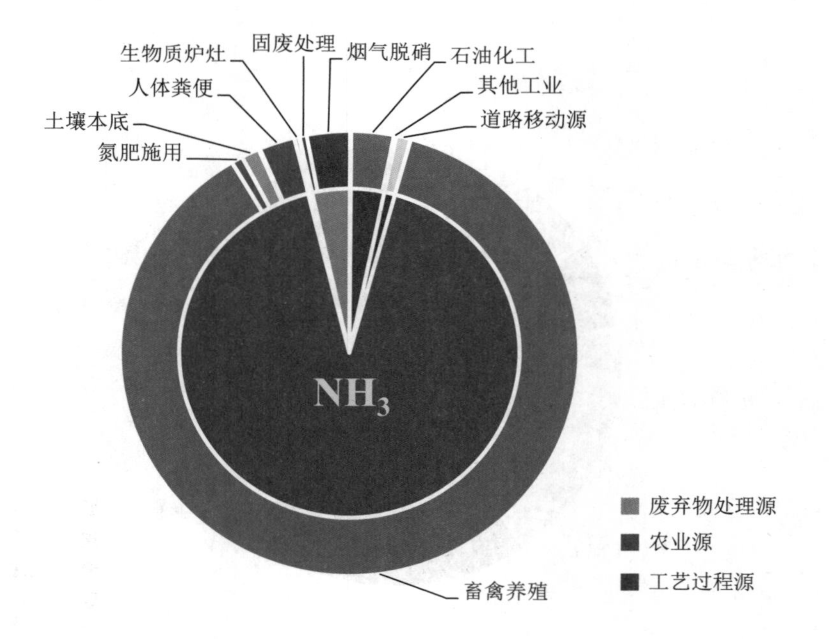

图 3-1　潍坊市 2019 年各污染物排放量贡献率

3.1.4.2　排放强度

潍坊市 2019 年 SO_2、NO_x、$PM_{2.5}$、VOCs 排放强度与其他城市和国家（数据来源于已公开的相关文献）对比（图 3-2）可以看出，潍坊市各污染物排放强度小于京津冀“2+26”城市和珠三角地区，但是高于全国平均水平。SO_2 排放强度为全国平均水平的 1.3 倍，NO_x 排放强度为全国平均水平的 2.0 倍，$PM_{2.5}$ 排放强度处于较高水平，是全国平均水平的 3.4 倍，VOCs 排放强度是全国平均水平的 1.8 倍。

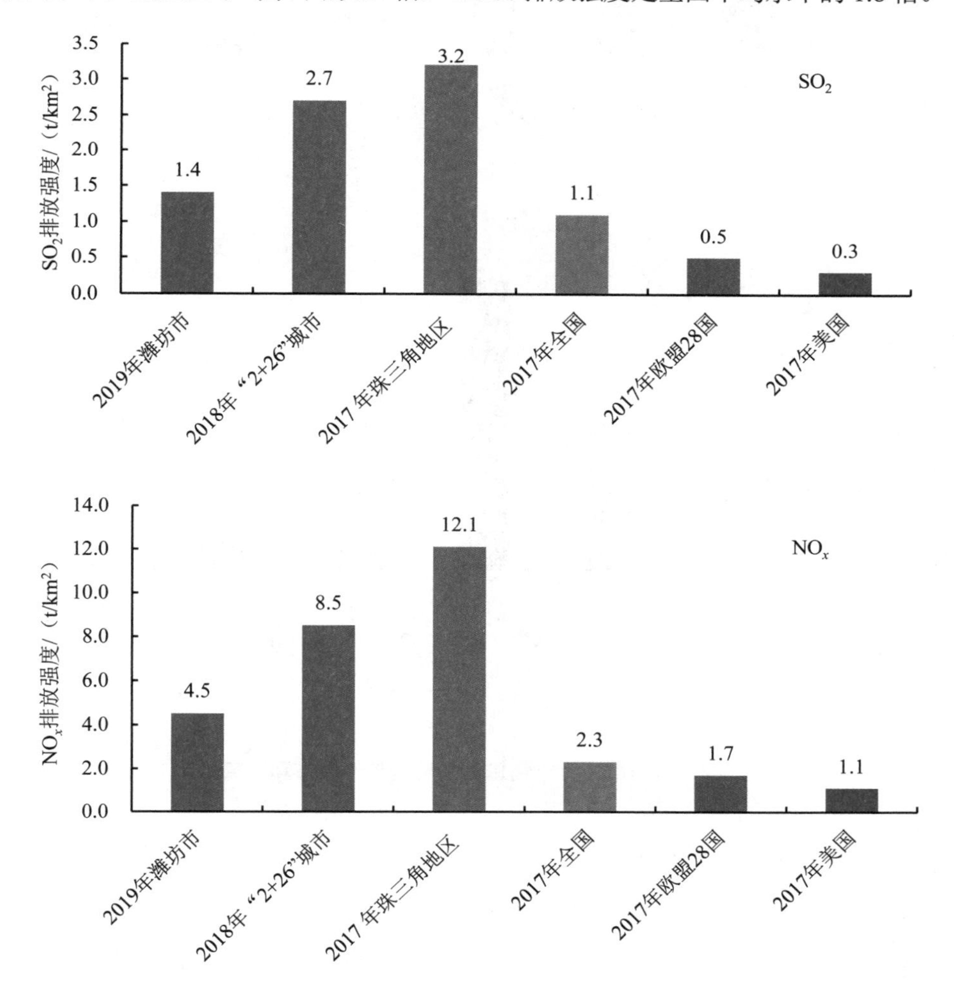

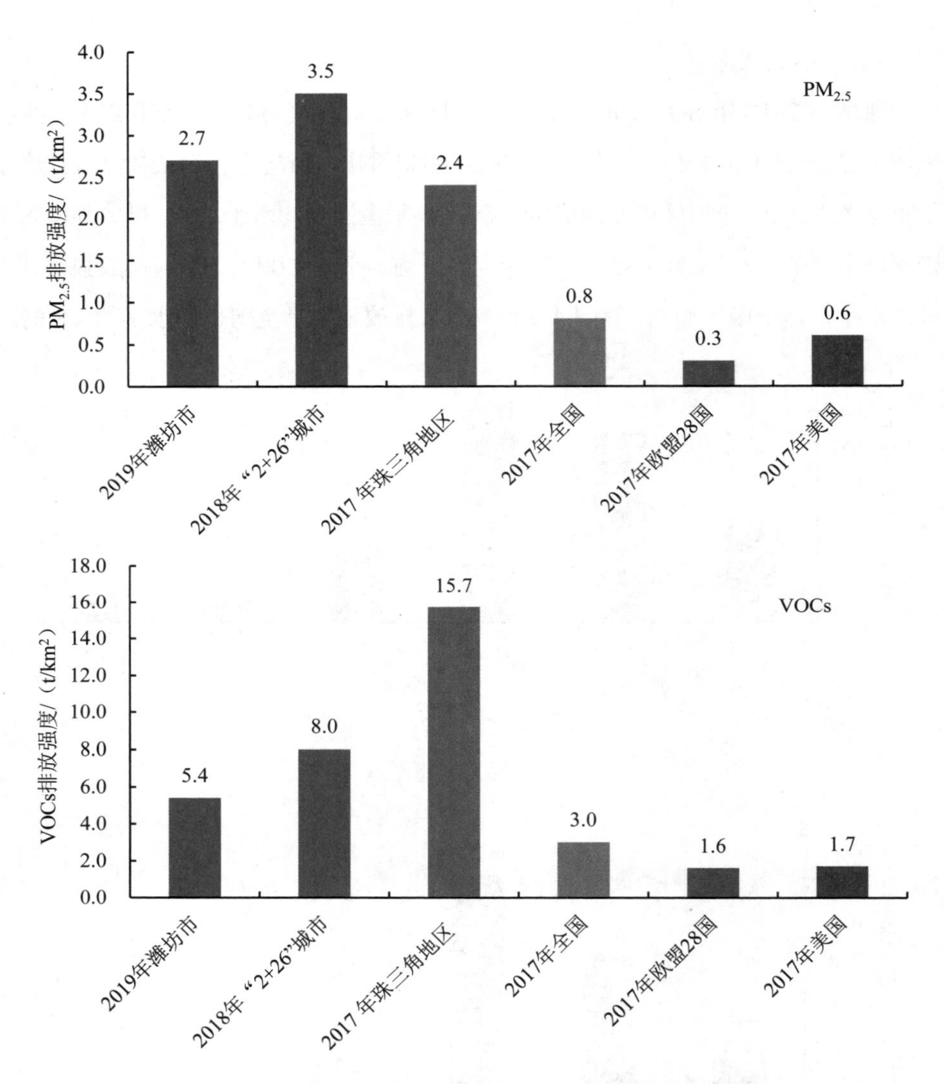

图 3-2 潍坊市各污染物排放强度与其他城市和国家对比

3.1.4.3 两年排放量对比

基于 2019 年潍坊市大气污染物排放清单，结合潍坊市工业企业污染物在线监测数据，潍坊市 2020 年重污染天气应急排放清单、潍坊市核发排污许可证企业名单、《潍坊市“十四五”生态环境保护规划》《2020 年夏季挥发性有机物治理攻坚行动实施方案》《潍坊清洁取暖项目实施方案》《2021 年全市大气污染防治工作要点（征求意见稿）》《潍坊市工业炉窑大气污染综合治理实施方案》《潍坊统计年鉴—2020》等基础文件，对大气污染物排放清单中的化石燃料固定燃烧源、工艺过程源、溶剂使用源等源类进行更新计算，得到 2020 年大气污染物排放清单。

2019 年和 2020 年污染物总排放量见表 3-2，可以看出，2020 年 SO_2、NO_x、VOCs、BC 和 OC 的排放量较 2019 年均有不同程度的下降，除 OC 和 BC 外，其中下降最明显的为 VOCs，变化率为−9%。$PM_{2.5}$、PM_{10}、CO、NH_3 的排放量不降反升，其中 $PM_{2.5}$ 变化率最高，为 9.87%，排放量不降反升的原因主要有两个：一是颗粒物和 CO 的升高主要来源于工业源，工业源中钢铁行业 2020 年产品产量有所升高，导致排放量增加；二是其他工业企业数量有所增加，2020 年企业数量较 2019 年增加了 3 000 余家，导致排放量升高。

表 3-2　2019 年和 2020 年污染物总排放量

污染物	2019 年排放量/t	2020 年排放量/t	变化率/%
SO_2	21 712	21 524	−0.86
NO_x	70 574	66 118	−6.31
VOCs	86 197	78 441	−9
CO	705 908	735 892	4.25
NH_3	111 717	112 962	1.11
PM_{10}	88 352	94 084	6.49
$PM_{2.5}$	43 571	47 870	9.87
BC	3 658	3 140	−14.16
OC	6 227	5 225	−16.09

从一级源来看（图 3-3），2020 年化石燃料固定燃烧源的 VOCs 排放量较 2019 年有所上升，其他污染物排放量均有不同程度的下降。工艺过程源变化趋势则与化石燃料固定燃烧源相反，除 VOCs 外，其他污染物排放量均有不同程度的上升。在溶剂使用源中，2020 年工业涂装 VOCs 的排放量较 2019 年下降 35%，印刷印染 VOCs 排放量较 2019 年略有上升。

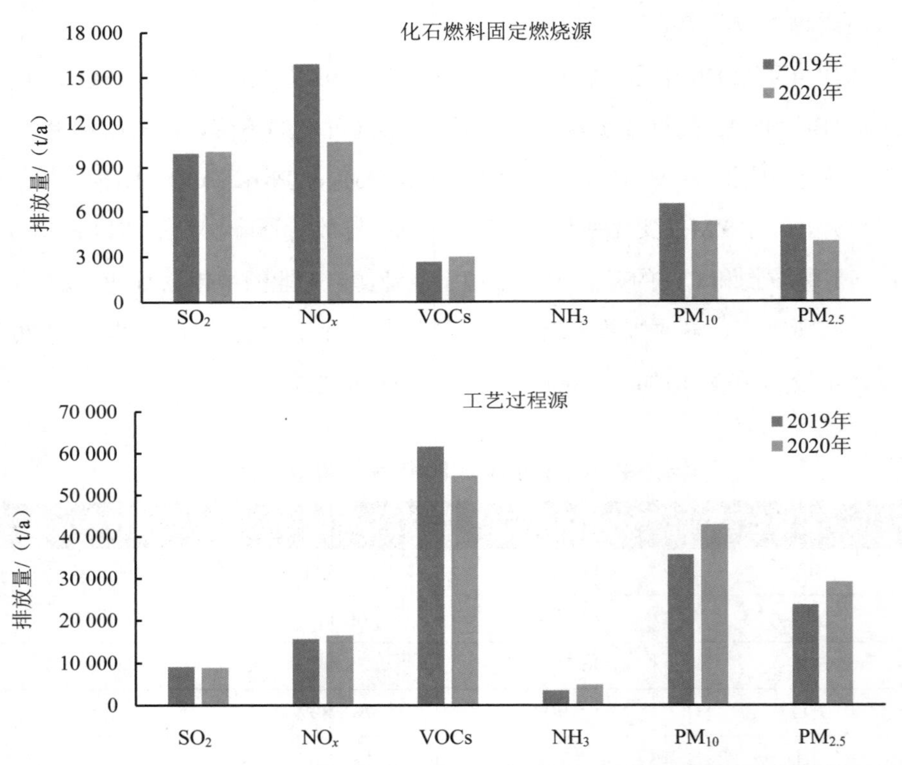

图 3-3 2019 年和 2020 年潍坊市化石燃料固定燃烧源和工艺过程源污染物排放量

3.2 颗粒物组分特征与来源解析

数据分析时段为 2020 年 11 月—2021 年 3 月 30 日，本节主要分析了期间潍坊市空气质量状况、受体环境 $PM_{2.5}$ 和 PM_{10} 样品采集及其化学组分特征，综合利用了空气质量数据、颗粒物受体组分数据、源谱数据、源清单数据，应用受体源解析模型和空气质量模型对潍坊市颗粒物化学组分特征和污染来源进行了全面系统的分析。

3.2.1　采暖季大气污染特征分析

基于潍坊市 2020—2021 年采暖季的市监测站、潍坊七中、坊子邮政、寒亭监测站、寿光监测站站点空气质量数据进行相关分析，已剔除受沙尘天气影响的 PM_{10}、$PM_{2.5}$ 浓度数据。

3.2.1.1　采暖季空气质量状况

2020—2021 年采暖季潍坊市优良天数为 102 d，优良率 67.5%，与国控、省控站点优良率数据一致。各站点优良天数见图 3-4，各站点优良率由高到低依次为潍坊七中＞市监测站＞寒亭监测站＞坊子邮政＞寿光监测站，其中潍坊七中、市监测站站点优良率分别为 68.8%、66.7%，明显高于其他站点。潍坊市重污染天数共 10 d，其中 12 月、1 月共有 6 d，主要是不利气象因素叠加本地排放导致的 $PM_{2.5}$ 重污染过程；其次是 3 月有 4 d，主要为受沙尘天气影响所致。

2020—2021 年采暖季，影响潍坊市空气质量的主要污染物为颗粒物，$PM_{2.5}$、PM_{10}、NO_2、$O_{3\text{-}8h}$ 为首要污染物的天数占比分别为 50.2%、45.9%、3.2%、0.6%。12 月受重污染过程影响有 25 d，首要污染物为 $PM_{2.5}$，1 月后 PM_{10} 为首要污染物的天数明显上升，超过 $PM_{2.5}$ 污染天数。在各站点中，除寿光监测站 PM_{10} 为首要污染物的天数最多外，其余站点均是 $PM_{2.5}$ 为首要污染物天数最多，此外，寒亭监测站、市监测站 NO_2 为首要污染物的天数明显多于其他站点，见图 3-5。

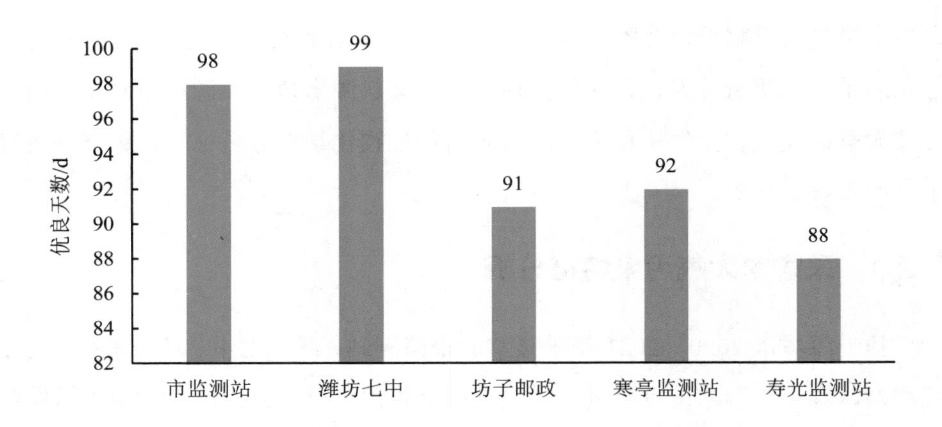

图 3-4　2020—2021 年采暖季潍坊市各站点优良天数

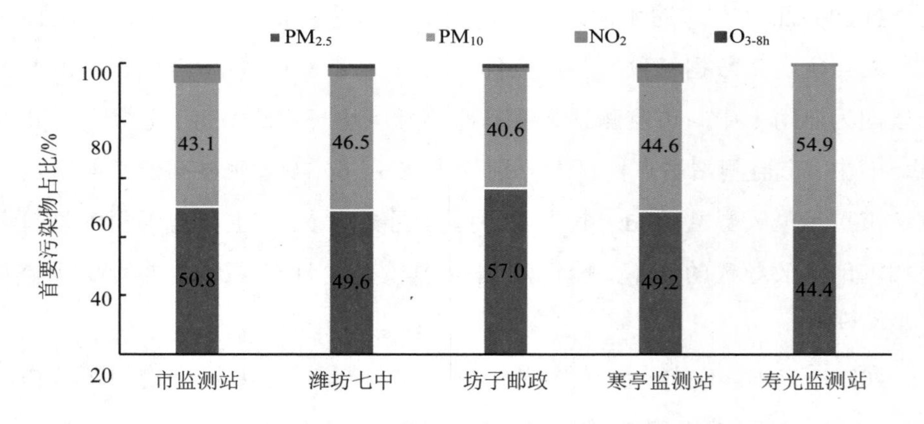

图 3-5　2020—2021 年采暖季潍坊市各站点首要污染物占比

3.2.1.2　采暖季大气污染物浓度时间变化

2020—2021 年采暖季，潍坊市空气质量综合指数为 5.95，各站点 $PM_{2.5}$ 浓度与潍坊市国控、省控站点 PM_{10} 及 $PM_{2.5}$ 浓度随时间变化的趋势总体一致。从污染物浓度来看，其间 $PM_{2.5}$、PM_{10}、NO_2、SO_2、$O_{3\text{-}8h\text{-}90}$ 累计浓度分别为 66 μg/m³、110 μg/m³、43 μg/m³、16 μg/m³、106 μg/m³，$CO_{\text{-}95}$ 累计浓度为 1.9 mg/m³。

从 6 项污染物对综合指数的分担率来看，从大到小依次是 $PM_{2.5}$＞PM_{10}＞NO_2＞$O_{3\text{-}8h\text{-}90}$＞$CO_{\text{-}95}$＞$SO_2$，分担率分别为 31.8%、26.4%、18.2%、11.1%、8.1%、4.5%，颗粒物分担率明显高于气态污染物，是采暖季重点管控方向。

3.2.2 颗粒物样品采集

3.2.2.1 受体样品采集

采样时段：2020 年 11 月 1 日—2021 年 3 月 31 日。已剔除报送中国环境监测总站并审核通过的沙尘天组分结果（沙尘天为 2021 年 3 月 15—17 日、3 月 22 日、3 月 24—25 日、3 月 28—31 日，共计 10 d）。

采样时长：每天上午 10：00 至次日上午 09：00，每次采样时间为 23 h，预留 1 h 用于换膜及仪器维护。当重污染天气时，每天更改为换样 2 次，每次采样时间为 11 h。受体样品采样信息见表 3-3。

表 3-3　受体样品采样信息

<table>
<tr><th>序号</th><th>点位名称</th><th>所属区县</th><th>采集对象</th><th>采样仪器及流量</th><th>采样滤膜</th><th>本次分析时段内有效滤膜数</th></tr>
<tr><td>1</td><td>市监测站</td><td>奎文区</td><td>$PM_{2.5}$、PM_{10}</td><td rowspan="5">武汉天虹四通道采样器，16.7 L/min</td><td rowspan="5">47 mm 有机滤膜，47 mm 石英滤膜</td><td>306 组</td></tr>
<tr><td>2</td><td>潍坊七中</td><td>潍城区</td><td>$PM_{2.5}$</td><td>153 组</td></tr>
<tr><td>3</td><td>坊子邮政</td><td>坊子区</td><td>$PM_{2.5}$</td><td>153 组</td></tr>
<tr><td>4</td><td>寿光监测站</td><td>寿光市</td><td>$PM_{2.5}$</td><td>153 组</td></tr>
<tr><td>5</td><td>寒亭监测站</td><td>寒亭区</td><td>$PM_{2.5}$</td><td>143 组</td></tr>
</table>

3.2.2.2 污染源样品采集

针对潍坊市重点污染源，开展源样品采集。固定源包括冶金、燃煤、建筑、化工；扬尘源包括土壤源、道路源、城市扬尘等。通过采集固定源烟道下载灰及裸地扬尘、道路扬尘、城市扬尘等无组织尘，应用再悬浮采样系统进行颗粒物粒径切割和样品再悬浮，模拟颗粒物进入环境空气中的真实过程，将样品采集到滤膜上，经分析测试得到源成分谱。源样品采集数量统计见表 3-4。

表 3-4 潍坊市源样品采样数量统计

序号	源类型	样品数/个	序号	源类型	样品数/个
1	冶金源	13	5	道路源	19
2	化工源	11	6	土壤源	12
3	燃煤源	19	7	城市扬尘	12
4	建筑源	9	合计		95

3.2.3 颗粒物组分分析

3.2.3.1 质量控制

根据颗粒物受体组分数据相关质量控制要求，对实验室分析的颗粒物及组分数据进行审核与检验，具体内容包括以下 4 个。

（1）手工监测与在线监测浓度对比

图 3-6 为潍坊市 5 个采集点位采样期间颗粒物手工监测日均浓度与各点位空气质量自动站在线监测日均浓度数据对比情况。利用 Pearson 系数（衡量两组数据相关性，数值越接近 1，相关性越强；数值在 0.6 以上，即存在高度相关性；数值在 0.8～1.0，存在极高度相关性）对两种监测方法在整个采样期间测得的颗粒物浓度进行分析，5 个采集点位的相关系数均在 0.81～0.97，即 5 个采集点位手工监测浓度与在线监测日均浓度存在极高度相关性，表明潍坊市采暖季 5 个采集点位颗粒物手工监测与空气质量自动站在线监测浓度变化趋势具有一致性。

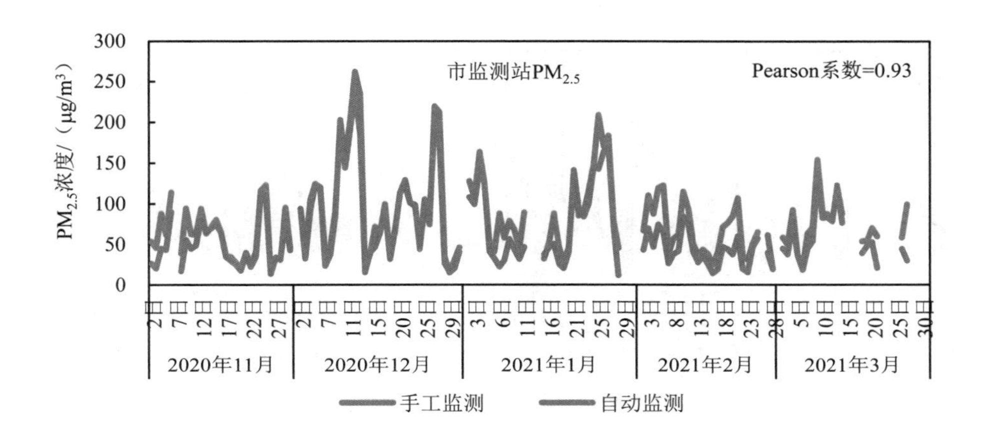
市监测站$PM_{2.5}$
Pearson系数=0.93
$PM_{2.5}$浓度/（μg/m³）
300
250
200
150
100
50
0
2020年11月
2020年12月
2021年1月
2021年2月
2021年3月
手工监测
自动监测

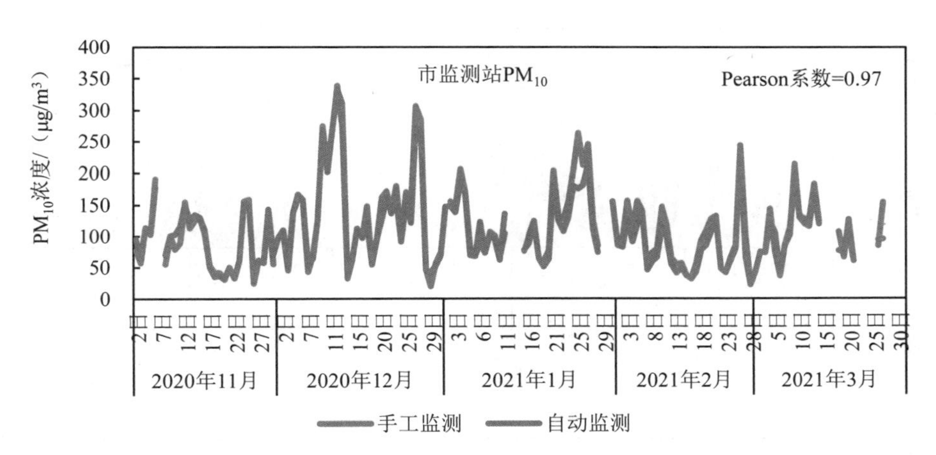
市监测站PM_{10}
Pearson系数=0.97
PM_{10}浓度/（μg/m³）
400
350
300
250
200
150
100
50
0
2020年11月
2020年12月
2021年1月
2021年2月
2021年3月
手工监测
自动监测

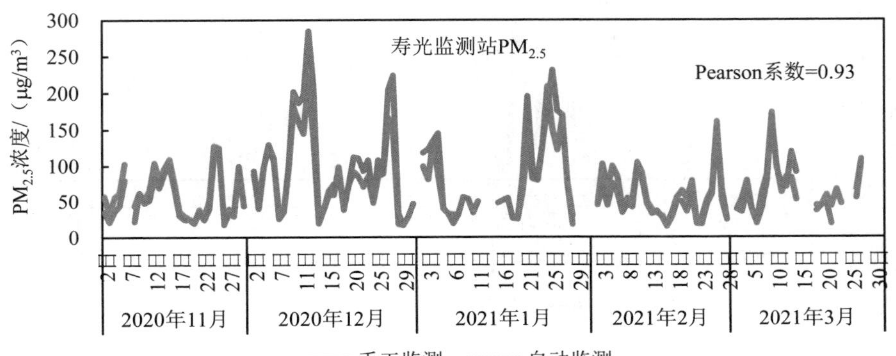
寿光监测站$PM_{2.5}$
Pearson系数=0.93
$PM_{2.5}$浓度/（μg/m³）
300
250
200
150
100
50
0
2020年11月
2020年12月
2021年1月
2021年2月
2021年3月
手工监测
自动监测

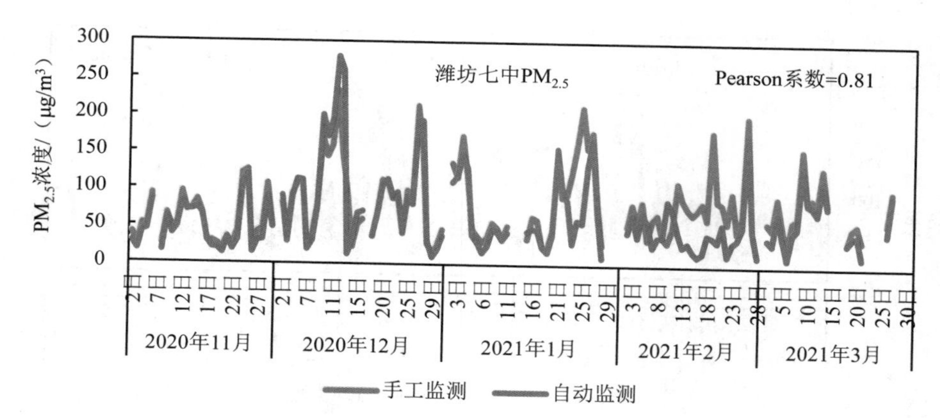

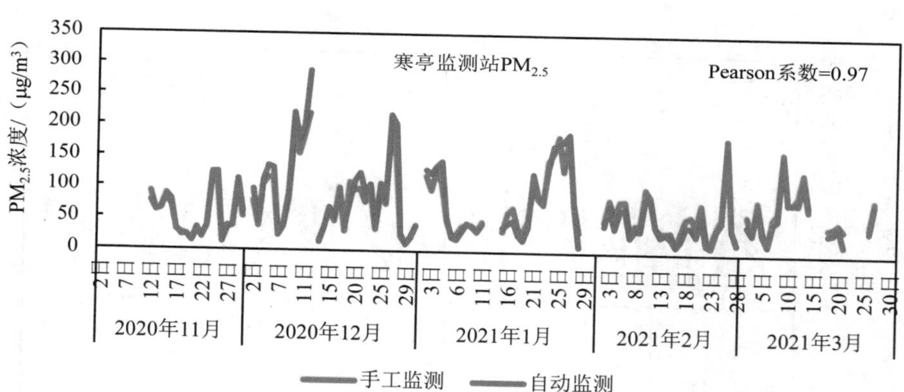

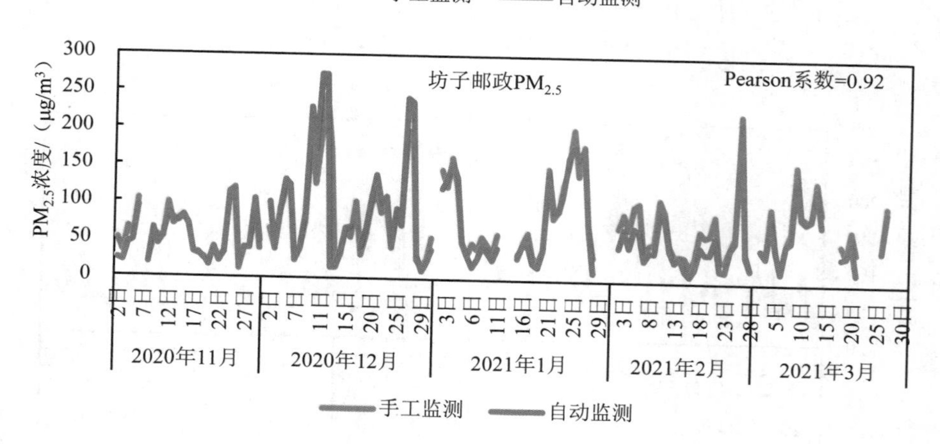

图 3-6　潍坊市各采集点位颗粒物手工监测与在线监测质量浓度对比

（2）化学组分浓度之和与手工监测实测值对比

图 3-7 为潍坊市 5 个采集点位颗粒物化学组分浓度之和与手工监测实测值对比情况，5 个采集点位化学组分浓度之和与实测值的平均比值均为 0.70～0.82，其日均颗粒物化学组分浓度之和与实测值的平均比值均为 0.60～1.32，符合质控要求。

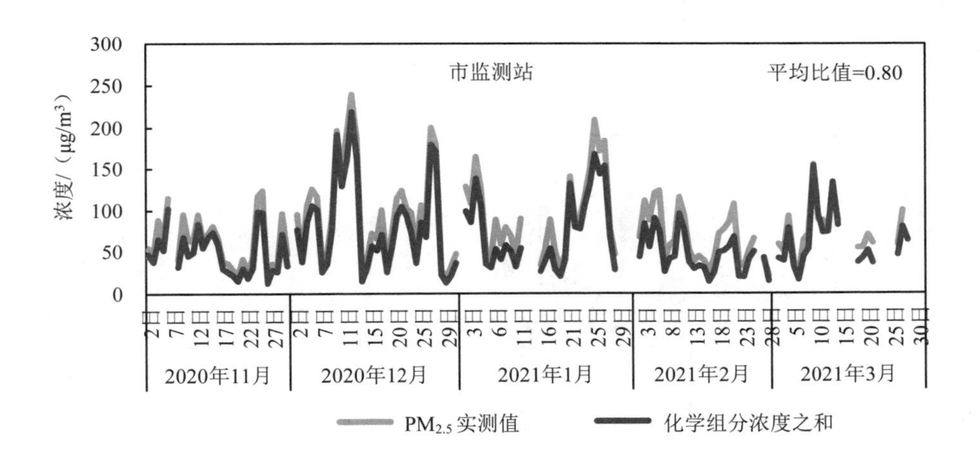

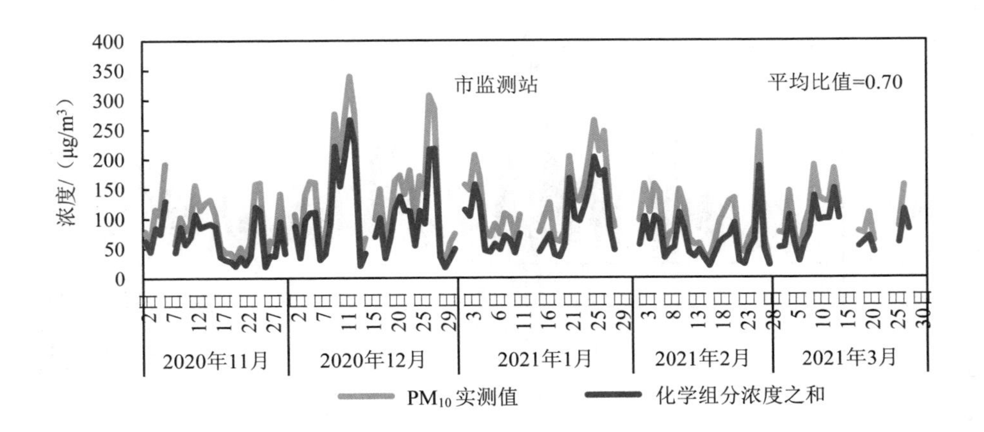

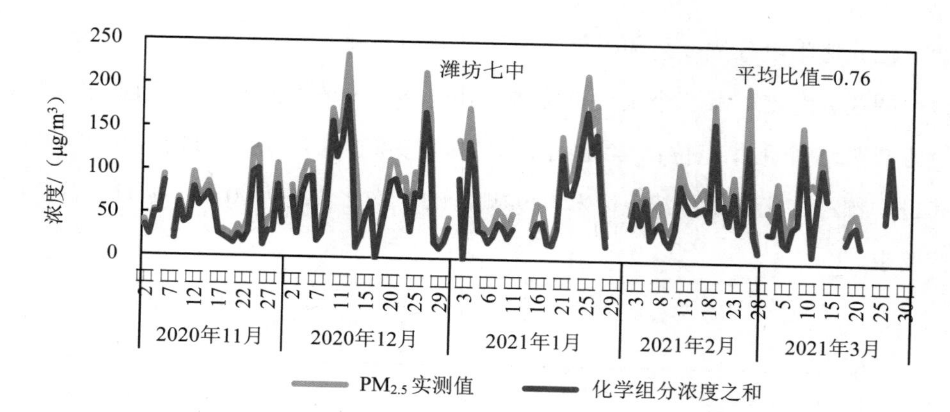
潍坊七中
平均比值=0.76
浓度/（μg/m³）
250
200
150
100
50
0
2020年11月
2020年12月
2021年1月
2021年2月
2021年3月
PM2.5实测值
化学组分浓度之和

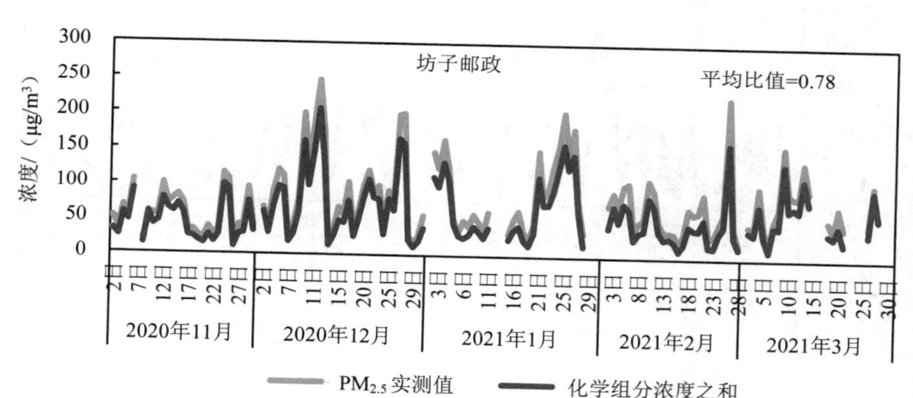
坊子邮政
平均比值=0.78
浓度/（μg/m³）
300
250
200
150
100
50
0
2020年11月
2020年12月
2021年1月
2021年2月
2021年3月
PM2.5实测值
化学组分浓度之和

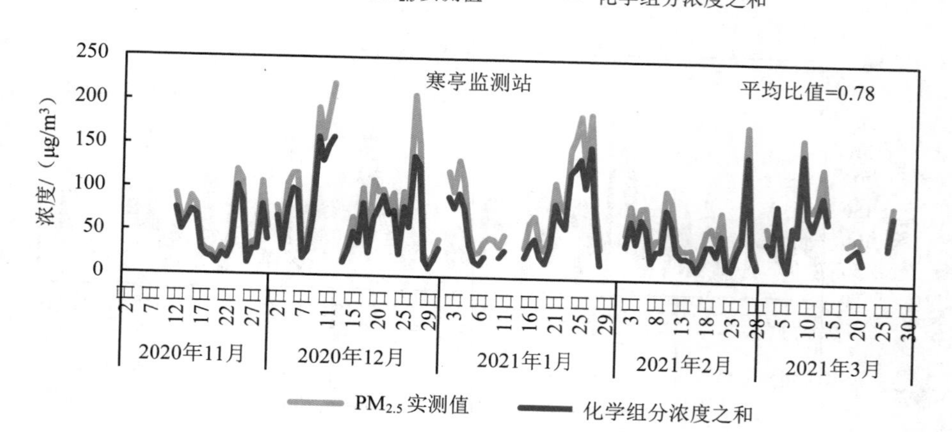
寒亭监测站
平均比值=0.78
浓度/（μg/m³）
250
200
150
100
50
0
2020年11月
2020年12月
2021年1月
2021年2月
2021年3月
PM2.5实测值
化学组分浓度之和

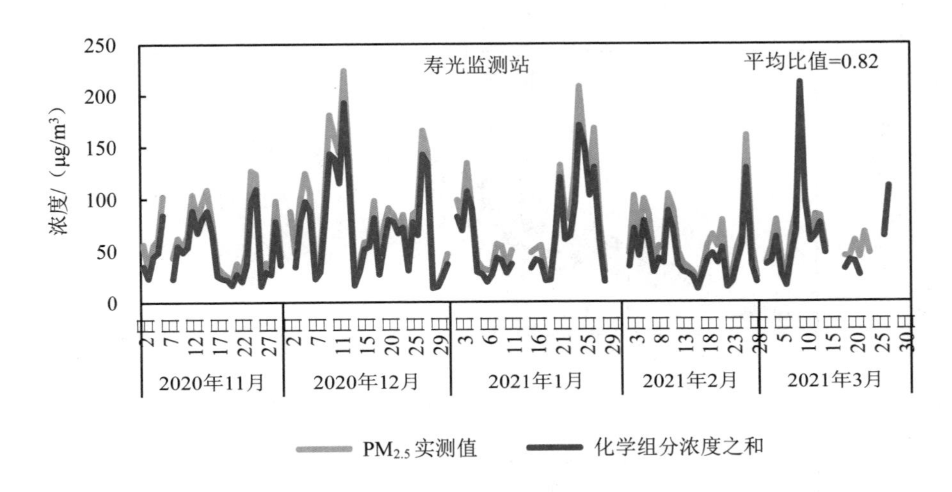

图 3-7 潍坊市各采集点位化学组分浓度之和与手工监测实测值对比

（3）阴阳离子平衡检验

图 3-8 为潍坊市 5 个采集点位化学组分的阴阳离子电荷平衡检验结果，各采集点位有效数据中阴离子与阳离子电荷的平均比值为 0.90～1.04，在国家大气污染防治攻关联合中心建议参考区间 0.86～2.82 内，符合质控要求。

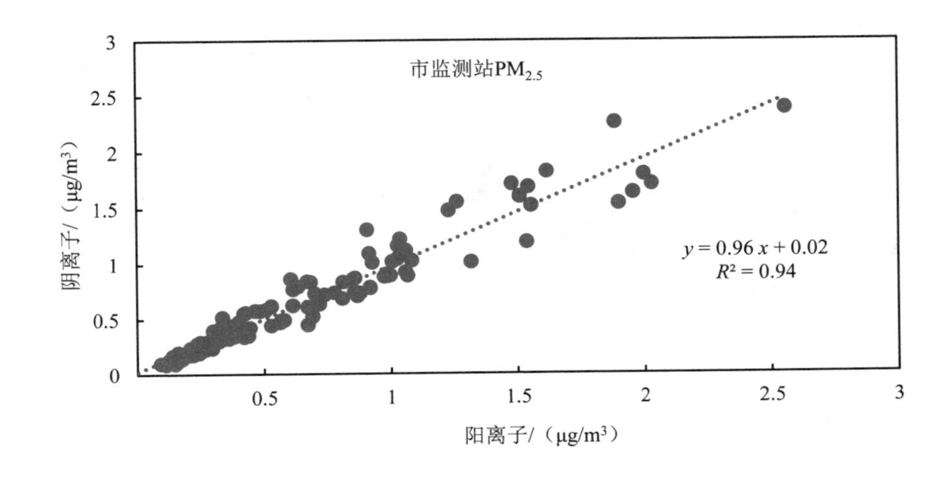

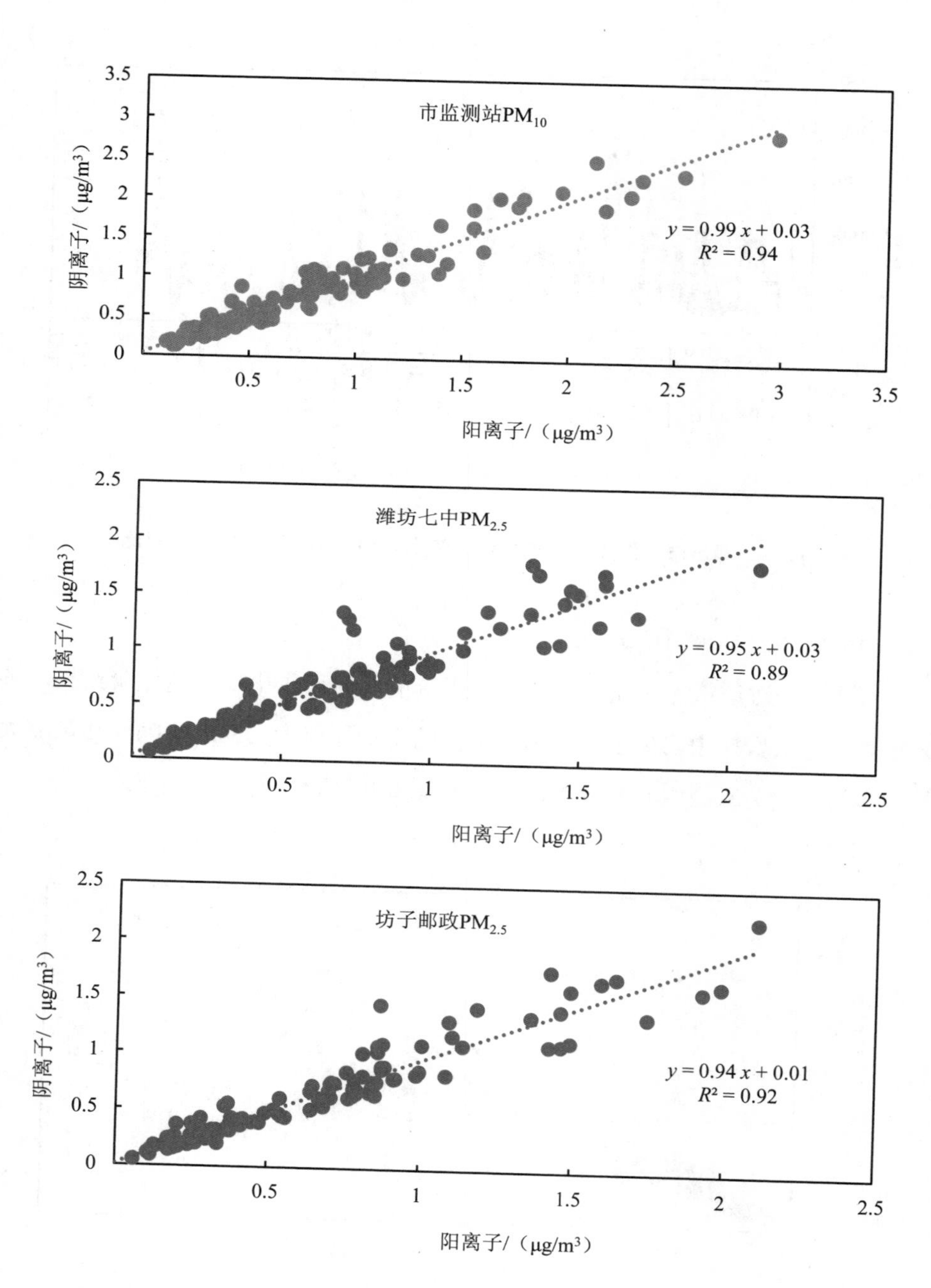
市监测站PM10
阴离子/（μg/m³）
阳离子/（μg/m³）
y = 0.99 x + 0.03
R² = 0.94
潍坊七中PM2.5
y = 0.95 x + 0.03
R² = 0.89
坊子邮政PM2.5
y = 0.94 x + 0.01
R² = 0.92

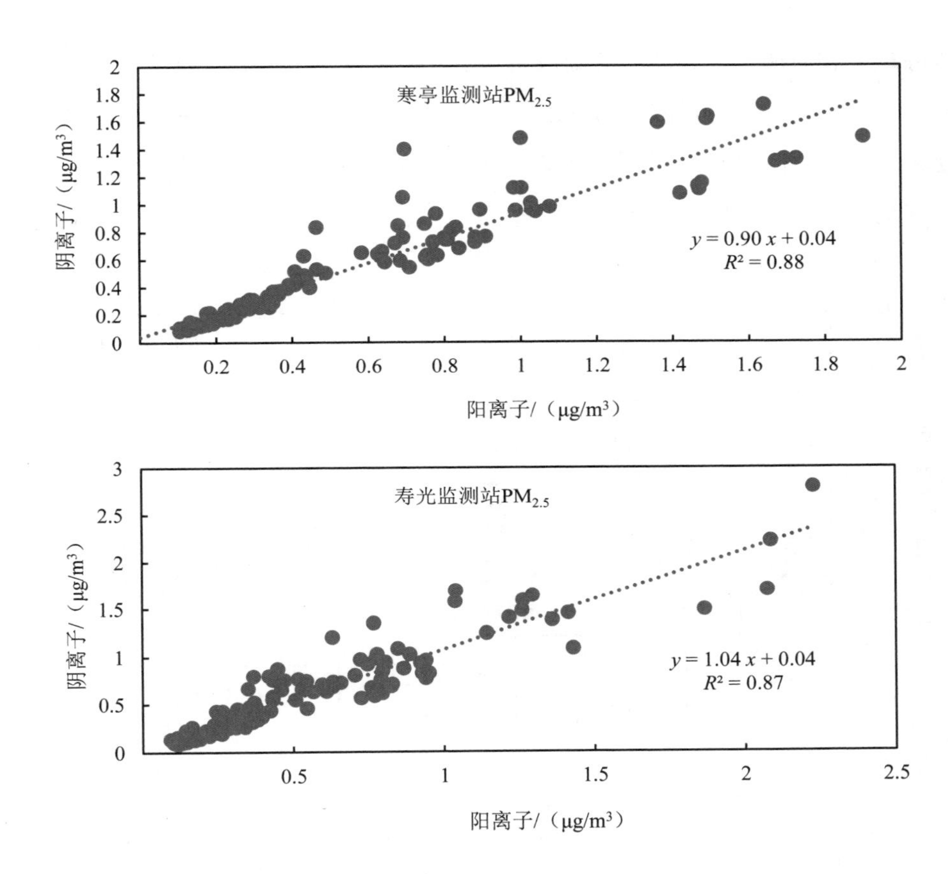

图 3-8　潍坊市各采集点位阴阳离子电荷平衡检验

（4）颗粒物质量重构与手工监测实测值对比

结合实验室分析获得的化学组分数据，对各点位颗粒物质量浓度及主要化学组分进行重构。本次质量重构主要包括以下 9 个基础组分：①硫酸盐，以 SO_4^{2-} 的质量浓度计；②硝酸盐，以 NO_3^-的质量浓度计；③铵盐，以 NH_4^+的质量浓度计；④氯盐，以 Cl^-的质量浓度计；⑤钾盐，以 K^+的质量浓度计；⑥有机物（OM），以 1.6×[OC]的质量浓度计；⑦元素碳，以 EC 的质量浓度计；⑧地壳物质，以 1.89×[Al]+2.14×[Si]+1.4×[Ca]+1.43×[Fe]的浓度之和计；⑨微量元素，以除地壳物质所含元素外其他测得元素组分之和计。

将重构得到的质量浓度与手工监测浓度进行对比，以检测受体样品的数据质量。结果如图 3-9 所示，5 个采集点位质量重构浓度与手工监测浓度的平均比值均为 0.86～0.96，符合质控要求。

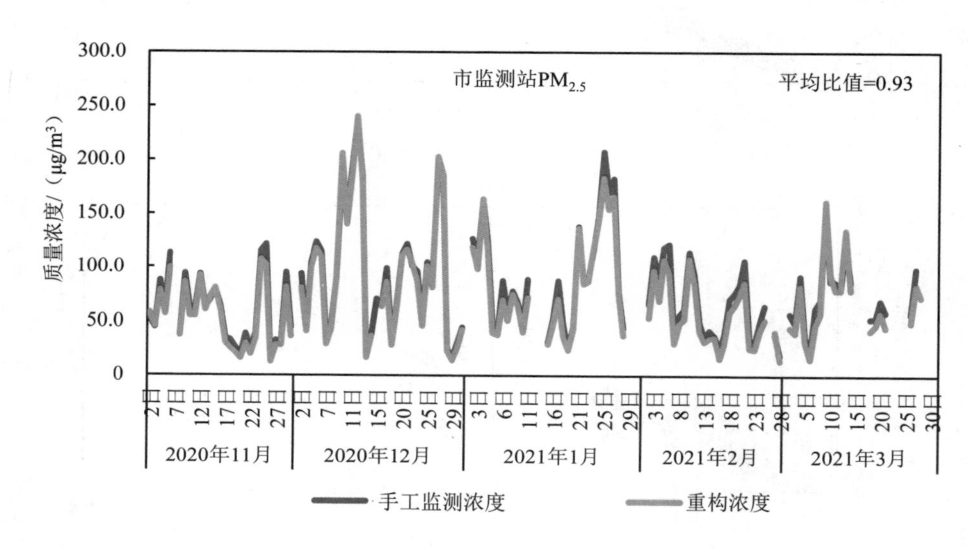

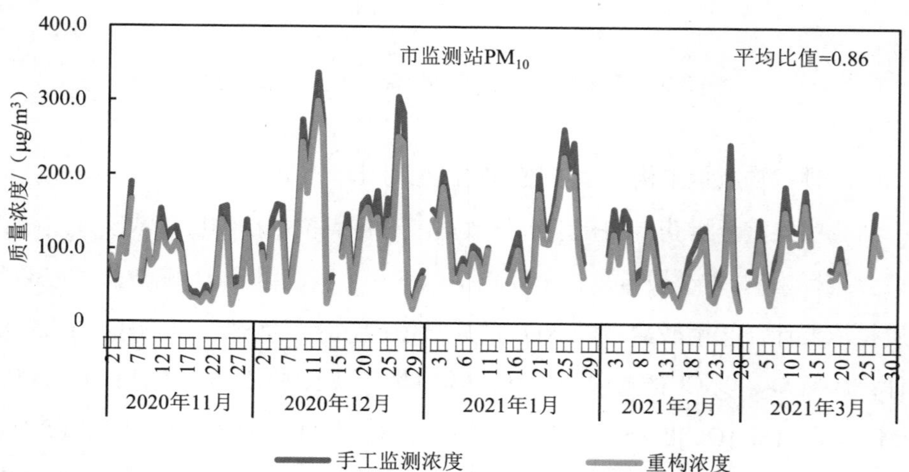

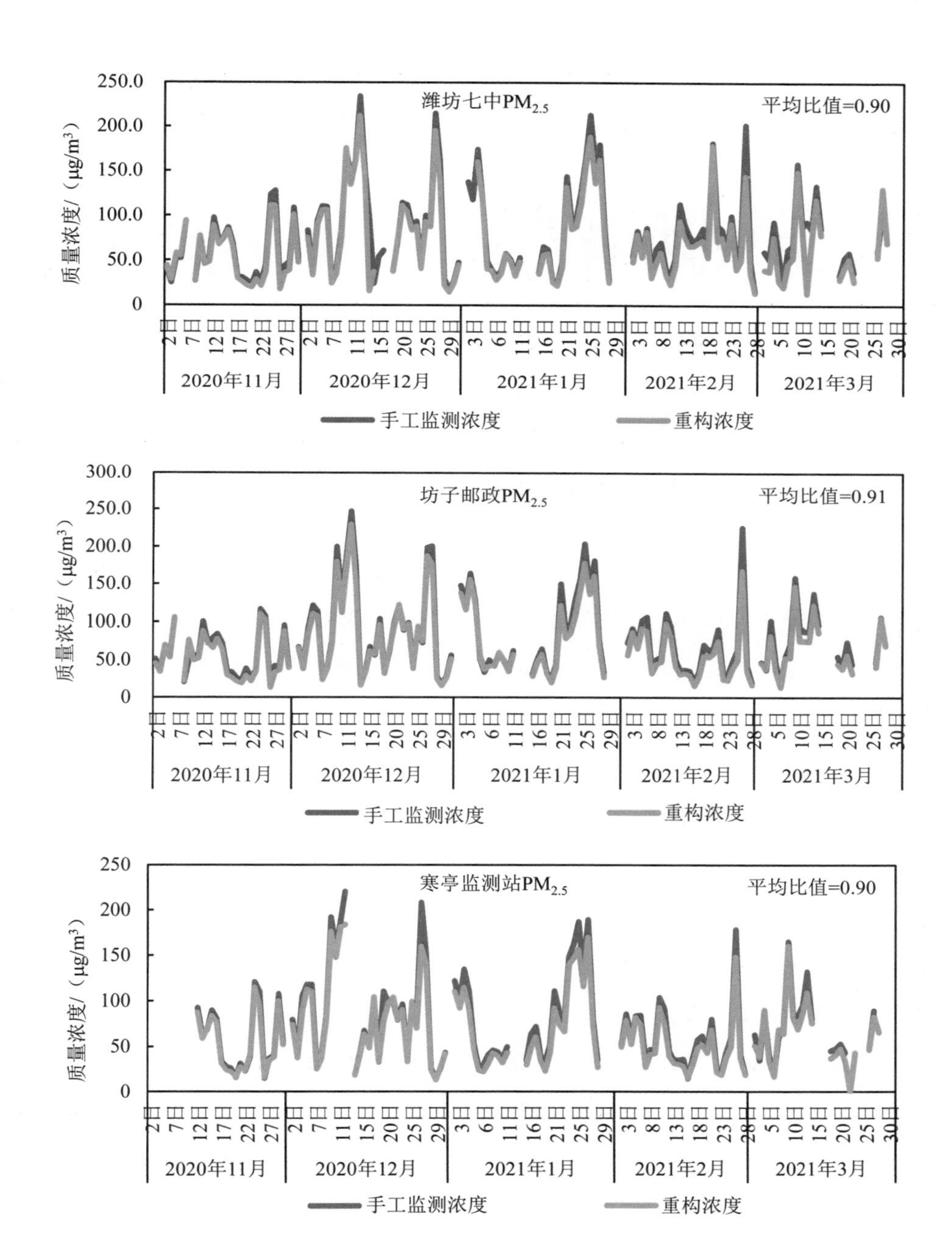
潍坊七中PM2.5
平均比值=0.90
质量浓度/（μg/m3）
2020年11月
2020年12月
2021年1月
2021年2月
2021年3月
手工监测浓度
重构浓度
坊子邮政PM2.5
平均比值=0.91
寒亭监测站PM2.5
平均比值=0.90

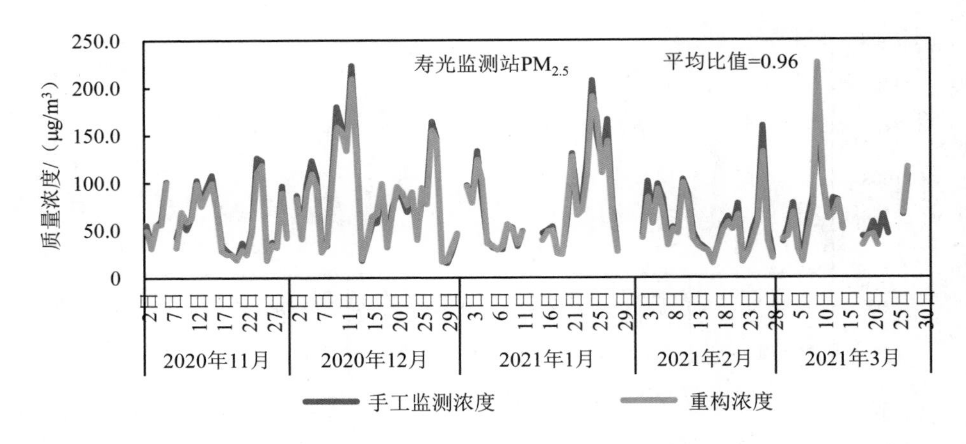

图 3-9 潍坊市各采集点位颗粒物质量重构与实测值对比

经数据审核与质控后，2020 年 11 月 1 日—2021 年 3 月 31 日潍坊市 5 个采集点位共采集 908 组有效数据和 30 组空白样品数据（含 PM_{10} 受体样品），各点位手工监测浓度及其组分数据可靠，质控后的数据用于后续化学组分分析及模型计算。

3.2.3.2 颗粒物组分特征

（1）$PM_{2.5}$ 浓度时间变化

潍坊市 5 个采集点位 2020 年 11 月 1 日—2021 年 3 月 31 日手工监测 $PM_{2.5}$ 浓度和在线监测 $PM_{2.5}$ 浓度的时间序列变化见图 3-10。可以看出，手工监测浓度与在线监测浓度变化趋势基本一致，表明本次采样数据具有可靠性，以下将对本次手工监测数据展开分析。

本研究时段中，$PM_{2.5}$ 质量浓度最高值出现在 2020 年 12 月 12 日坊子邮政点位，高达 274.2 μg/m³，是日均二级标准限值（75 μg/m³）的 3.3 倍，最低值出现在 2020 年 11 月 26 日市监测站点位（13.2 μg/m³）。气象数据显示重污染时期为高湿、低温的天气，这种气象条件有利于污染物在逆温条件下的积累和局地二次转化，促使污染进一步加剧；而当长距离输送的干洁气团过境时，有利于污染物的清除，颗粒物浓度骤降，$PM_{2.5}$ 质量浓度的变化趋势呈现变幅较大的“锯齿”形。

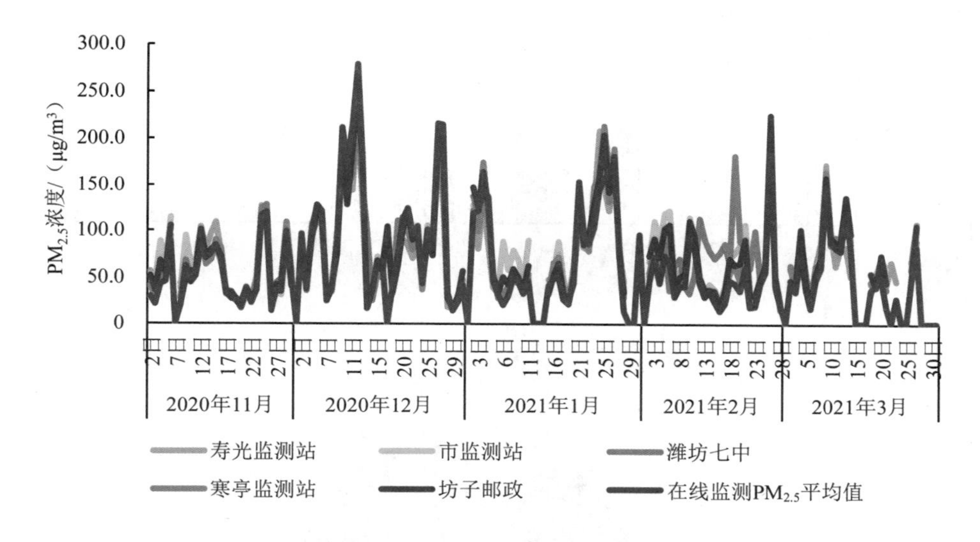

图 3-10　各点位手工监测 $PM_{2.5}$ 和在线监测 $PM_{2.5}$ 浓度

（2）$PM_{2.5}$ 组分总体特征

2020 年 11 月 1 日—2021 年 3 月 31 日，潍坊市手工监测 $PM_{2.5}$ 平均浓度为 75.1 μg/m³。监测期间 $PM_{2.5}$ 各组分浓度和百分含量见图 3-11。从组分上看，NO_3^-、有机物、NH_4^+和 SO_4^{2-}浓度较高，浓度之和达 57.4 μg/m³，百分含量之和为 76.5%。其中，NO_3^-浓度比 SO_4^{2-}浓度高 11.8 μg/m³，是 SO_4^{2-}的 2.4 倍；有机物浓度比 SO_4^{2-}浓度高 11.1 μg/m³，是 SO_4^{2-}的 2.3 倍。NO_3^-和有机物是浓度最高的两种化学成分，两者百分含量共 52.9%。

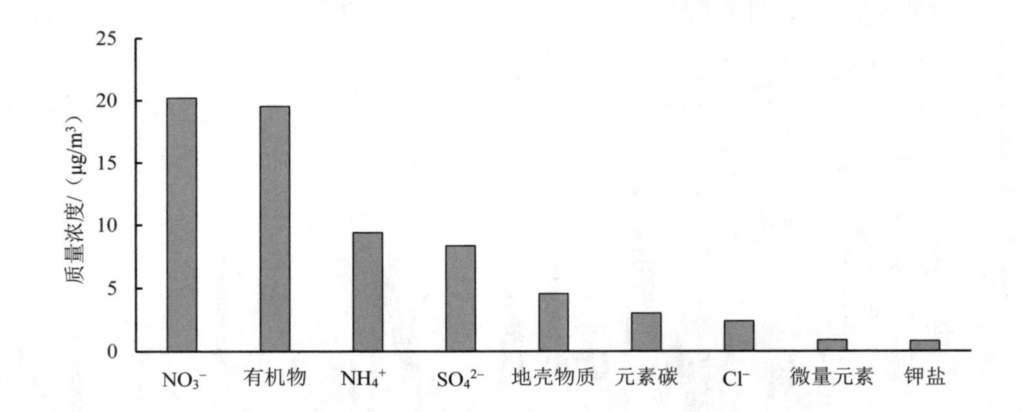

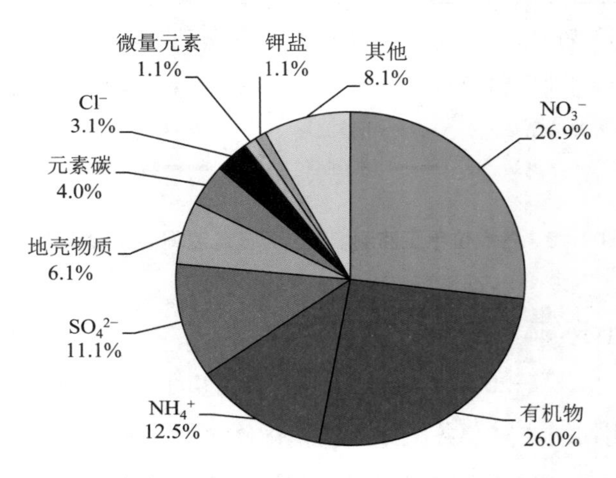

图 3-11　$PM_{2.5}$ 各组分质量浓度和百分含量

从成分类别来看，二次无机离子（SO_4^{2-}、NO_3^-和 NH_4^+）质量浓度占比较大，为 50.5%；其次为碳组分（有机物、元素碳），占比为 30.0%；地壳物质（主要为铝、硅、铁和钙等氧化物）占比为 6.1%。这三者是 $PM_{2.5}$ 中最主要的成分，总占比 86.6%，表明潍坊市采暖季细颗粒物受机动车源影响明显，同时燃煤源、二次源和扬尘源也存在一定的影响。

（3）各点位组分特征

1）各点位 $PM_{2.5}$ 组分总体特征

由图 3-12 可知，各点位采暖季手工监测 $PM_{2.5}$ 质量浓度由高到低依次为市监测站＞潍坊七中＞坊子邮政＞寒亭监测站＞寿光监测站，分别是《环境空气质量标准》中 $PM_{2.5}$ 二级标准（35 μg/m³）的 2.2 倍、2.2 倍、2.2 倍、2.1 倍和 2.0 倍。从各点位 $PM_{2.5}$ 的组分来看，5 个点位的主要成分均是 SO_4^{2-}、NO_3^-、NH_4^+和有机物，其质量浓度为 54.9～60.7 μg/m³。

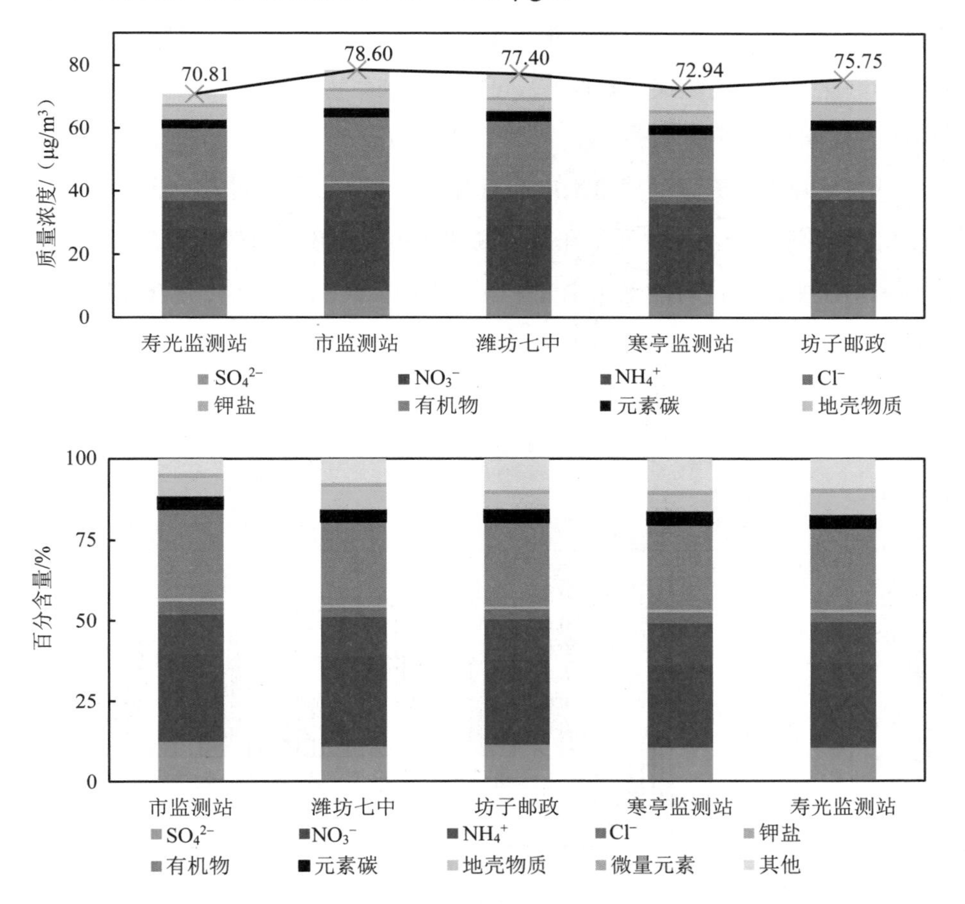

图 3-12　各采集点位 $PM_{2.5}$ 各组分质量浓度和百分含量

从各站点的组分构成差异看，市监测站点位SO_4^{2-}、NO_3^-、有机物、钾盐和地壳物质组分浓度较高，NO_3^-和地壳物质较其他点位突出，结合站点周边情况，推测可能受机动车源和扬尘源（主要是建筑施工扬尘和道路扬尘）影响较大。潍坊七中点位的SO_4^{2-}、有机物和元素碳浓度和占比均较高，表明潍坊七中点位可能受燃煤源影响较为突出。坊子邮政点位钾盐、元素碳、地壳物质和微量元素浓度和占比较大，表明此点位可能受生物质燃烧源、工业源和扬尘源影响较大。寒亭监测站点位元素碳浓度和占比较高，推断燃煤源对寒亭监测站影响较为突出。寿光监测站点位的SO_4^{2-}和Cl^-质量浓度较高，SO_4^{2-}、Cl^-、钾盐和有机物占比较高，推测此点位除受燃煤源影响外，可能还受到生物质燃烧源的影响。

2）各点位元素组分分析

从各采集点位元素的质量浓度和百分含量（图3-13）来看，Al、Si、Fe、Ca、Mg、Ti等扬尘源示踪元素在市监测站和坊子邮政点位较为突出，表明市监测站和坊子邮政点位可能受扬尘源影响较为明显。S、Cl等燃煤源示踪元素在潍坊七中和寿光监测站点位较为突出，表明潍坊七中和寿光监测站点位可能受燃煤源影响较为明显。Mn、Ba、Cu和Sb等工业源示踪元素的质量浓度和百分含量在坊子邮政点位较为突出，推断坊子邮政点位可能受工业源影响较为明显。这与上一节结论基本一致。

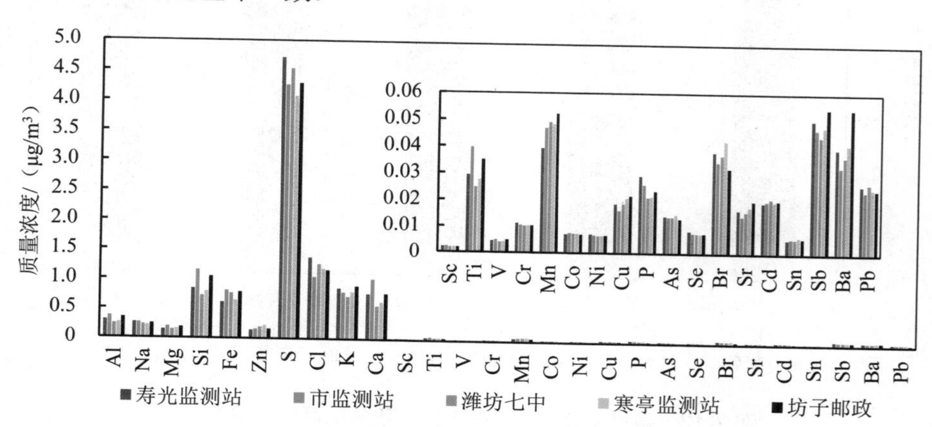

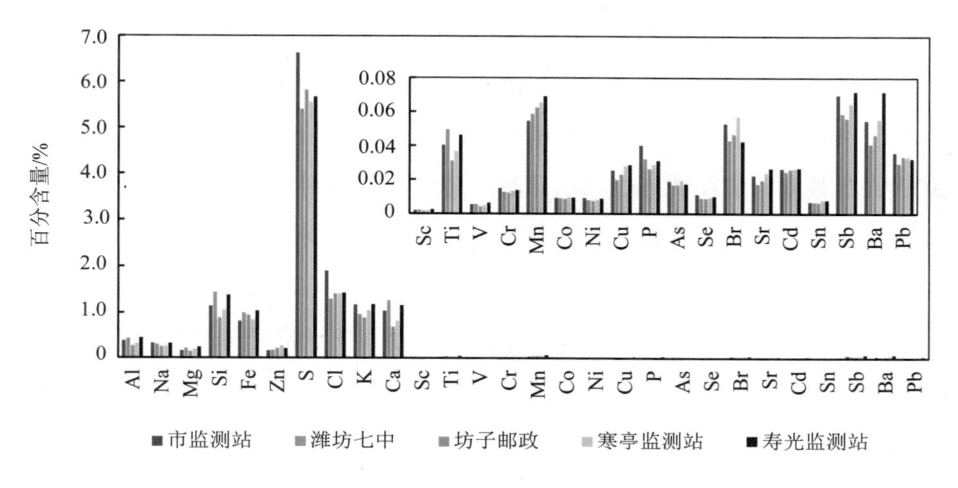

图 3-13　潍坊市各点位 $PM_{2.5}$ 中元素质量浓度及百分含量

3）特征组分比值

一般情况下，OC/EC＞2 表明有二次有机碳生成，其比值越大表明生成的二次有机碳越多。由表 3-5 可见，5 个采集点位的 OC/EC 为 3.83～4.40，说明各点位均有二次有机碳生成，其中寿光监测站点位和市监测站点位的 OC/EC 突出，其二次有机碳的生成高于其他 3 个点位。

表 3-5　潍坊市各点位特征组分比值

站点	OC/EC	SO_4^{2-}/EC	NO_3^-/EC	NH_4^+/EC
寿光监测站	4.40	3.20	7.02	3.14
市监测站	4.27	2.91	7.50	3.29
潍坊七中	3.96	2.77	6.48	3.08
寒亭监测站	3.97	2.56	6.30	3.11
坊子邮政	3.83	2.55	6.50	3.08
平均值	4.09	2.80	6.76	3.14

用 SO_4^{2-}/EC、NO_3^-/EC 和 NH_4^+/EC 来表征各采集点位二次无机气溶胶转化生成情况，比值越大，表明二次转化程度越大。由表 3-5 可知，各点位比值均远大于 1，可见潍坊市 5 个采集点位均存在二次转化，其中寿光监测站点位 SO_4^{2-}/EC 最高，表明此点位二次硫酸盐转化程度较高，这可能与该点位受燃煤源、工业源和生物质燃烧源等影响排放 SO_2 等前体物较多有关，同时此点位较高浓度的粗颗粒物，也会促进前体物 SO_2 发生非均相反应生成二次硫酸盐。市监测站点位 NO_3^-/EC 和 NH_4^+/EC 最高，这主要与该点位受机动车源影响较大有关，机动车尾气排放的前体物 NO_2 浓度较高，其二次转化生成的二次硝酸盐浓度也较高。

（4）$PM_{2.5}$ 与 PM_{10} 组分对比

潍坊市监测站点位采暖季 $PM_{2.5}$ 主要成分的百分含量依次为 NO_3^-（27.5%）＞有机物（25.4%）＞NH_4^+（11.8%）＞SO_4^{2-}（10.7%）＞地壳物质（7.9%）；PM_{10} 中主要成分的百分含量为 NO_3^-（22.6%）＞有机物（21.8%）＞地壳物质（15.4%）＞SO_4^{2-}（9.0%）＞NH_4^+（8.5%）。可见二者化学组分组成特征存在一定差异，其中差别最大的是地壳物质和 NO_3^-，百分含量分别相差 7.5%和 4.9%，且地壳物质在 PM_{10} 中的浓度是 $PM_{2.5}$ 中的 2.8 倍，此外 PM_{10} 中微量元素浓度也较高，是 $PM_{2.5}$ 中的 1.7 倍。经分析发现微量元素中 Na、Mg、Ti 等与扬尘源相关元素浓度较高，说明 PM_{10} 受各类扬尘源（道路扬尘、施工扬尘和堆场扬尘）影响较大。$PM_{2.5}$ 则主要受机动车源、工业源等污染源的影响。$PM_{2.5}$ 与 PM_{10} 化学成分浓度对比见图 3-14。

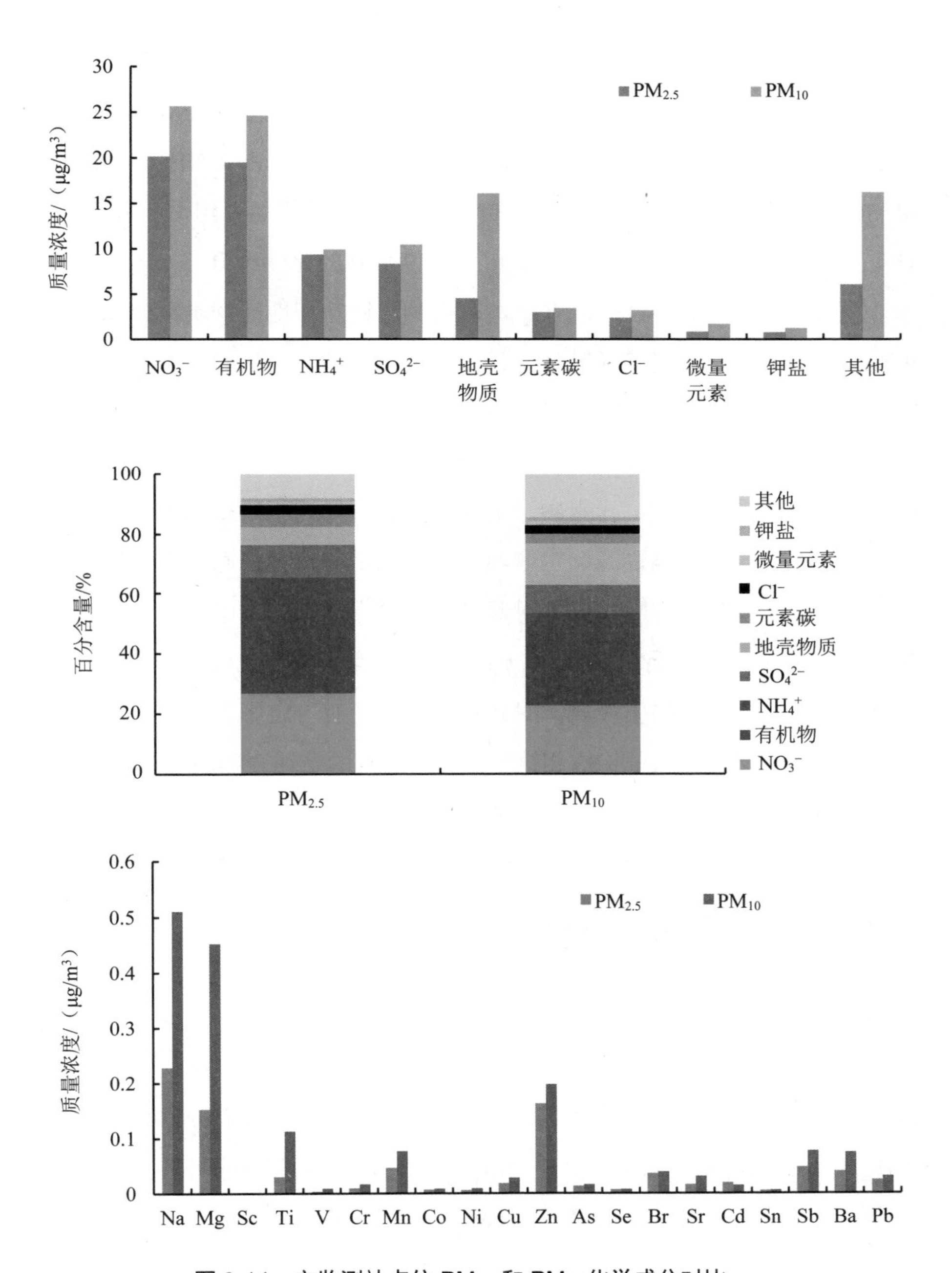

图 3-14　市监测站点位 $PM_{2.5}$ 和 PM_{10} 化学成分对比

3.2.3.3 小结

①潍坊市 2020—2021 年采暖季 5 个采集点位手工监测 $PM_{2.5}$ 平均浓度为 75.1 μg/m³，其中 NO_3^-（20.2 μg/m³）、有机物（19.5 μg/m³）、NH_4^+（9.4 μg/m³）和 SO_4^{2-}（8.3 μg/m³）是潍坊市采暖季大气 $PM_{2.5}$ 的主要组分，浓度之和达 57.4 μg/m³，占 $PM_{2.5}$ 的 76.5%。NO_3^-为浓度最高的化学组分。

②市监测站点位 SO_4^{2-}、NO_3^-、有机物、钾盐和地壳物质组分浓度较高，NO_3^-和地壳物质较其他点位突出，结合站点周边情况，推测可能受机动车源和扬尘源（主要是建筑施工扬尘和道路扬尘）影响较大。潍坊七中点位 SO_4^{2-}、有机物和元素碳浓度和占比均较高，表明潍坊七中点位可能受燃煤源影响较为突出。坊子邮政点位钾盐、元素碳、地壳物质和微量元素浓度和占比较大，说明此点位可能受生物质燃烧源、工业源和扬尘源影响较大。寒亭监测站点位元素碳浓度和占比较高，推断燃煤源对寒亭监测站影响较为突出。寿光监测站点位 SO_4^{2-}和 Cl^-质量浓度较高，SO_4^{2-}、Cl^-、钾盐和有机物占比较高，推测此点位除受燃煤源影响外，生物质燃烧源对此点位也可能有一定影响。

③$PM_{2.5}$ 与 PM_{10} 组分构成相比较，差异最大的是地壳物质和 NO_3^-，百分含量分别相差 7.5%和 4.9%，PM_{10} 受来自各类扬尘源（道路扬尘、施工扬尘和堆场扬尘）影响较为明显，$PM_{2.5}$ 则主要受来自机动车源、工业源等污染源的影响。

3.2.4 颗粒物来源解析结果

3.2.4.1 $PM_{2.5}$来源解析结果

本研究将土壤风沙尘、建筑水泥尘、道路尘、燃煤源、机动车源、工艺过程源、二次硫酸盐、二次硝酸盐、二次有机源等源类的源成分谱和潍坊市环境受体中 $PM_{2.5}$ 和 PM_{10} 各化学组分的浓度平均值及其标准偏差纳入 CMB 模型进行计算，得到各源类对环境空气中 $PM_{2.5}$ 和 PM_{10} 的贡献值和分担率。

（1）潍坊市 $PM_{2.5}$ 源解析结果

将采样期间潍坊市各采集点位 $PM_{2.5}$ 受体组分数据纳入 CMB 模型进行解析，得到潍坊市各源类分担率（图 3-15）。

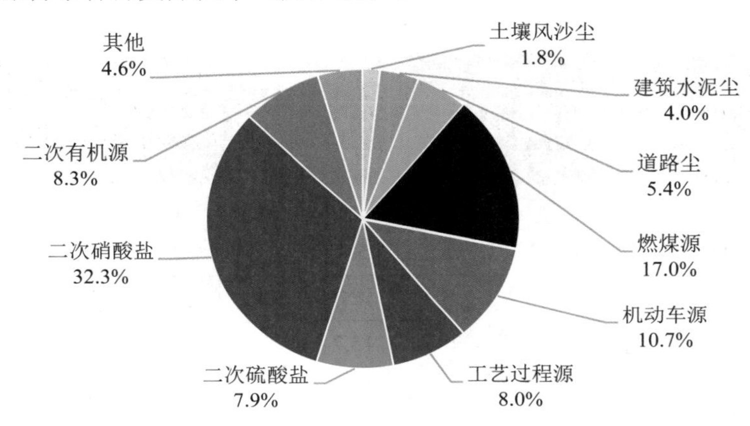

图 3-15　潍坊市 $PM_{2.5}$ 源解析结果

各源类的分担率依次为二次硝酸盐（32.3%）＞燃煤源（17.0%）＞机动车源（10.7%）＞二次有机源（8.3%）＞工艺过程源（8.0%）＞二次硫酸盐（7.9%）＞道路尘（5.4%）＞建筑水泥尘（4.0%）＞土壤风沙尘（1.8%）。

一次源中，燃煤源 $PM_{2.5}$ 浓度贡献为 11.7 μg/m^3，分担率最高，表明采样期间潍坊市整体受燃煤影响较大；其次是机动车源，$PM_{2.5}$ 浓度贡献为 7.4 μg/m^3，分担率为 10.7%。二次源是由排放源排放出的一次污染物经过大气化学反应后生成的颗粒物，一般包括二次硫酸盐、二次硝酸盐和二次有机物等，2019 年潍坊市工业源和机动车源排放的 NO_x 量较大，是二次硝酸盐的重要前体物。源解析结果显示，二次无机源（二次硝酸盐和二次硫酸盐）对 $PM_{2.5}$ 的贡献为 40.2%，其中二次硝酸盐的分担率高于二次硫酸盐；二次有机源 $PM_{2.5}$ 浓度贡献为 5.7 μg/m^3。

（2）各监测点位 $PM_{2.5}$ 源解析结果

通过 CMB 进行计算，潍坊市各监测点位 $PM_{2.5}$ 源解析结果见表 3-6。

表 3-6 潍坊市各监测点位 $PM_{2.5}$ 源解析结果

源类	市监测站		潍坊七中		坊子邮政		寒亭监测站		寿光监测站	
	分担率/%	贡献值/（μg/m³）	分担率/%	贡献值/（μg/m³）	分担率/%	贡献值/（μg/m³）	分担率/%	贡献值/（μg/m³）	分担率/%	贡献值/（μg/m³）
土壤风沙尘	0.5	0.4	1.9	1.4	1.2	0.8	1.2	0.8	4.2	2.7
建筑水泥尘	7.4	5.3	2.0	1.5	5.8	4.1	2.3	1.5	2.4	1.5
道路尘	6.7	4.8	5.4	3.9	4.7	3.3	6.5	4.4	3.5	2.2
燃煤源	14.9	10.7	18.9	13.4	15.7	11.0	17.4	11.7	18.3	11.7
机动车源	12.4	8.9	10.8	7.7	10.3	7.2	10.4	7.0	9.6	6.2
工艺过程源	2.5	1.8	3.2	2.3	11.7	8.2	11.1	7.4	12.3	7.9
二次硫酸盐	8.9	6.4	8.8	6.2	6.5	4.5	6.8	4.5	8.6	5.5
二次硝酸盐	35.7	25.6	34.0	24.2	29.8	20.9	30.0	20.1	31.4	20.2
二次有机源	9.1	6.5	8.3	5.9	7.1	5.0	7.7	5.1	9.3	6.0
其他	2.0	1.5	6.6	4.7	7.2	5.0	6.7	4.5	0.4	0.2

各监测点位的 $PM_{2.5}$ 源解析结果见图 3-16。总体来看，各点位一次排放源中均为燃煤源分担率最高，其次是机动车源或工艺过程源；二次源以二次硝酸盐为主。

各监测点位 $PM_{2.5}$ 各源类的贡献值如下：

①市监测站点位：二次硝酸盐＞燃煤源＞机动车源＞二次有机源＞二次硫酸盐＞建筑水泥尘＞道路尘＞工艺过程源＞土壤风沙尘。

②潍坊七中点位：二次硝酸盐＞燃煤源＞机动车源＞二次硫酸盐＞二次有机源＞道路尘＞工艺过程源＞建筑水泥尘＞土壤风沙尘。

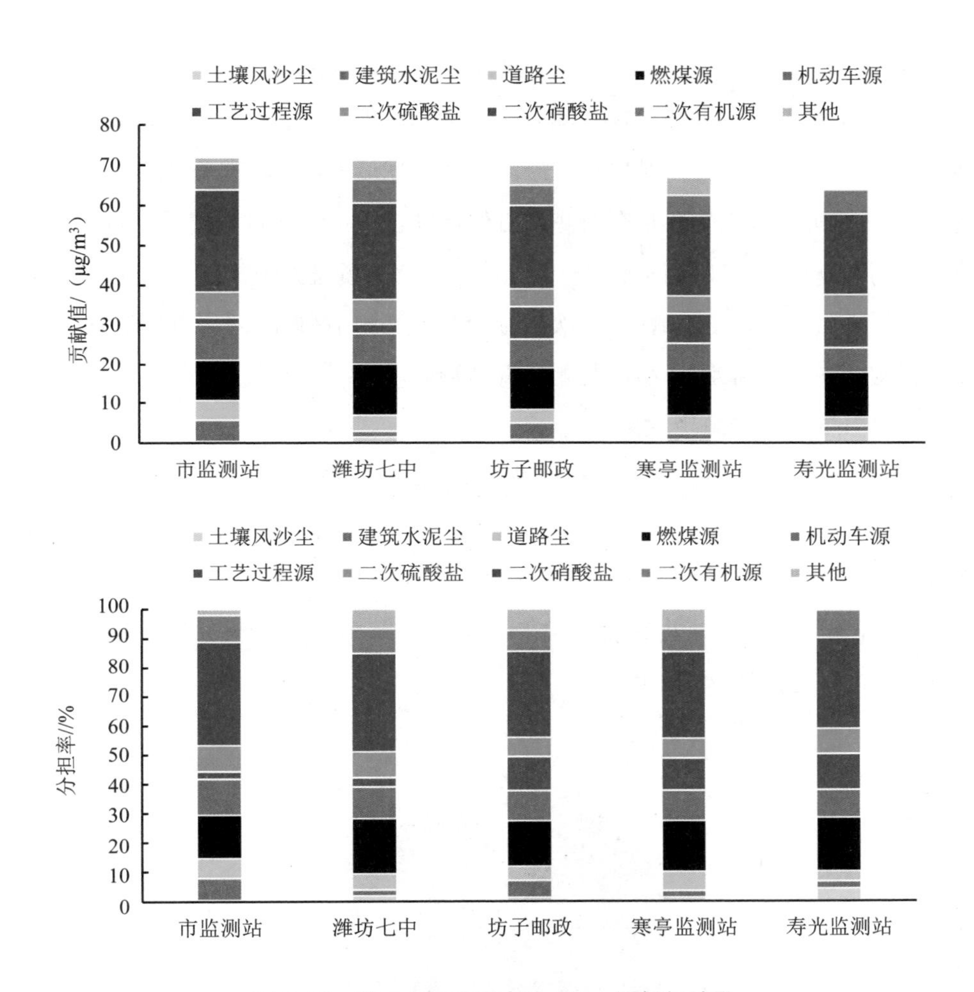

图 3-16　潍坊市各监测点位 $PM_{2.5}$ 源解析结果

③坊子邮政点位：二次硝酸盐＞燃煤源＞工艺过程源＞机动车源＞二次有机源＞二次硫酸盐＞建筑水泥尘＞道路尘＞土壤风沙尘。

④寒亭监测站点位：二次硝酸盐＞燃煤源＞工艺过程源＞机动车源＞二次有机源＞二次硫酸盐＞道路尘＞建筑水泥尘＞土壤风沙尘。

⑤寿光监测站点位：二次硝酸盐＞燃煤源＞工艺过程源＞机动车源＞二次

有机源＞二次硫酸盐＞土壤风沙尘＞道路尘＞建筑水泥尘。

从各监测站点位来看，扬尘源类（土壤风沙尘、建筑水泥尘、道路尘）对监测站点位的贡献较大；燃煤源对潍坊七中贡献最大，其次是寿光监测站和寒亭监测站；机动车源主要是在监测站点位贡献较大；工艺过程源贡献较大的点位为坊子邮政、寒亭监测站和寿光监测站；二次硫酸盐贡献较大的点位是市监测站、潍坊七中和寿光监测站；二次硝酸盐对市监测站和潍坊七中的贡献较大；二次有机源在寿光监测站和市监测站贡献较大。

3.2.4.2 PM_{10}来源解析结果

将市监测站点位 PM_{10} 受体数据纳入 CMB 模型进行计算，其源解析结果如图 3-17 所示。在参与拟合的源类中，各源类的分担率大小依次为二次硝酸盐（26.9%）＞燃煤源（14.5%）＞建筑水泥尘（11.8%）＞机动车源（11.1%）＞二次有机源（7.9%）＞道路尘（6.3%）＞二次硫酸盐（5.8%）＞土壤风沙尘（4.6%）＞工艺过程源（2.1%）。

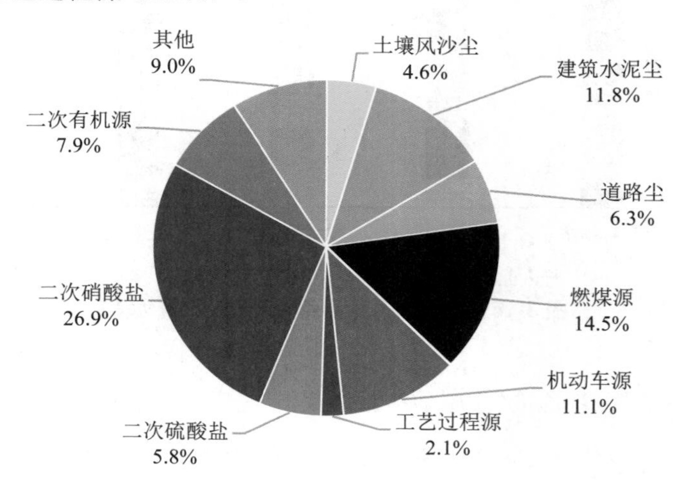

图 3-17 监测站点位 PM_{10} 源解析结果

一次源中，燃煤源（PM_{10} 浓度贡献为 16.6 μg/m^3）分担率最高，表明采样期间潍坊市整体受燃煤影响较大；其次是建筑水泥尘和机动车源，PM_{10} 浓度贡献分别为 13.4 μg/m³ 和 12.7 μg/m³，分担率分别为 11.8%和 11.1%。二次无机源中，二次硝酸盐（30.8 μg/m³）的分担率高于二次硫酸盐（6.7 μg/m³），二者对 PM_{10} 的贡献为 32.7%；二次有机源 PM_{10} 浓度贡献为 9.1 μg/m³。

对监测站点位 $PM_{2.5}$ 和 PM_{10} 源解析结果中的主要源类进行比较分析，扬尘类源对 PM_{10} 的贡献较高，而燃煤源、机动车源、工艺过程源、二次有机源等对 $PM_{2.5}$ 的贡献较高。对于扬尘源，$PM_{2.5}$ 中道路尘的贡献较高，而 PM_{10} 中建筑水泥尘的贡献较高。

3.2.4.3 综合来源解析结果

基于受体模型得到的源解析结果，结合空气质量模型及污染源排放清单，区分本地外来源贡献，并对潍坊市本地 $PM_{2.5}$ 的来源进行细化解析，即对二次硫酸盐、二次硝酸盐和二次有机源进行分配，分配至一次源和燃煤二级源，并对污染源进一步细化，燃煤源细分为电厂燃煤和民用燃煤，燃煤中的工业锅炉与工艺过程源合并为工业源，同时工业源细分至行业；机动车源细分为柴油车、汽油车及其他燃料车贡献源；最终得到 $PM_{2.5}$ 本地综合来源解析结果。

在潍坊市 $PM_{2.5}$ 本地综合源解析结果（图 3-18）中，工业源为第一大污染源，$PM_{2.5}$ 浓度贡献为 28.7 μg/m³，分担率为 41.8%，其中钢铁、铸造、焦化和石油化工的分担率分别为 20.7%、9.3%、2.6%和 1.6%，其他工业分担率为 7.6%；其次，机动车源对 $PM_{2.5}$ 的浓度贡献为 15.0 μg/m³，分担率为 21.8%，其中柴油车 19.6%、汽油车 1.6%、其他燃料车 0.6%；扬尘源位列第 3，浓度贡献为 12.1 μg/m³，分担率为 17.6%，其中道路尘贡献最高，分担率为 8.5%，建筑水泥尘和土壤风沙尘分担率分别为 6.4%和 2.8%；位列第 4 的是燃煤源，浓度贡献为 8.9 μg/m³，分担率为 13.0%，其中包括电厂燃煤（2.3%）和民用燃煤（10.6%）。

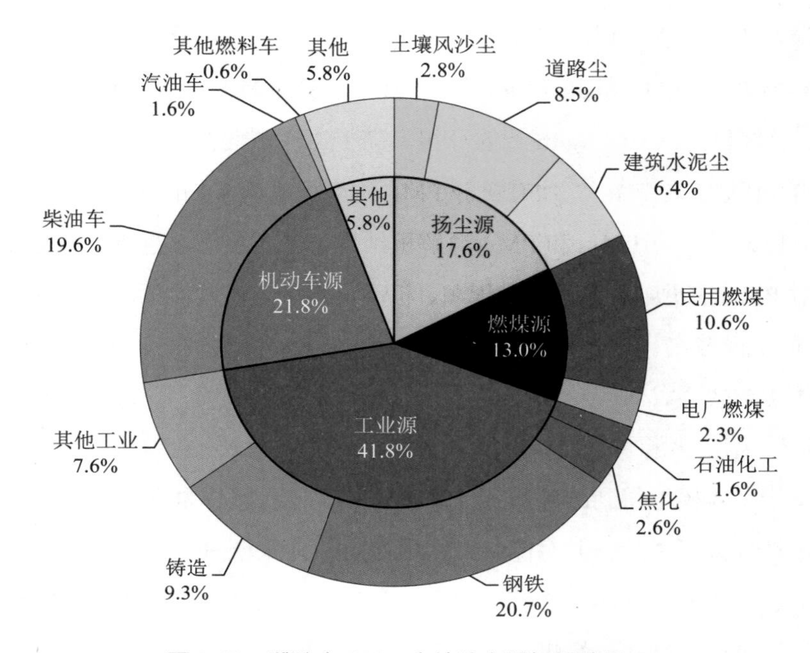

图 3-18　潍坊市 $PM_{2.5}$ 本地综合源解析结果

3.2.4.4　小结

①监测期间潍坊市 $PM_{2.5}$ 受体模型解析结果（含一次源及二次源）表明，各主要来源分担率大小依次为二次源，燃煤源，机动车源，各源类贡献大小依次为二次硝酸盐（32.3%）＞燃煤源（17.0%）＞机动车源（10.7%）＞二次有机源（8.3%）＞工艺过程源（8.0%）＞二次硫酸盐（7.9%）＞道路尘（5.4%）＞建筑水泥尘（4.0%）＞土壤风沙尘（1.8%）。二次无机源中二次硝酸盐的贡献高于二次硫酸盐，扬尘源中道路尘贡献较高。

②各点位一次排放源均以燃煤源占比最高，其次是机动车源或工艺过程源；二次源中以二次硝酸盐的贡献为主。扬尘源类对监测站点位的贡献较大；燃煤源对潍坊七中和寿光监测站点位影响较大；机动车源主要是在监测站点位贡献较大；工艺过程源贡献较大的点位为坊子邮政、寒亭监测站和寿光监测站；二

次硫酸盐贡献较大的点位是市监测站、潍坊七中和寿光监测站；二次硝酸盐主要是对市监测站和潍坊七中点位的贡献较大；二次有机源在寿光监测站和市监测站贡献较明显。

③监测站点位 $PM_{2.5}$ 和 PM_{10} 源解析结果对比发现，扬尘类源对 PM_{10} 的贡献较高，而燃煤源、机动车源、工艺过程源、二次源等对 $PM_{2.5}$ 的贡献较高。对于扬尘源，$PM_{2.5}$ 中道路尘的占比较高，而 PM_{10} 中建筑水泥尘的贡献较高。

④潍坊市 $PM_{2.5}$ 本地综合源解析结果显示，工业源为第一大污染源（41.8%），其中钢铁、铸造、焦化和石油化工的占比分别为 20.7%、9.3%、2.6%和 1.6%，其他工业分担率为 7.6%；其次为机动车源（21.8%），其中包括柴油车（19.6%）、汽油车（1.6%）和其他燃料车（0.6%）；扬尘源位列第 3，占比为 17.6%，其中道路尘贡献最高，占比为 8.5%，建筑水泥尘和土壤风沙尘占比分别为 6.4%和 2.8%；第 4 位的是燃煤源，占比为 13.0%，其中包括电厂燃煤（2.3%）和民用燃煤（10.6%）。

3.3 VOCs 观测分析与来源解析

3.3.1 观测实验情况

3.3.1.1 观测点位与方法

观测点位选定于潍坊学院明正楼 6 楼楼顶（36°42′55.05″E，119°10′51″E），东邻潍县中路（距 250 m 左右），西邻金马路（距 580 m 左右），南邻东风东街（距 230 m 左右），北邻福寿东街（距 630 m 左右），周围属于办公区和生活区，周围无大型工业排放源。监测点位见图 3-19。

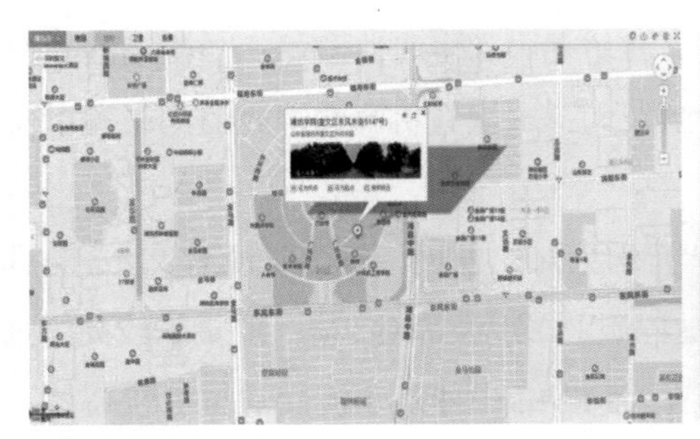

图 3-19 潍坊学院监测点位

3.3.1.2 监测仪器及项目

VOCs 加强观测采用武汉天虹 TH-300B（GC-MS）大气环境挥发性有机物在线监测系统，监测物种 57 种（见表 3-7），参照标准为《环境空气 挥发性有机物的测定 罐采样/气相色谱-质谱法》（HJ 759—2015）。工作流程包括样品采集、冷冻捕集、加热解吸、GC-FID/MS 分析、加热反吹净化 5 个步骤。

表 3-7 VOCs 标准物种表（PAMS 57）

序号	中文名称	英文名称	CAS 号	类别
1	乙烯	Ethylene	74-85-1	烯烃
2	乙炔	Acetylene	74-86-2	炔烃
3	乙烷	Ethane	74-84-0	烷烃
4	丙烯	Propylene	115-07-1	烯烃
5	丙烷	Propane	74-98-6	烷烃
6	异丁烷	Isobutane	75-28-5	烷烃
7	1-丁烯	1-Butene	106-98-9	烯烃
8	正丁烷	*n*-Butane	106-97-8	烷烃
9	反-2-丁烯	*Trans*-2-Butene	624-64-6	烯烃
10	顺-2-丁烯	*Cis*-2-Butene	590-18-1	烯烃

序号	中文名称	英文名称	CAS 号	类别
11	异戊烷	Isopentane	78-78-4	烷烃
12	1-戊烯	1-Pentene	109-67-1	烯烃
13	正戊烷	*n*-Pentane	109-66-0	烷烃
14	异戊二烯	Isoprene	78-79-5	烯烃
15	反-2-戊烯	*Trans*-2-Pentene	646-04-8	烯烃
16	顺-2-戊烯	*Cis*-2-Pentene	627-20-3	烯烃
17	2,2-二甲基丁烷	2,2-Dimethylbutane	75-83-2	烷烃
18	环戊烷	Cyclopentane	287-92-3	烷烃
19	2,3-二甲基丁烷	2,3-Dimethylbutane	79-29-8	烷烃
20	2-甲基戊烷	2-Methylpentane	107-83-5	烷烃
21	3-甲基戊烷	3-Methylpentane	96-14-0	烷烃
22	1-己烯	1-Hexene	592-41-6	烯烃
23	正己烷	*n*-Hexane	110-54-3	烷烃
24	甲基环戊烷	Methylcyplopentane	96-37-7	烷烃
25	2,4-二甲基戊烷	2,4-Dimethylpentane	108-08-7	烷烃
26	苯	Benzene	71-43-2	芳香烃
27	环己烷	Cychohexane	110-82-7	烷烃
28	2-甲基己烷	2-Methylhexane	591-76-4	烷烃
29	2,3-二甲基戊烷	2,3-Dimethylpentane	565-59-3	烷烃
30	3-甲基己烷	3-Methylhexane	589-34-4	烷烃
31	2,2,4-三甲基戊烷	2,2,4-Trimethylpentane	540-84-1	烷烃
32	正庚烷	*n*-Heptane	142-82-5	烷烃
33	甲基环己烷	Methylcyclohexane	108-87-2	烷烃
34	2,3,4-三甲基戊烷	2,3,4-Trimethylpentane	565-75-3	烷烃
35	甲苯	Toluene	108-88-3	芳香烃
36	2-甲基庚烷	2-Methylheptane	592-27-8	烷烃

序号	中文名称	英文名称	CAS 号	类别
37	3-甲基庚烷	3-Methylheptane	589-81-1	烷烃
38	正辛烷	*n*-Octane	111-65-9	烷烃
39	乙苯	Ethylbenzene	100-41-4	芳香烃
40、41	间/对-二甲苯	*m*-Xylene/p-Xylene	106-42-3/108-38-3	芳香烃
42	苯乙烯	Styrene	100-42-5	芳香烃
43	邻-二甲苯	*o*-Xylene	95-47-6	芳香烃
44	正壬烷	*n*-Nonane	111-84-2	烷烃
45	异丙苯	Isopropylbenzene	98-82-8	芳香烃
46	正丙苯	*n*-Propylbenzene	103-65-1	芳香烃
47	间-乙基甲苯	*m*-Ethyltoluene	620-14-4	芳香烃
48	对-乙基甲苯	*p*-Ethyltoluene	622-96-8	芳香烃
49	1,3,5-三甲基苯	1,3,5-Trimethylbenzene	108-67-8	芳香烃
50	邻-乙基甲苯	*o*-Ethyltoluene	611-14-3	芳香烃
51	1,2,4-三甲基苯	1,2,4-Trimethylbenzene	95-63-6	芳香烃
52	正癸烷	*n*-Decane	124-18-5	烷烃
53	1,2,3-三甲基苯	1,2,3-Trimethylbenzene	526-73-8	芳香烃
54	间-二乙基苯	*m*-Diethylbenzene	141-93-5	芳香烃
55	对-二乙基苯	*p*-Diethylbenzene	105-05-5	芳香烃
56	正十一烷	*n*-Undecane	1120-21-4	烷烃
57	正十二烷	*n*-Dodecane	112-40-3	烷烃

工作原理：样品在进样口分两路，分别经冷冻捕集后进入 FID 和 MS 气路，其中样品中 C2～C5 碳氢化合物由 FID 检测器进行定性定量分析，C_5～C_{12} 碳氢化合物、卤代烃和含氧化合物由 MS 进行定性定量分析。经热解析后，组分按照不同的时间次序分别进入 GC-FID 检测器和质谱（MS）检测器。在 GC-FID

中，仪器计算信号形成的峰面积，得到与组分浓度成正比的色谱图，经标定后对组分进行定量，按出峰的保留时间对其进行定性。进入质谱仪的组分，在电磁场作用下，经碰撞诱导产生碎片，通过对离子信号的积分，进行定量分析，根据出峰次序进行定性分析。数据分析采用人工读谱方式获得每个样品的 VOCs 浓度。样品检测流程见图 3-20。

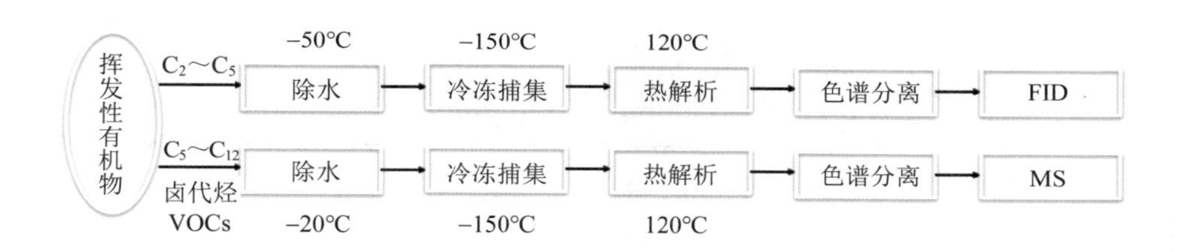

图 3-20　TH-300B 样品检测流程

3.3.2　VOCs 浓度及其变化特征

3.3.2.1　浓度水平

2020 年和 2021 年潍坊市 VOCs 日均浓度变化见图 3-21。潍坊市 PAMs（臭氧前体混合物）组分中 2020 年夏季 VOCs 的日均浓度分布范围为 5.5～38.2 ppbv（10^{-9}，体积分数），平均为 14.29 ppbv，2021 年夏季 VOCs 的日均浓度分布范围为 3.82～33.20 ppbv，平均为 10.96 ppbv，日均最低值和最高值浓度较 2020 年均有降低，其中平均值较 2020 年下降 23.30%，同时两年均以烷烃组分浓度的变化对 TVOCs 浓度水平变化起主导作用。

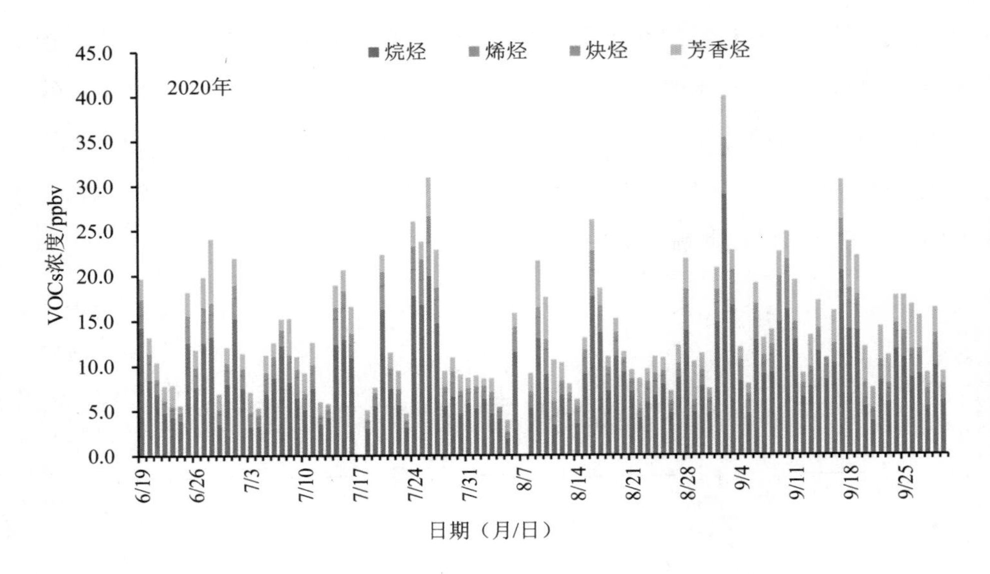

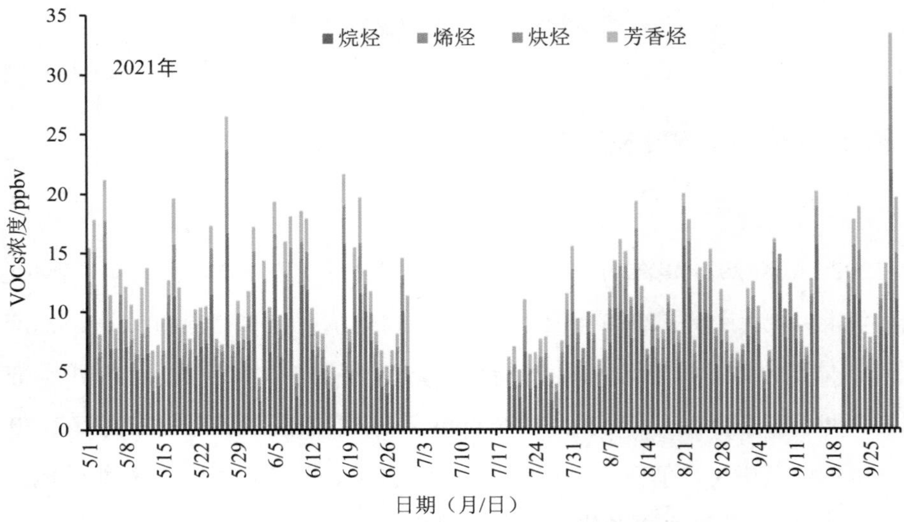

图 3-21　VOCs 日均浓度的时间序列图

3.3.2.2　组分特征

2020 年和 2021 年夏季加强观测期间总 VOCs 浓度贡献中均以烷烃浓度最

高（见图 3-22），占比分别为 64.94%、63.50%，其次是芳香烃（16.59%、15.88%）和烯烃（11.76%、12.59%），炔烃浓度最低，占比分别为 6.72%、8.03%，其中 2021 年夏季烷烃和芳香烃占比较 2020 年夏季均有降低，烯烃和炔烃占比较 2020 年夏季略有升高。

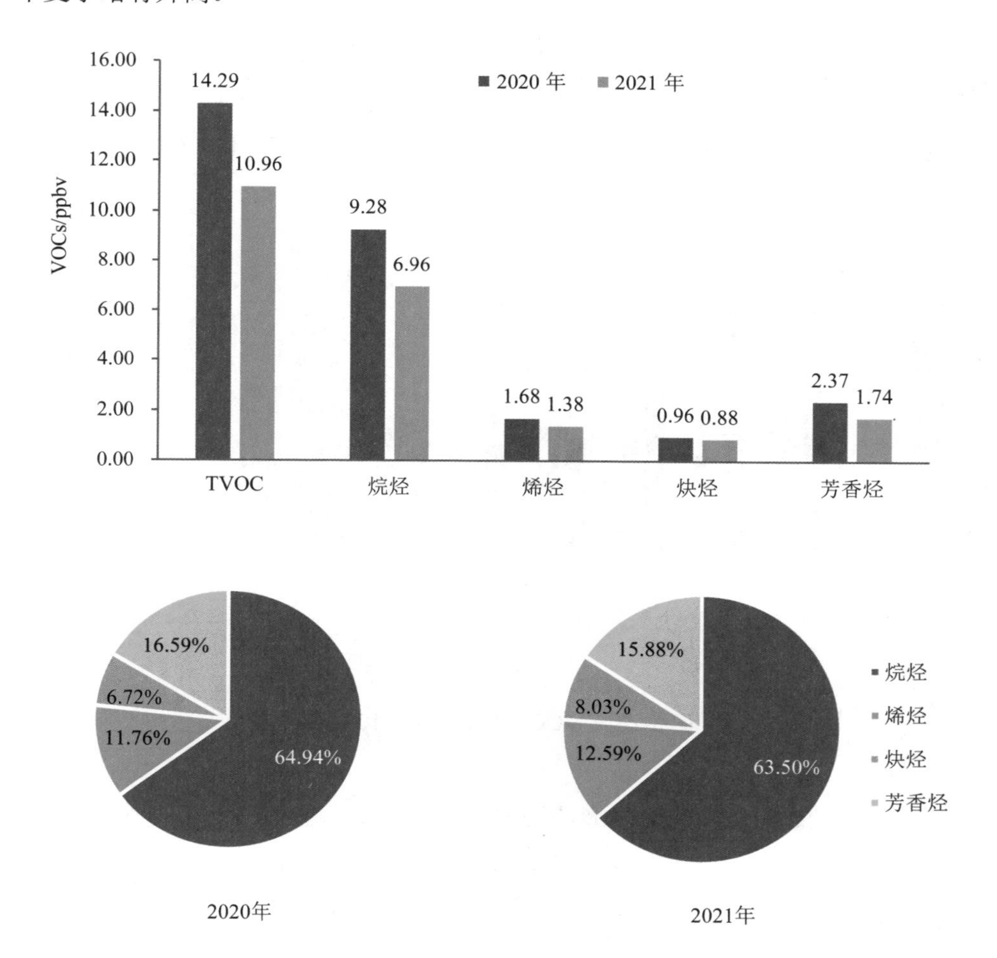

图 3-22 VOCs 组分浓度及占比

2021 年夏季 VOCs 各组分浓度较 2020 年夏季均有不同程度的降低，2021 年夏季烷烃浓度为 6.96 ppbv，较 2020 年（9.28 ppbv）下降 25.0%，芳香烃（1.74 ppbv）较 2020 年夏季（2.37 ppbv）下降 26.6%，烯烃和炔烃分别较 2020 年下降 17.9%、8.3%。

2020 年和 2021 年夏季加强观测期间浓度排名前 10 的 VOCs 物种一致（见图 3-23），均为烷烃中的乙烷、丙烷、正丁烷、异戊烷、异丁烷、正戊烷，炔烃中的乙炔，烯烃中的乙烯和芳香烃中的甲苯、间/对-二甲苯，2020 年和 2021 年夏季前 10 名的物种浓度加和分别占总 VOCs 浓度的 80.82%和 82.52%。

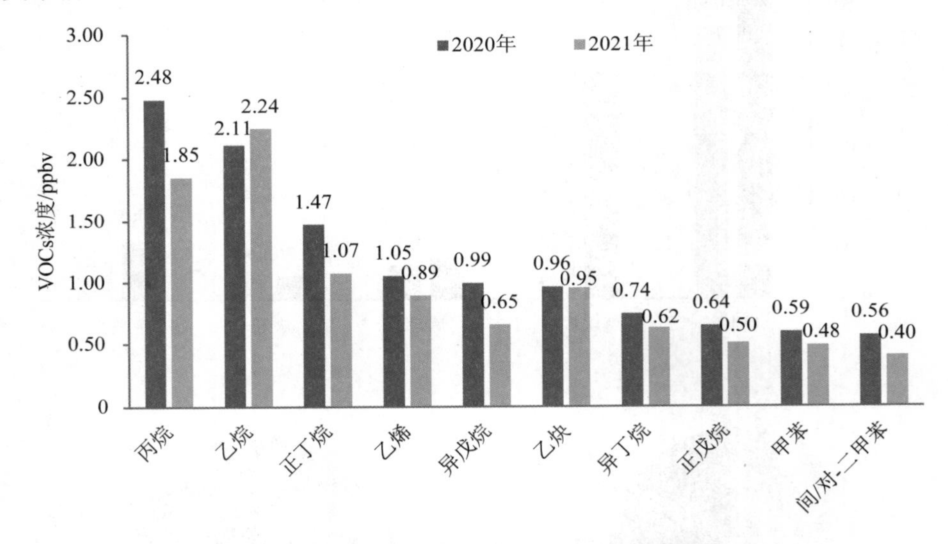

图 3-23　VOCs 浓度排名前 10 的物种

2021 年夏季 VOCs 前 10 名的物种浓度较 2020 年夏季（除乙烷外）均有不同程度的下降，其中油气挥发源指示物种戊烷和丁烷降幅最大，其次是溶剂使用源，间/对-二甲苯和甲苯浓度分别较 2020 年下降 28.57%和 18.64%，乙烯（石化与化工源）浓度较 2020 年夏季下降 15.24%，见图 3-24。

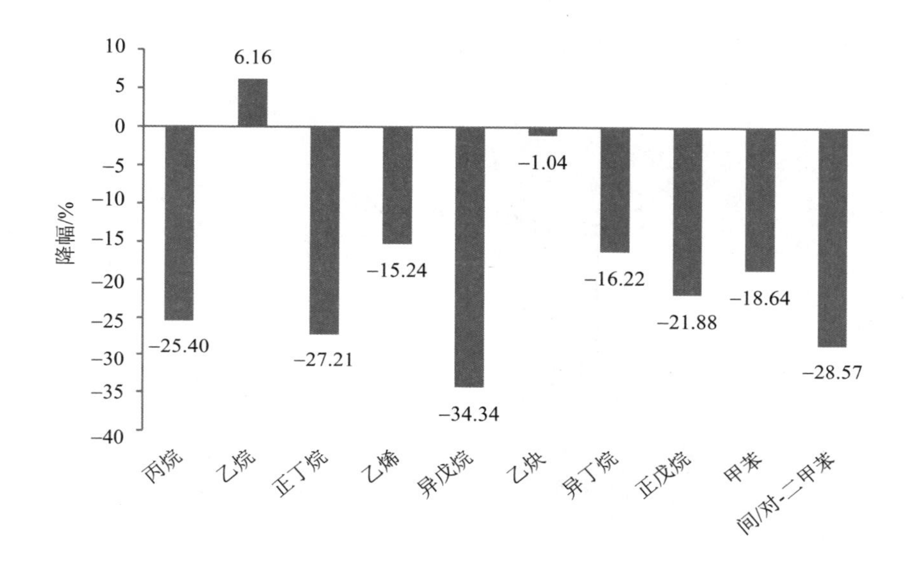

图 3-24　2021 年夏季 VOCs 前 10 名的物种浓度较 2020 年夏季的降幅

3.3.2.3　日变化特征

由图 3-25 可见，潍坊市 2020 年夏季和 2021 年夏季 VOCs 各组分浓度均有明显的日变化特征。各浓度组分在上午 8:00 左右有明显峰值，与交通早高峰时间相符；9:00 各组分浓度同样较高，说明潍坊市的 VOCs 既受移动源排放影响，也受工业活动排放的影响。10:00 后，VOCs 浓度开始出现明显的下降，14:00—16:00 达到低值，主要受两方面的因素影响：一是上午至午间时段温度变化引起对流强烈，边界层抬升，有利于 VOCs 的扩散稀释；二是中午光照强烈，光化学反应活跃，大量 VOCs 参与光化学反应生成了 O_3，使 O_3 浓度升高而 VOCs 浓度进一步降低。随着边界层下压，垂直扩散能力减弱，同时伴随光照减弱，VOCs 光化学反应消耗减弱，17:00 之后浓度逐渐升高，各组分在 21:00 左右出现第二峰值，可能受下班交通高峰期机动车流量增加以及夜晚柴油车运输货物增加的影响。由图 3-27 可见，与人为源 VOCs（AHC）的日变化趋势不同，主要来源为植物源的异戊二烯表现出了明显的温度依赖性，浓度呈现日间高、夜间低的变化趋势。

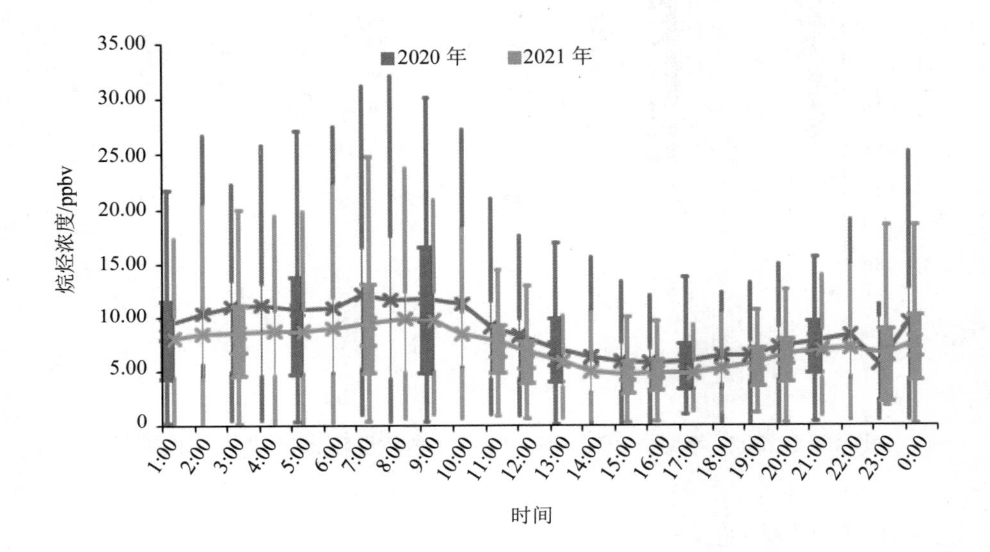

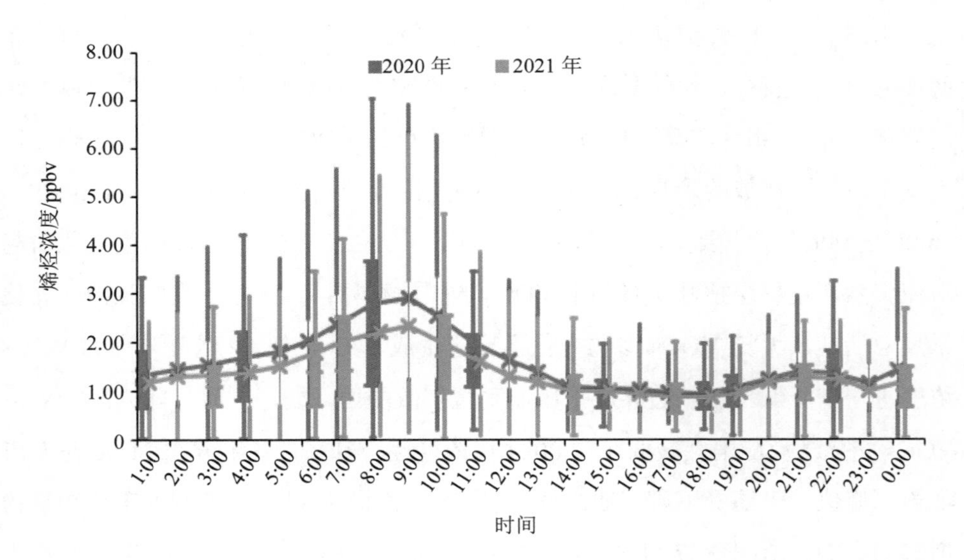

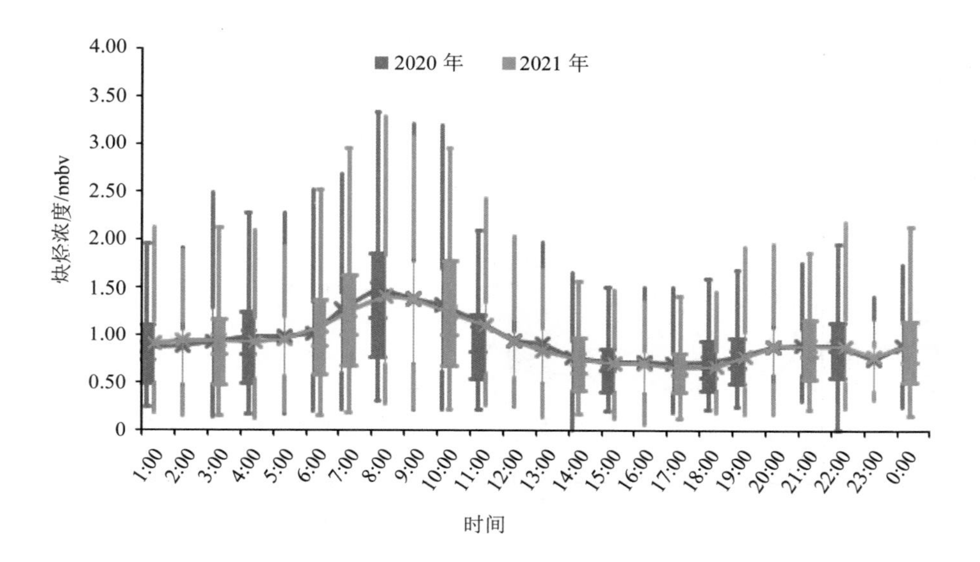

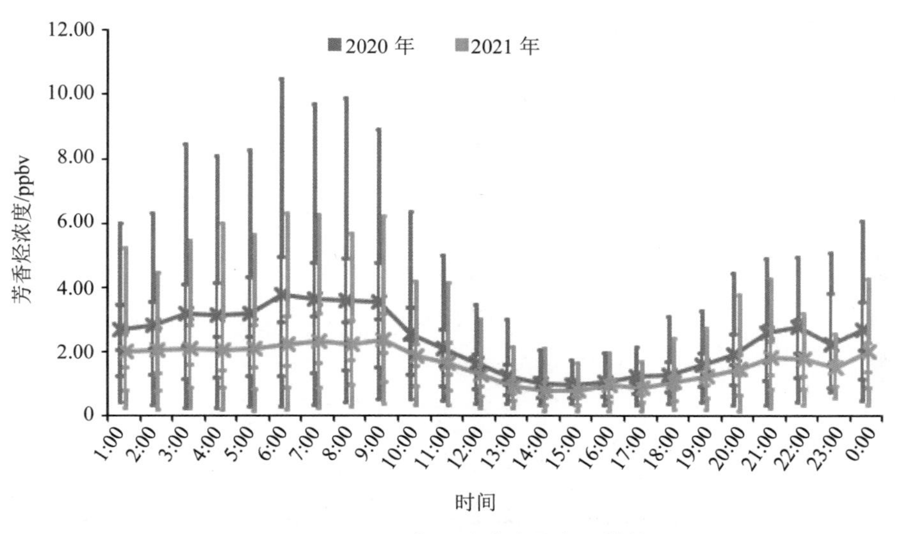

图 3-25　VOCs 各组分浓度日变化趋势

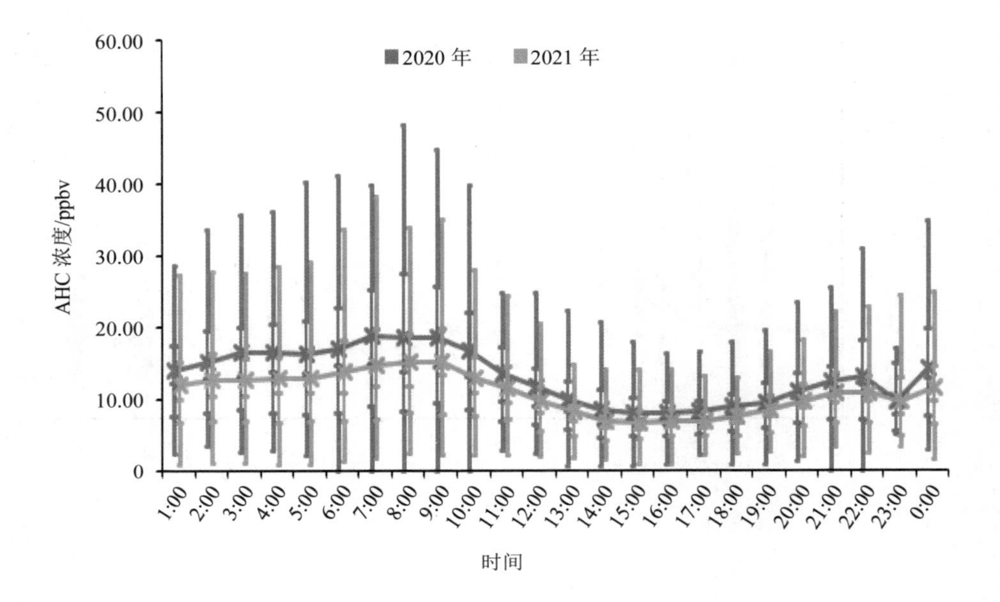

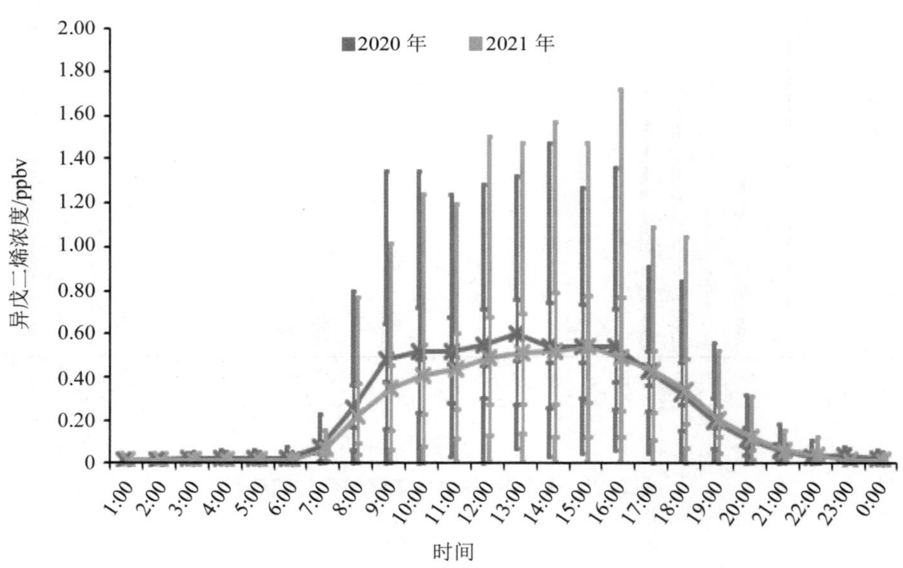

图 3-26 人为源 VOCs 与异戊二烯日变化趋势

2021 年夏季 VOCs 各组分小时序列浓度均较 2020 年夏季降低，烷烃和芳香烃浓度在凌晨至早高峰时段较 2020 年夏季显著降低，烯烃浓度在早高峰时段较 2020 年夏季明显降低，2021 年夏季炔烃日变化趋势整体略低于 2020 年夏季，差异较小，2021 年夏季异戊二烯在上午时段（8：00—13：00）浓度显著低于 2020 年夏季。

3.3.2.4　小结

①2021 年夏季加强观测期间 TVOCs 的日平均浓度范围为 3.82～33.20 ppbv，平均为 10.96 ppbv，日均最低值和最高值浓度较 2020 年均有降低，其中平均值较 2020 年下降 23.30%。

②2020 年和 2021 年夏季加强观测期间 TVOCs 浓度贡献中均以烷烃浓度最高，其次是芳香烃和烯烃，炔烃浓度最低，同时 2021 年夏季 VOCs 各组分浓度较 2020 年夏季均有不同程度的降低。

③2020 年和 2021 年 VOCs 浓度的时间变化均具有明显的日夜差异，人为源表现为夜间高、日间低的特征，峰值主要出现在上午时段，且各组分浓度均普遍低于 2020 年。

3.3.3　VOCs 的活性特征

3.3.3.1　VOCs 组分的臭氧生成潜势（OFP）贡献

如图 3-27 所示，2020 年和 2021 年夏季日间（7：00—18：00）OFP 贡献最高的组分均为芳香烃，分别占总 OFP 的 42.22%、40.61%。烯烃活性较高，占比分别为 34.65%、38.43%，烷烃活性较低，占比分别为 21.95%、19.56%，炔烃 OFP 贡献最低，仅分别占总 OFP 的 1.19%、1.40%。

3.3.3.2　关键活性物种

如图 3-28 所示，2020 年夏季和 2021 年夏季日间 OFP 前 10 位的物种一致，均包括芳香烃（4 个）、烯烃（3 个）和烷烃（3 个），前 10 位的物种 OFP 浓度加和分别占总 OFP 浓度的 73.67%、74.67%，其中人为源以间/对-二甲苯、乙烯和甲苯等物种生成潜势影响较大。对应物种涉及主要行业包括间/对-二甲苯、甲苯和邻二甲苯对应的工业涂装、汽修等涉溶剂使用相关行业，乙烯、丙烯对应的石化与化工类相关行业，正丁烷和异戊烷对应的油气挥发相关行业，异戊二烯对应的植物源排放。

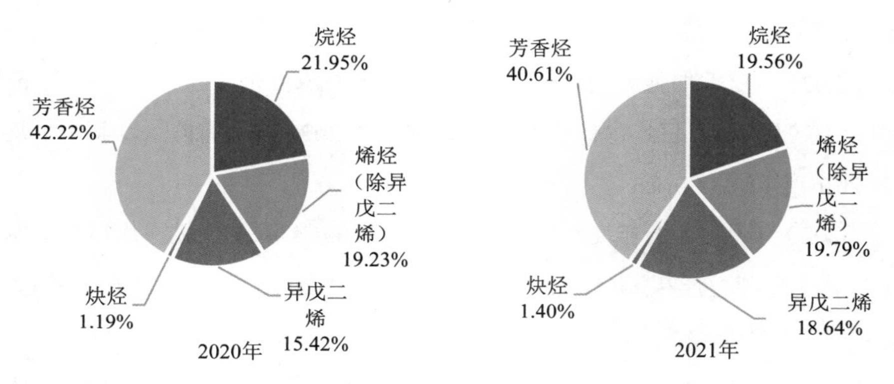

图 3-27 各类组分 OFP 占比

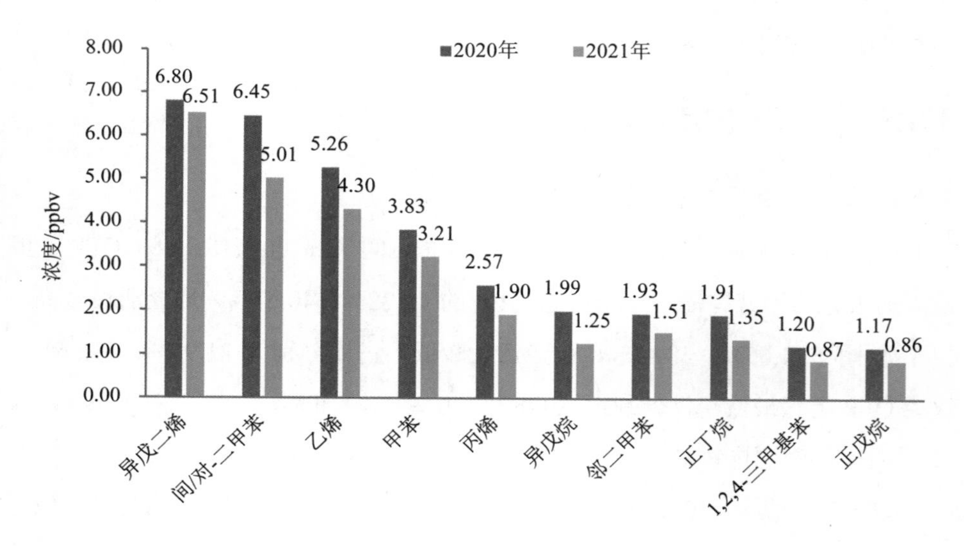

图 3-28 OFP 前 10 位的物种浓度

2021 年夏季日间 OFP 前 10 位的物种浓度相较 2020 年夏季均有不同程度的下降（图 3-29），其中油气挥发源指示物种戊烷和丁烷降幅最大，其次是石化与化工源，乙烯和丙烯浓度分别较 2020 年夏季下降 18.25%、26.07%，间/对-二甲苯和甲苯（溶剂使用源）浓度分别较 2020 年夏季下降 22.33%、16.19%，植物源异戊二烯浓度较 2020 年夏季下降 4.26%。

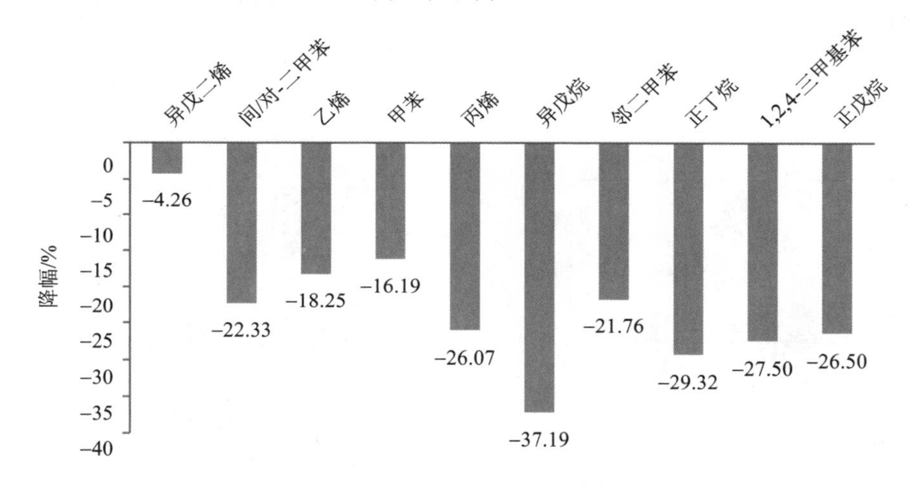

图 3-29　2021 年日间 OFP 前 10 位的物种浓度较 2020 年的降幅

3.3.3.3　结合风速、风向识别关键活性物种的空间分布特征

通过前文分析可知，芳香烃中的甲苯、间/对-二甲苯，烯烃中的乙烯、丙烯和烷烃中的正丁烷、异戊烷是潍坊市 OFP 贡献人为源中最关键的活性物种，以下结合风速、风向识别这些关键活性物种日间 OFP 的空间分布情况（图 3-30）。

2021 年夏季加强观测期间，甲苯、间/对-二甲苯在静稳条件下浓度更高，考虑站点附近存在较突出的局部污染排放源；其次，在 1～2 m/s 的风速影响下，西面和南面可见较高的污染物浓度，考虑在较近距离的西面和南面也存在排放甲苯、间/对-二甲苯的污染源。乙烯、丙烯、正丁烷和异戊烷高浓度主要分布在西-西北方向上，其次在西南方向上污染物排放也较为突出。

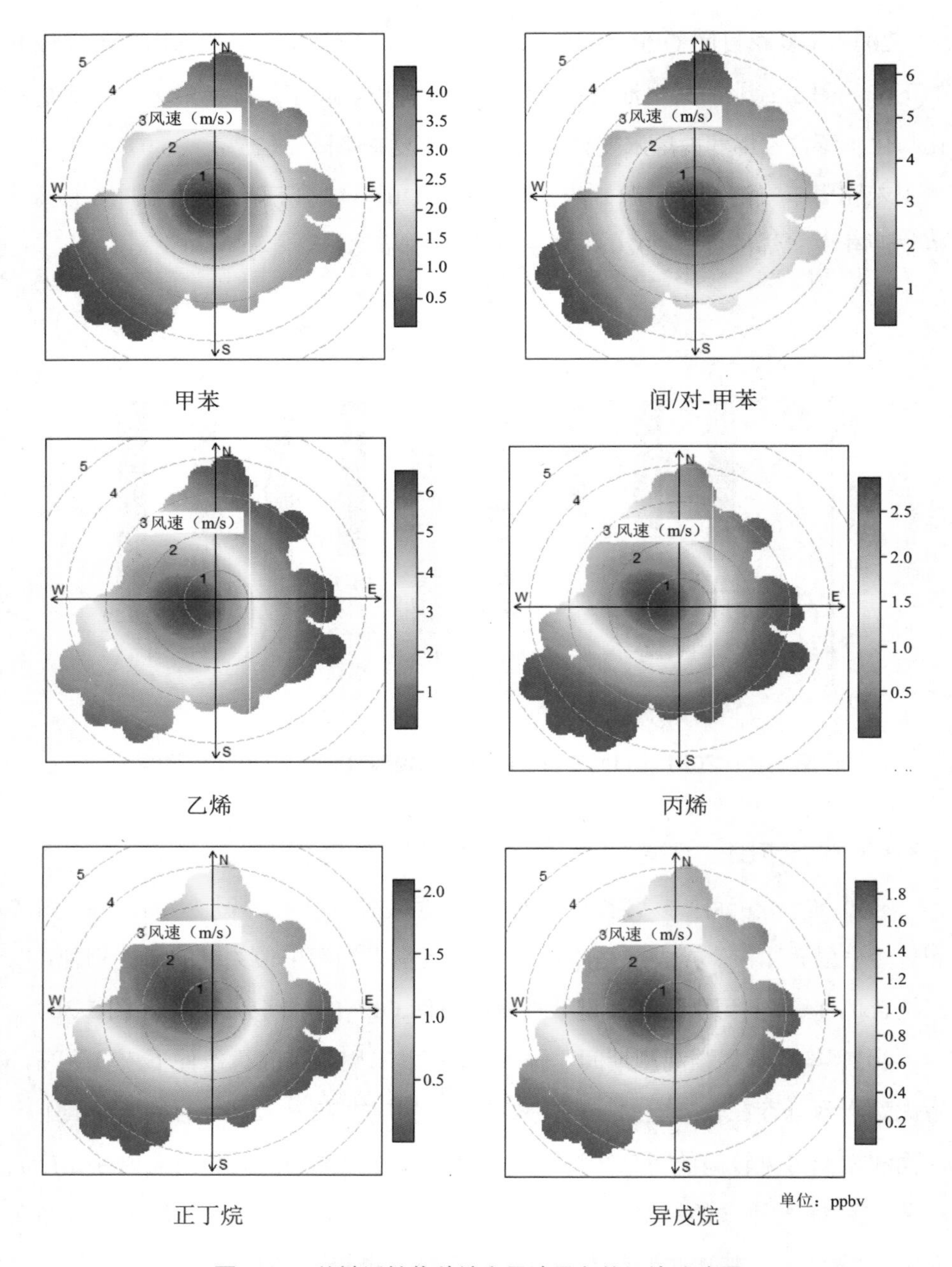

图 3-30　关键活性物种结合风速风向的污染玫瑰图

2021 年夏季加强观测期间 VOCs 关键活性物种主要来自石油化工、油气挥发、溶剂使用三大类来源，对应潍坊本地为石化、工业涂装、包装印刷、玻璃钢、汽车制造、手套、制鞋等工业行业类型，结合各区县行业分布，统计不同主导风向下各区县重点管控行业如下。

①西北风向下：（寿光市）石化、工业涂装、汽车制造，石化；

②西-西南风向下：（青州市）工业涂装、包装印刷、石化、汽车制造，（临朐县）工业涂装、包装印刷，（昌乐县）工业涂装、石化；

③东南-南风向下：（高密市）制鞋、手套制造、石化，（诸城市）工业涂装、包装印刷、汽车制造，（安丘市）工业涂装、玻璃钢、石化；

④东北风向下：（昌邑市）石化、包装印刷；

⑤中心城区：工业涂装。见图 3-31。

图 3-31　潍坊市各区县重点管控行业分布

3.3.3.4　小结

①2020 年夏季和 2021 年夏季日间（7：00—18：00）OFP 贡献最高的组分均为芳香烃，分别占总 OFP 的 42.22%、40.61%，其次是烯烃和烷烃，炔烃 OFP

贡献最低。

②2020 年和 2021 年夏季日间臭氧生成潜势前 10 位的物种一致，且 2021 年夏季日间 OFP 前 10 位的物种浓度相较 2020 年夏季均有不同程度的下降，前 10 位的物种 OFP 浓度加和分别占总 OFP 浓度的 73.67%、74.67%，其中人为源以间/对-二甲苯、乙烯和甲苯等物种生成潜势影响较大，涉及行业主要包括工业涂装、汽修等涉溶剂使用的相关行业、石化与化工类相关行业、油气挥发相关行业，对应潍坊本地为石化、工业涂装、包装印刷、玻璃钢、汽车制造、手套、制鞋等工业行业类型。

3.3.4 VOCs 的来源解析

3.3.4.1 PMF 解析源图谱

2021 年夏季加强观测期间 VOCs 数据通过 PMF 模型解析出 7 个来源因子的图谱。第 1 种源谱因子中 C_2～C_5 烷烃物种含量丰富，有 63.3%的乙烷、26.1%的丙烷、31.7%的异丁烷、31.5%的正丁烷、28.5%的异戊烷、25.4%的正戊烷出现在该源中。其中，乙烷、丙烷和丁烷分别是天然气和液化石油气的主要组成成分，而异戊烷是油气挥发的示踪物种，这些物种很可能在油气生产、装卸和使用过程中被释放，因此可认为第 1 种源为油气挥发源。第 2 种源谱因子中集中了 96.2%的异戊二烯，可认为第 2 种源为植物排放源。第 3 种源谱因子集中了大量的短链烯烃，特别是乙烯、丙烯、1-丁烯，分别有 43.1%、68.6%、61.2%出现在该因子中，这类简单的烯烃物种是石化与化工类的基本原料，因此判断第 3 种源为石化与化工源。第 4 种源谱因子中未含有明显的示踪物种，因此归为其他源。比第 1 种源谱因子含量更高的异丁烷（52.7%）、正丁烷（59.7%）、异戊烷（54.5%）、正戊烷（60.0%）出现在第 5 种源谱因子中，同时 C_5～C_7 烷烃以及含量较高的甲苯、丙烯、1-丁烯也出现在该因子中，油气组分突出的同时组成复杂，因此判断第 5 种源为汽油车排放源。第 6 种源谱因子中十一烷占比 52.0%，正癸烷占比 38.5%，均为柴油车尾气特征物种，因此将第 6 种源谱因子归为柴油车排放源。第 7 种源谱因子中主要包含的是芳香烃组分，61.3%的乙苯、67.6%的间/对-二甲苯以及 60.8%的邻二甲苯出现在该因子中，可认为第 7 种源为溶剂使用源。

3.3.4.2　各类源占比分析

潍坊市 2020 年夏季和 2021 年夏季 VOCs 各类源占比情况如图 3-32 所示，其中均以机动车排放源占比最大，2020 年占比 40.0%（汽油车排放源 25.1%，柴油车排放源 14.9%），2021 年占比 35.3%（汽油车排放源 29.0%，柴油车排放源 6.3%），2021 年较 2020 年下降 4.7 个百分点，其中柴油车排放源下降 8.6 个百分点；其次为油气挥发源，分别占比 34.0%、32.6%，2021 年较 2020 年下降 1.4 个百分点；石化与化工源占比分别为 8.4%、13.9%，2021 年较 2020 年升高 5.5 个百分点；溶剂使用源占比分别为 7.3%、8.1%，植物排放源占比分别为 2.7%、3.1%。

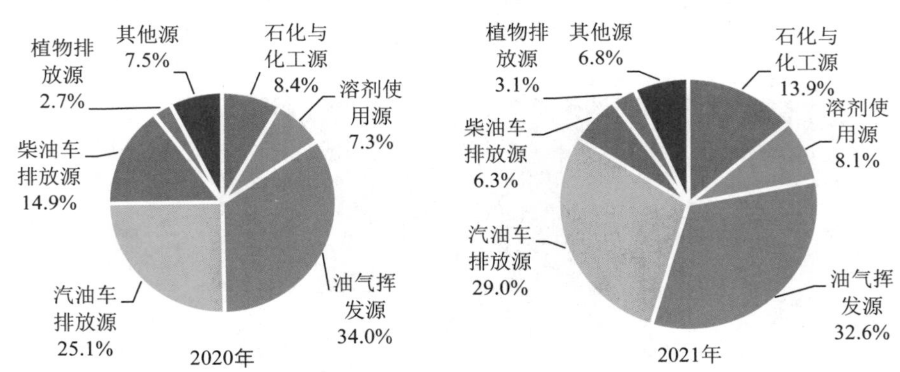

图 3-32　VOCs 源占比

图 3-33 为各类源占比的日变化图，由图可见，2020 年夏季和 2021 年夏季各类源占比变化趋势基本一致，石化与化工源、汽油车排放源和柴油车排放源在 6：00—10：00 占比有明显升高，与工业活动开始加强及交通高峰时段基本相符；随着边界层抬高、温度升高、光照增强，这类源占比逐渐下降，而油气

挥发源占比逐渐升高，夜间和凌晨时段也可见油气挥发源有较高的占比。溶剂使用源在日间有明显下降趋势，夜间维持稳定，说明溶剂使用源的排放较为稳定。植物排放源仅在日间有明显贡献。

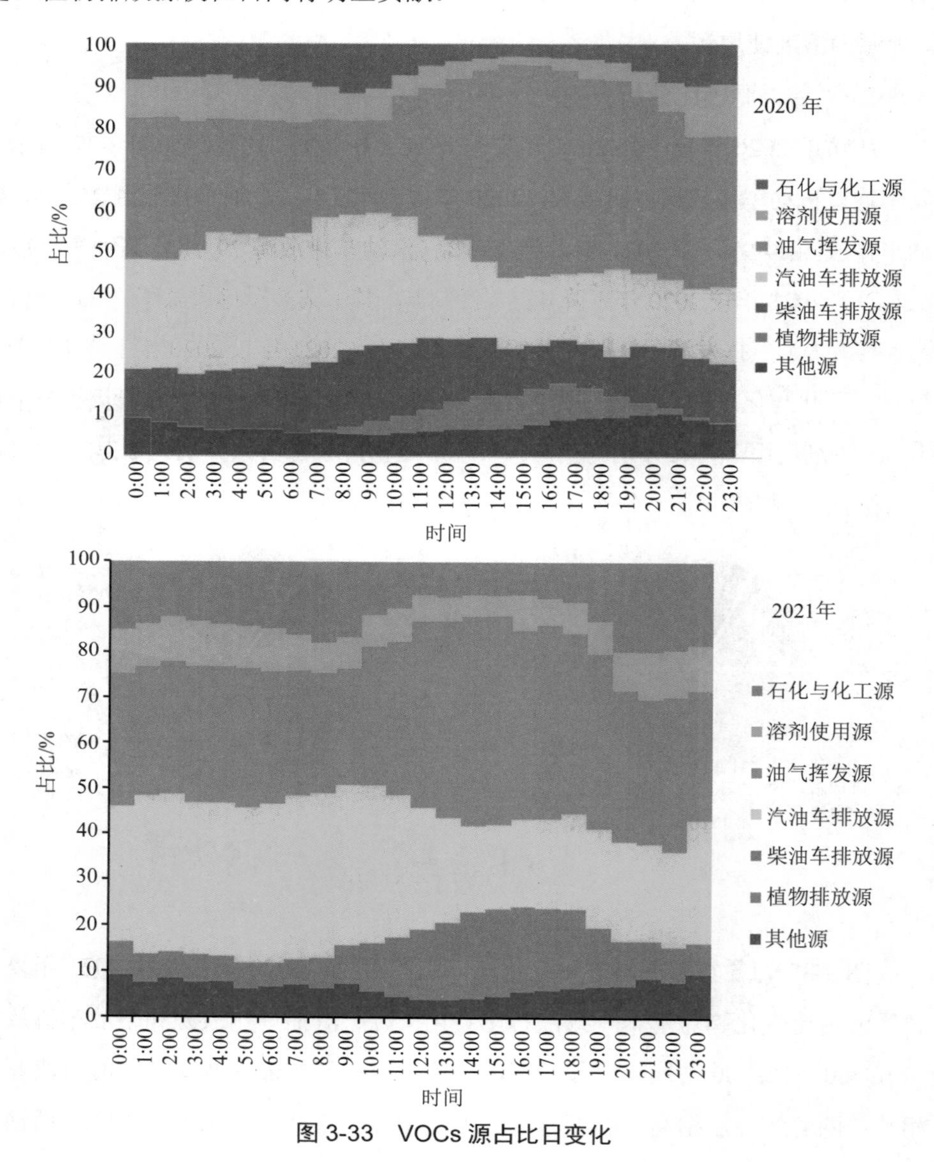

图 3-33 VOCs 源占比日变化

3.3.4.3　小结

①潍坊市 2020 年夏季和 2021 年夏季加强观测期间 VOCs 各类源占比情况均以机动车排放源占比最大，2020 年占比 40.0%（汽油车排放源 25.1%，柴油车排放源 14.9%），2021 年占比 35.3%（汽油车排放源 29.0%，柴油车排放源 6.3%），2021 年较 2020 年下降 4.7 个百分点，其中柴油车下降 8.6 个百分点；其次为油气挥发源，分别占比 34.0%、32.6%，石化与化工源占比 2021 年较 2020 年升高 5.5 个百分点；溶剂使用源占比分别为 7.3%、8.1%，植物排放源占比分别为 2.7%、3.1%。

②各类源占比变化趋势基本一致，石化与化工源、汽油车排放源和柴油车排放源在 6：00—10：00 占比明显升高，与工业活动开始加强及交通高峰时段基本相符；随着边界层抬高、温度升高、光照增强，油气挥发源占比逐渐升高，夜间和凌晨时段也可见油气挥发源有较高的占比。溶剂使用源在日间有明显下降趋势，夜间维持稳定，说明溶剂使用源的排放较为稳定。植物排放源仅在日间有明显贡献。

第4章
重点污染源专项治理

4.1 典型工业行业污染深度控制

4.1.1 工业源分布特征

2021 年潍坊市工业企业共计 9 122 家，重点行业 33 个，包括工业涂装 1 283 家、铸造 508 家、家具制造 468 家、水泥 419 家、包装印刷 382 家、防水建筑材料制造 267 家、人造板制造 242 家、制鞋 194 家、橡胶制品制造 100 家、涂料制造 98 家、玻璃钢 94 家、砖瓦窑 57 家、有色金属压延 56 家、陶瓷 43 家、工程机械整机制造 28 家、制药 27 家、农药制造 22 家、石灰窑 21 家、塑料人造革与合成革制造 17 家、炼油与石油化工 15 家、耐火材料 9 家、玻璃 8 家、汽车整车制造 7 家、岩矿棉 7 家、炭黑制造 5 家、油墨制造 4 家、炭素 3 家、长流程联合钢铁 3 家、焦化 2 家、煤制氮肥 2 家、再生铜铝铅锌 2 家、钼冶炼 1 家、纤维素醚 1 家，其他行业 4 727 家。潍坊市工业企业空间分布见图 4-1。

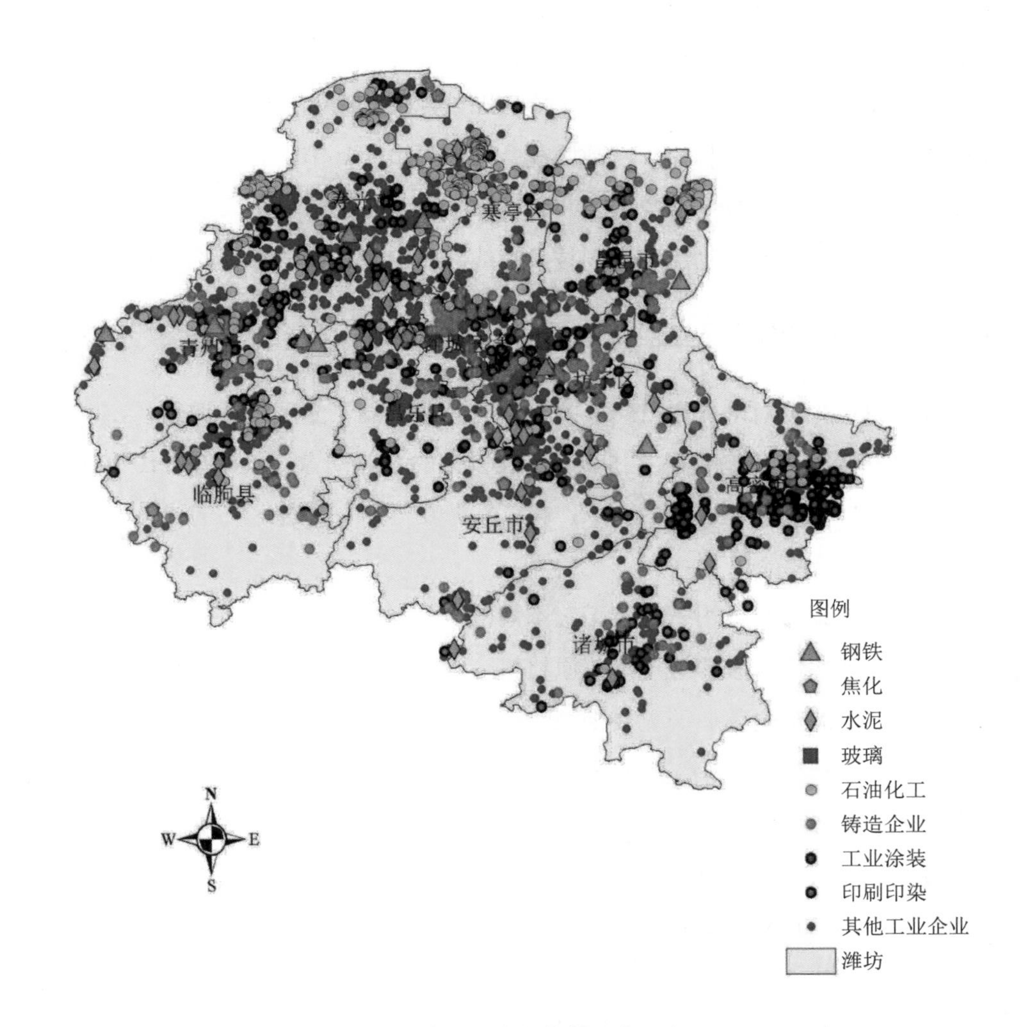

图 4-1　潍坊市工业企业空间分布示意图

依据潍坊市大气污染物源清单，结合环境统计数据和第二次全国污染源普查数据，选择防水卷材、橡胶制品、铸造行业 3 个重点行业典型企业，调研企业包括治理水平分别为好、中、差，企业规模分别为大、中、小的典型企业。组织防水卷材行业专家、VOCs 领域专家、环保专家、技术专家和清洁生产专家等开展全面调查，依托便携式监控设备、在线监测设备对企业的车间关键产污环节及厂界等关键环节进行现场检测和判断，调研内容包括企业生产线规模、生产工艺、主要原辅材料、产品情况、污染物产生环节、污染治理设施及达标排放情况。根据各行业自身工艺装备技术水平、污染物排放现状，制定有针对性、有效适用的污染物深度控制技术路线，提出"一行一策"深度治理方案。

4.1.2 防水卷材行业现状与提升方案

调研组先后对寿光市 15 家防水卷材企业开展了专项现场调研。在调研企业中，2019 年工业总产值在 5 000 万元以下的企业 9 家，500 万～10 000 万元的 3 家，10 000 万元以上的 2 家，1 家企业暂无相关数据。

4.1.2.1 主要问题

（1）原辅材料使用、生产工艺不规范

企业使用废橡胶粉等不规范原材料，因其来源不一、成分复杂，是各种污染物（包括恶臭气体）的重要来源，造成末端处理压力大。

部分企业仍采用人工开盖直接投料，搅拌罐开盖造成烟气外逸，且存在安全隐患。个别企业使用固体沥青加热使其温度过高（200℃），高温加热脱硫降解过程产生大量成分复杂、臭味大的有机废气，同时也存在较大安全隐患。

（2）治污设施效率不一

部分调研企业采用低效废气治理技术，治污设备的低温等离子、UV 关键技术参数（如有效波长占比、基板电压、电流、单元数量等）无法获取，UV 灯管未及时清理导致 VOCs 处理效率较低，无法取得明显处理效果。喷淋水处理不完善，无除味装置，烟气喷淋洗涤循环水池未完全封闭，造成臭味逸散。

（3）运行管理不规范

企业缺乏精细化管理，普遍存在管理制度不健全、操作规程未建立、人员技术能力不足等问题。大部分企业未建立规范的台账，包括原辅材料购入量、使用量记录台账、检修记录等，相关环保设备没有相关耗材的使用与更换维护记录。

（4）监测监控不到位

企业废气监测报告无进口浓度的监测数据，部分调研企业对于 VOCs 的监测报告时间已超过 1 年，仅在废气处理设施安装验收后监测过 1 次。

（5）无组织排放问题突出

大部分企业原材料（如固体沥青、胶粉等）存储不规范，露天堆放，液体沥青储罐呼气阀未连接至废气处理系统，矿物粉料仓周围遗撒严重；个别企业搅拌罐投料采用手工投放，造成大量粉尘飞扬，无组织排放问题突出，易造成安全隐患；卷材成型设备普遍存在烟气外逸的问题，涂油池至撒砂覆膜工序烟气收集效率低。

4.1.2.2　提升改造方案

（1）原辅材料要求

①应选用高等级国标石油沥青，优先选用 70 号或 90 号液态石油沥青，禁止使用煤沥青和煤焦油。

②尽量减少添加或不添加软化油，禁止使用废机油作为软化油。

③应采用热塑性弹性体 SBS（苯乙烯-丁二烯-苯乙烯嵌段共聚物）、塑性体 APP（无规聚丙烯）或其他功能相类似的热塑性弹性体及塑性体作沥青改性剂，改性剂在沥青中的添加量不得低于沥青总量的 6%。

④减少橡胶粉的使用，禁止直接使用细度小于 40 目及废旧杂胶制成的橡胶粉，应使用细度大于或等于 40 目正品分类废旧橡胶制品制成的橡胶粉及经脱硫处理的再生活化橡胶粉。

（2）物料储存及使用

①液体沥青的运输、储存、装卸等过程密闭。卸沥青槽密闭，沥青采用密闭管道输送投加，沥青槽及沥青储罐废气经密闭系统收集引至废气处理系统。

固体沥青应储存于原料库内，采取密闭或苫布遮盖等防护措施，禁止露天堆放，禁止敞开式卸料。

②滑石粉装卸过程采用密闭管道输送投加，滑石粉储罐呼吸口安装粉尘收集装置，储罐顶部及罐体周边无滑石粉洒落。鼓励安装粉料仓料位高位报警装置，防止发生爆仓造成粉尘逸散。

③软化油等含有机挥发成分的原辅材料应采用密闭管道输送投加，储存、装卸等过程密闭，卸车连接口密封，无明显气味，无跑冒滴漏现象。

④砂、页岩片等矿物粉粒状物料的转移、输送、装卸过程中的产尘点应采用袋式除尘、滤筒除尘等工艺处理；除尘器卸灰口应采取遮挡等抑尘措施，除尘灰不得直接卸落到地面。除尘灰采取袋装、罐装等密闭措施收集、存放和运输。

⑤原辅材料、成品等应在仓库储存，分类存放，禁止露天堆存。仓库应硬化地面，防止污染地表水、地下水和其他环境。鼓励企业在仓库安装集气系统，将物料、成品无组织逸散的 VOCs 导入废气收集处理设备。

（3）工艺过程

1）配料工段

①采用全密闭、连续化、自动化等生产技术以及高效工艺与设备等，禁止采用人工开盖直接投料方式，减少工艺过程中的无组织排放。鼓励企业采用液下加（投）粉体原料的设备工艺，提高液料和粉料的混合分散效率，降低环保设备管道中粉尘的吸入量，减少废气排放。

②熔化池密闭。胶粉、改性剂等使用螺旋绞龙或斗式提升机密闭上料设备，上料斗斗口处应安装粉尘收集装置。滑石粉经密闭管道由计量泵输入搅拌罐内。

③搅拌罐密封。搅拌罐内改性工艺温度不超过 190℃，每个密封式搅拌罐需在罐壁单独设置温控装置。

④根据工艺要求，在搅拌罐下部或循环管路上安装沥青专用取样阀，避免半成品和成品取样时打开配料罐或观察口盖造成沥青烟气无组织排放。

⑤搅拌罐内废气密闭收集，引至废气处理系统。

2）浸油、涂布工段

①浸油、涂布工序密闭，密闭设施应尽量贴近浸油池、涂油池，形成全密闭作业空间，鼓励塑钢结构二次密闭，防止因密封不严造成无组织排放。

②车间废气捕集率不低于 95%。计算方法：以有组织排放的实际风量与车间所需新风量的比值作为废气捕集率，根据车间空间体积和 60 次/h 的换气频率计算新风量（计算公式：废气捕集率=车间实际有组织排气量÷车间所需新风量，车间所需新风量=60×车间面积×车间高度）。

3）撒砂、覆膜工段

①撒砂、覆膜工序密闭，撒砂覆膜机应置于密闭空间内，确实无法密闭的，应在产生烟气部位或设备安装高效集气装置等措施，废气捕集率不低于 95%。

②涂油池至撒砂、覆膜区间密闭，无法密闭的，可采取局部气体收集措施，废气排至废气收集处理系统。

（4）废气收集

①废气收集系统采用全密闭集气罩或密闭空间，保持微负压状态。根据员工操作方式，尽量靠近污染物排放点，确保废气收集效率。

②按照《排风罩的分类及技术条件》（GB/T 16758—2008）、《局部排风设施控制风速检测与评估技术规范》（AQ/T 4274—2016）规定的方法测量控制风速，测量点应选取在距集气罩开口面最远处的 VOCs 无组织排放位置，控制风速不应低于 0.3 m/s。

③气体收集与输送应满足《大气污染治理工程技术导则》（HJ 2000—2010）的要求，集气方向与污染气流运动方向一致，管路应有明显的颜色区分及走向标识。

④所有气体收集管路不得有破损，管线连接处须有密封垫。

⑤收集系统要与生产设备、废气处理设施同步启动。设备性能参数要与现

场情况一致。

（5）污染防治设施

①废气处理：优先采用燃烧工艺处理；推荐采用吸附、电捕、冷凝、光氧催化等组合技术处理（如喷淋水洗-电捕-光氧催化）；要求最后一道处理工艺为活性炭吸附装置，确保废气达标排放，应采用便于装卸的活性炭装置，并做好相关台账记录。

②粉尘：除尘器在日常使用过程中，应至少每两周进行 1 次检查和清灰，以保证除尘器的正常运转和使用，任何时候粉尘沉积厚度不应超过 3.2 mm。

③废水处理：含油废水禁止外排，循环水池密闭。建议增加废水处理系统（油水及水污分离）进一步处理喷淋洗涤循环水，并作好相关台账记录。

④固废处理：一般固体废物包括废包装材料、除尘灰、生活垃圾等，按照国家规范要求建设一般固体废物贮存场所，分类贮存。危险废物的贮存应符合《危险废物贮存污染控制标准》（GB 18597—2023）的相关规定，危险废物贮存场所应严格按照 GB 18597—2023 要求建设。贮存场所应设置危险废物标识，执行双人双锁制度，危险废物应统一交由有处置资质单位处置，做好收集转移台账记录。

4.1.3 橡胶制品行业现状与提升方案

组织行业专家，携带便携式设备，集中调研了潍坊市的橡胶产业集群聚集区域。其中，高密市 18 家企业，包括橡胶鞋底生产企业 2 家、橡胶轮胎生产企业 6 家、橡胶板管带生产企业 2 家、橡胶零件生产企业 1 家；寿光市 7 家企业，包括橡胶轮胎生产企业 6 家，橡胶再生企业 1 家。基本全面覆盖了潍坊市橡胶制品行业中等及以上规模企业和小型企业。

4.1.3.1 主要问题

（1）宏观问题

①非轮胎橡胶制品企业工艺整体水平相对落后。非轮胎橡胶制品企业主要

是指生产橡胶管、橡胶输送带、橡胶零件等产品的企业，生产工艺均不属于产业政策限制类，但规模均属于小型企业。部分企业生产装备陈旧落后，跑冒滴漏问题严重，管理落后，产品质量不高，现场无组织排放问题严重；部分橡胶轮胎生产企业以斜交胎为主；存在再生橡胶企业使用限制类工艺技术［《产业结构调整指导目录》（2019 年本）］生产再生橡胶现象。

②园区化程度低。绝大多数橡胶制品企业散布在园区以外，这些企业存在与城镇、村庄混建的情况，带来空气污染、生产安全存在隐患等问题。

③技术创新和环保投入不足。企业只注重经济效益，轻发展质量的思想没有得到根本转变，在技术装备更新、环保治理方面缺少人才和资金投入。设备更新换代慢，产能处在低水平，污染防治措施不到位，与高质量发展目标相差较远。

④人才缺乏。部分企业缺乏专业的环保技术人员，包括环保设备管理人员、技术管理人员和环境管理人员。

（2）微观问题

①非轮胎橡胶制品企业无组织排放问题严重，尽管第三方检测报告显示结果较好，但是据现场查看，其大气治理（主要为颗粒物和 VOCs）还需进一步加强。部分企业配料过程采用人工配料方式，粉尘等无组织排放问题严重；密炼过程中废气收集设施的集气罩风速过小，收集风速小于 0.3 m/s；部分企业集气管道设计不合理，气体输送方向无明显标识，支线管径过大，集气管道过长。

②部分轮胎生产企业密炼局部密闭较好，收集效果较好，车间内部无明显异味；另一部分轮胎生产企业采用顶部集气罩+软帘方式进行废气收集，存在风速不足、软帘过短等问题，车间内靠近下辅机部位异味明显。

③废气末端处理设施，密炼废气、硫化废气处理设施普遍存在处理前后端浓度一致的问题，经现场检测，进出口浓度均差别不大。

4.1.3.2 提升改造方案

（1）源头控制措施

厂区车间布置应合理。易产生粉尘、噪声、恶臭、废气等的工序和装置应避免布置在靠近住宅楼的厂界以及厂区上风向，与周边环境敏感点距离须满足环保要求。

优先采用环保型原辅料。如环保型促进剂、防老剂等；生胶应符合《天然生胶　技术分级橡胶（TSR）规格导则》（GB/T 8081—2018）的规定，胶黏剂VOCs无组织排放量不超过溶剂使用量的25%；禁止使用附带生物污染、有毒有害物质的废橡胶，淘汰矿物系焦油添加剂，鼓励使用石油系列产品和林化产品，发展无臭环保型再生胶。推广使用新型偶联剂、黏合剂，使用石蜡油等替代普通芳烃油、煤焦油等助剂。

规范原辅料、溶剂贮存。液态挥发性有机物物料应采用密闭管道输送。采用非管道输送方式转移液态挥发性有机物物料时，应采用密闭容器。粉状、粒状挥发性有机物物料应采用气力输送设备、管状带式输送机、螺旋输送机等密闭输送方式，或采用密闭包装袋、容器进行物料转移。

挥发性有机物质量含量大于或等于 10%的原辅材料使用过程无法密闭的，应采取局部气体收集措施，废气应排放至挥发性有机物废气收集处理系统。

（2）工艺过程及装备要求

选用自动化程度高、密闭性强、废气产生量少的生产成套设备，推广应用自动称量、自动配料、自动进料、自动出料的密闭炼胶生产线；炼胶工序优先选用密炼机，粉碎工序优先选用低线速切割搓丝粉碎系统，脱硫工序采用常压连续脱硫设备，捏精炼工序采用“三机一线”“四机一线”或“九机一线”等高速比捏炼机、精炼机组成的精捏炼变频联动调节设备，逐步淘汰使用常规开放式炼胶机进行炼胶作业。

调节各种添加剂的种类或用量，提升装备效率，降低各工序操作温度，降低生产过程中 VOCs 的产生；炼胶工序优先采用水冷工艺；打浆、浸胶、涂胶等工序在独立密闭空间内进行，并对溶剂进行回收，对尾气进行收集处理；再生胶生产企业，逐步推广物理再生法（即脱硫），减少使用化学再生法，特别是水油法和油法再生。推广采用串联法混炼、常压连续脱硫工艺。

（3）废气收集措施

在废气的收集上要做到全面、高效。首先，废气收集装置应涵盖所有产生 VOCs 的工序装备，如塑炼、混炼、压延、硫化、定型、脱硫、打浆、浸胶等生产环节以及溶剂储罐、溶剂贮存车间等易产生 VOCs 的区域。其次，优先进行密闭收集，在无法密闭收集的情况下，安装集气罩进行引风收集，确保较高的废气收集率。

密炼机出料口进行密闭化处理，密炼机、开炼机进出料口、硫化机群设集气罩局部抽风，废气收集后集中处理，硫化罐泄压宜先抽负压再常压开盖。

打浆、浸胶、涂布工序应在密闭空间、密闭设备内进行，对废气进行收集处理；在有机溶剂储罐安装呼吸阀，并接入废气总管。

再生胶生产企业采用高温高压脱硫时，应将脱硫罐泄压口接入废气总管；当采用高温连续脱硫装置时，应在脱硫设备出料口上方设集气罩，进行废气收集。

在塑炼、压延、硫化、脱硫、打浆、浸胶等生产车间顶部安装引风装置，废气经收集处理后排放。破碎、配料、干燥、塑化挤出（包括注塑、挤塑、吸塑、吹塑、滚塑、发泡等）等生产环节中工艺温度高、易产生恶臭废气的岗位应设置相应的废气收集系统，集气方向应与废气流动方向一致。

当采用上吸罩收集废气时，排风罩设计应符合《排风罩的分类及技术条件》（GB/T 16758—2008）的要求，尽量靠近污染物排放点，除满足安全生产和职业卫生要求外，控制集气罩口断面平均风速不低于 0.3 m/s。

采用生产线整体密闭，密闭区域内换风次数原则上不少于 20 次/h；采用车间整体密闭换风，车间换风次数原则上不少于 8 次/h。

废气收集处理系统应与生产工艺设备同步运行。废气收集处理系统发生故障或检修时，对应的生产工艺设备应停止运行，待检修完毕后同步投入使用；生产工艺设备不能停止运行或不能及时停止运行的，应设置废气应急处理设施或采取其他替代措施。

废气收集和输送应满足《大气污染治理工程技术导则》（HJ 2000—2010）要求，管路应有明显的颜色区分及走向标识。

原则上采用圆管收集废气，若采用方管设计的，长宽比控制在1∶1.2～1∶1.6为宜；主管道截面风速应控制在15 m/s 以下，支管接入主管时，宜与气流方向成45°角倾斜接入，减少阻力损耗。半密闭、密闭集气罩与收集管道连接处视工况设置精密通气阀门。

（4）末端治理措施

橡胶制品业VOCs废气末端治理技术通常有吸收、吸附、焚烧、低温等离子、生物处理、冷凝回收等，企业应根据废气产生量、污染物组分和性质、温度、压力等因素综合分析，合理选择废气治理技术。

炼胶废气粉尘含量大，要求先进行除尘处理，推荐使用“布袋除尘+介质过滤”等组合处理工艺，在规模不大、不扰民的情况下，废气经除尘后也可采用低温等离子、多级吸收、吸附和氧化法组合式处理技术。

硫化废气可采用吸收法、吸附法、氧化法、生物法等组合式或者催化燃烧法末端处理技术，不能采取单一的低温等离子或光氧催化方法。

打浆浸胶工序废气浓度较高，先采用活性炭或碳纤维吸附再生方式进行溶剂回收，尾气再用焚烧法、低温等离子法或生物吸附法等末端处理技术处理。

在再生胶生产过程中，脱硫废气经收集后优先采用“过滤除尘+余热回收+吸收法去除硫化氢+燃烧法”组合处理工艺，在规模不大时，可采用生物法、吸收法等其他处理工艺。

及时更换吸附剂、吸收剂，废气处理产生的废水收集处理达标后方可排放；

产生的废吸附剂按相关要求规范处置，防止二次污染。

有溶剂浸胶工艺的 VOCs 废气总净化率不低于 90%，车间内及厂界无明显恶臭，废气经处理后应满足《橡胶制品工业污染物排放标准》（GB 27632—2011）、《恶臭污染物排放标准》（GB 14554—93）等标准相关要求。

VOCs 气体通过净化设备处理达标后由排气筒排入大气，排气筒高度不低于 15 m。

排气筒的出口直径应根据出口流速确定，流速宜取 15 m/s 左右，当采用钢管烟囱且高度较高或废气量较大时，可适当提高出口流速至 20～25 m/s。

排气筒出口宜朝上，排气筒出口设防雨帽的，防雨帽下方应有倒圆锥形设计，圆锥底端距排放口 30 cm 以上，减少排气阻力。

废气处理设施前后设置永久性采样口，采样口的设置应符合《气体参数测量和采样的固定位装置》（HJ/T 1—92）的要求，并在排放口周边悬挂对应的标识牌。

（5）现场环境整治

厂区地面应实施硬化，裸露部分应进行绿化，厂区内外环境卫生应保持干净整洁。车间内地面、设备、墙壁保持洁净，并随时进行打扫。生产现场保证环境清洁、整洁、管理有序，危险废物、废气排放点、监测点等应有明显标识。严禁堆放与工艺生产无关的物品。

生产过程中无跑、冒、漏现象，对管道伸缩、接口处理、阀门、法兰等点位应建立巡查制度，定期专人巡查（2 次/d）并有巡查记录。

车间地面采取防渗、防漏和防腐措施，厂区道路应进行硬化处理，排水管系统及建（构）筑物进出水管应有防腐蚀、防沉降、防折断措施。

厂区污水收集和排放系统等各类污水管线应设置清晰，实行雨污分流。

（6）强化监督管理

设置 VOCs 防治管理部门或专职人员，负责监督厂内 VOCs 污染防治相关工作。

制定环境保护管理制度，包括环保设施运行管理制度、废气处理设施定期保养制度、环境监测制度、溶剂使用回收制度、环保奖励和考核制度、环保事故应急预案制度。

加强废气监测。每年定期对废气排放口、厂界无组织 VOCs 浓度开展监测，监测指标须包含环评提出的主要特征污染物、非甲烷总烃和臭气等；废气处理设施须监测进出口参数，并核算处理效率。

①监测内容包括但不限于：厂界无组织 VOCs（环评要求的特征污染物、非甲烷总烃和臭气）浓度；处置设施进、出气口 VOCs（环评要求的特征污染物、非甲烷总烃和臭气）浓度；建议监测指标增加 TVOCs。

②在满足相关监测技术规范要求的前提下：委托有资质的监测公司现场采集相关样品；委托有资质的监测公司进行分析；监测频次至少 2 次/a，厂界无组织监测至少保证 1 次/a；监测指标能够核算处理设施及其核心单位的 VOCs 去除率。

建立健全的台账，包括废气监测台账、废气处理设施运行台账、含有机溶剂物料的消耗台账、废气处理耗材（活性炭、催化剂）更换台账。

加强废气处理设施运行管理，制订确保废气处理装置长期有效运行的管理方案和监控方案，经审核备案后作为环境监察的依据。同时废气处理装置管理和监控应满足以下基本要求：凡采用焚烧（含热氧化）、吸附、低温等离子、光氧化等方式处理的必须建设中控系统；凡采用焚烧（含热氧化）方式处理的必须对焚烧温度实施在线监控，未与生态环境部门联网的应每月报送温度曲线数据；采用非焚烧方式处理的重点监控企业，逐步安装总挥发性有机物（TVOCs）在线连续监测系统。

要制订环保报告程序，包括出现项目停产、废气处理设施停运、事故等情况时的报告制度。

落实“一厂一策”制度。鼓励辖区内 VOCs 排放量较大的橡胶企业组织专家团队开展《涉 VOCs 企业深度污染防治方案（“一厂一策”）》编制工作，明确原辅材料替代、工艺改进、无组织排放管控、废气收集、治污设施建设等全过程减排要求，测算投资成本和减排效益。

（7）信息公开要求

企业根据自身情况，逐条对照整治规范的要求，进行自查，认为完成整治工作，并符合规范要求后，开展监测。监测合格后委托专家或专业机构进行整治绩效评估，评估合格后填报信息公开表，在当地生态环境部门或企业自身网站上进行公示，并向当地生态环境部门进行备案。备案材料包括信息公开表、专业评估意见、企业整治达标承诺书。

企业完成整治工作并按要求进行了信息公开视同完成整治。县（市、区）生态环境局定期统一公开纳入整治的企业名单及整治进展，接受社会监督。

4.1.4　铸造行业现状与提升方案

4.1.4.1　主要问题

（1）铸造企业普遍存在颗粒物无组织排放问题

该问题也是全国铸造行业面临的共性和难点问题，具体包括：①参加调研企业的感应电炉均安装了除尘集气罩，部分企业存在电炉除尘集气罩离炉体太高且未覆盖出铁区域问题，并且全部参加调研的企业都没有安装电炉的二次集气设施；②部分企业的浇铸集气设施设置不合理，距离浇铸工位较远，或覆盖范围小，集气效率不理想；③部分企业存在集气罩与管道连接处设计不合理和除尘管道连接不合理的问题，导致阻力大，集气效果不理想；④部分企业实现了旧砂处理和回用输送的全封闭，其余企业旧砂处理和回用环节尚待改进；⑤参加调研企业的物料储存皆有分区，但大部分不规范，未进行封闭或半封闭。

（2）部分企业的监测口设置和采样平台设置不规范

排气筒采样口大多设置不规范，且有些直接敞开；采样口未设置废气排放口标识牌；未设置旋梯和采样平台。

（3）部分企业污染治理设施存在简易低效或运行不规范的问题

《关于加快铸造企业转型升级推动实现高质量发展的实施方案（征求意见稿）》要求：烟粉尘排放环节采用布袋除尘等高效除尘措施，我国使用感应电炉的铸造企业中 80%以上的除尘设备类型均为干法除尘设备（主要是袋式除尘器），除尘效率可达 98%～99.9%。调研中发现某公司在熔炼和浇铸环节的大气污染治理技术为碱喷淋，除尘效率低下，且喷淋塔设置在烟囱上，现场也未发现药剂存放及使用记录。某公司袋式除尘器治理能力与企业规模不匹配，设施风量偏小；治理设施运维不到位，除尘器内积灰严重；大部分除尘器压缩空气罐无气源；制芯环节 VOCs 治理前未配备除尘器。

（4）个别企业存在淘汰落后设备

调研企业中的某公司生产现场存在 2 台 0.25 t 及以上无磁轭的铝壳中频感应电炉，该型号的电炉属于《铸造行业规范条件》中“企业不得采用”的设备类型；同时也属于《产业结构调整指导目录（2019 年本）》淘汰类的设备。

4.1.4.2 提升改造方案

（1）提升行业集中度，推进集聚集约发展

按照相关文件要求，加强铸造行业清理整治及加大落后产能淘汰政策的实施，淘汰散、乱、污企业，促进行业集中度进一步提升。对区域内规模小、污染防治水平差，限期治理不到位且对空气质量影响较大的企业予以取缔。通过铸造行业园区建设，推进企业进区入园，实现行业集聚集约发展。

（2）推动企业加强颗粒物无组织排放的细节管控

潍坊市铸造企业在环境管理及污染防治方面的细节问题还要进一步加强。驻点工作组在后续制定的《潍坊市铸造行业全过程整治提升改造方案》中应针对调研发现的颗粒物无组织排放问题，从生产全流程提出管控要求和建议。各铸造企业应结合该方案的相关要求，认真查找颗粒物无组织排放点位，并进行针对性的改进治理。对于共性的问题如电炉二次集气、浇铸工序集气等，可研究共性的解决方案。

（3）针对监测口设置和采样平台设置不规范问题进行整顿

针对潍坊市铸造行业部分企业的监测口设置和采样平台设置不规范的问题，建议进行专项排查和整顿，指导企业在污染防治设施废气进口和废气排气筒设置永久性采样口，安装符合《气体参数测量和采样的固定位装置》（HJ/T 1—92）要求的气体参数测量和采样的固定位装置。

（4）对简易低效的污染治理技术、设施和落后生产设备进行淘汰

建议对潍坊市铸造行业部分企业现存的简易低效的大气污染物治理技术和设施及按照行业规范应予以淘汰的落后生产设备进行淘汰。在驻点工作组后续制定的《潍坊市铸造行业全过程整治提升改造方案》中对大气污染物产生环节的污染预防和治理技术进行技术推荐或明确效果要求。

（5）推动水平较差的企业开展“一企一策”深度治理方案编制

建议污染防治水平较低的企业自行邀请专家协助开展“一企一策”深度治理方案编制，根据企业具体工艺、布局等制定具有针对性的整体方案，经论证后实施，切实提升企业的大气污染防控水平。

4.2　扬尘污染专项治理

4.2.1　基于卫星遥感数据的工地与裸地动态监测

利用高分辨率卫星遥感影像数据，定期对潍坊市中心城区开展重点区域工地及裸地的识别提取工作，挑选不同时段卫星遥感数据对其进行正射、融合等

前处理，精细化识别裸地类型、个数、详细位置、经纬度、裸露面积，并与前期数据进行对比分析。

以第四期 2021 年 9 月卫星遥感监测（图 4-2）为例，潍坊市中心城区施工工地及裸地共 2 094 处，总面积 36.28 km²，其中已覆盖面积 35.41 km²，裸露（未覆盖）面积 4.87 km²，裸露比例为 13.4%。从裸地类型看，拆迁平整阶段 248 处，主体完工未绿化阶段 97 处，主体施工阶段 665 处，土石方阶段 13 处，其他裸地 1 071 处。

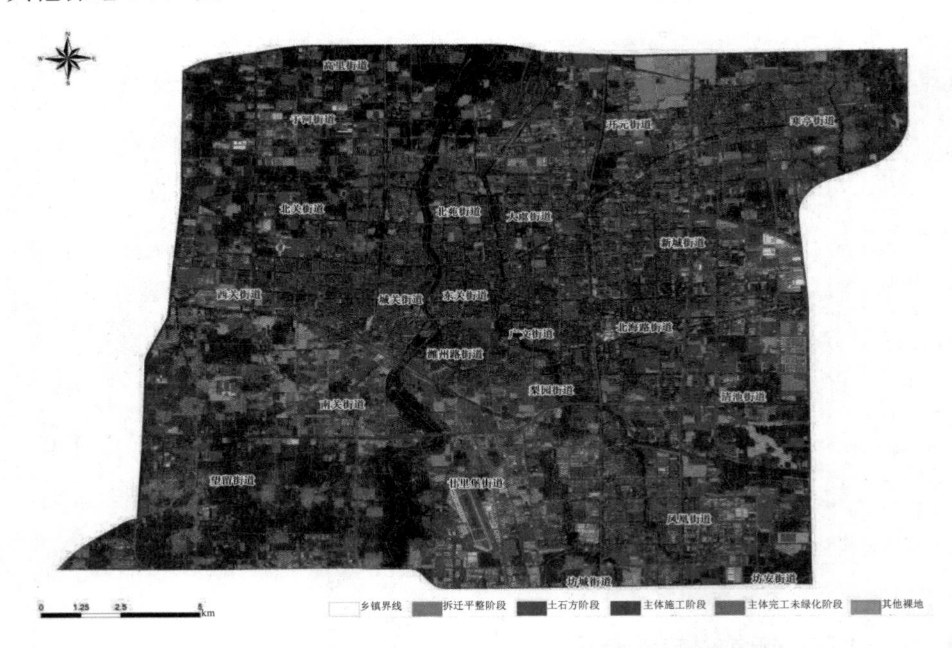

图 4-2　2021 年 9 月潍坊市中心城区工地和裸地遥感监测分布

与第三期 2021 年 3 月卫星遥感监测结果对比，新增裸地 445 处，裸露（未覆盖）面积 1.38 km²；延续裸地 1 649 处，裸露（未覆盖）面积 3.50 km²；减少裸地 1 620 处，减少裸地面积 14.90 km²。两期卫星遥感监测结果对比见表 4-1 和图 4-3。

表 4-1　第四期与第三期卫星遥感监测工地及裸地结果对比

区县	新增裸地			延续裸地			减少裸地	
	数量/处	面积/km^2	裸露面积/km^2	数量/处	面积/km^2	裸露面积/km^2	数量/处	面积/km^2
坊子区	37	0.87	0.29	151	2.78	0.47	199	2.31
高新区	69	0.84	0.20	203	4.34	0.27	158	2.21
寒亭区	114	1.42	0.32	385	8.54	0.99	314	2.87
奎文区	100	1.03	0.19	443	7.86	0.66	319	2.90
潍城区	125	0.94	0.37	467	7.66	1.11	630	4.61
合计	445	5.10	1.38	1 649	31.18	3.50	1 620	14.90

图 4-3　2021 年 9 月与 2021 年 3 月卫星遥感监测工地及裸地分布变化

统计潍坊市空气质量监测国控点和省控点周边 1 km 内、1～2 km 范围内和 2～3 km 范围内工地和裸地分布情况，发现站点周边不同范围内裸地数量和裸露面积均呈现明显下降。1～2 km 范围内面积变化最大，裸露面积减少 3.19 km²；2～3 km 范围内数量变化最大，裸地数量减少 364 处；1 km 范围内变化最小，裸地总数量减少 89 处，裸地面积减少 0.44 km²。监测结果见表 4-2。

表 4-2 国控点和省控点周边不同范围内工地及裸地卫星监测结果

名称	第三期 2021 年 3 月		第四期 2021 年 9 月		第四期与第三期相比	
	数量/处	裸露面积/km²	数量/处	裸露面积/km²	数量/处	裸露面积/km²
1 km 范围	231	0.74	142	0.30	−89	−0.44
1～2 km 范围	781	4.41	513	1.22	−268	−3.19
2～3 km 范围	949	3.96	585	1.30	−364	−2.67
合计	1 961	9.12	1 240	2.82	−721	−6.30

4.2.2 基于传感器的道路环境颗粒物走航实时监测

在出租车上搭载了 60 台环境颗粒物走航观测设备，对重点区域路网进行连续巡航观测，每周编写走航监测报告，包括走航区域颗粒物浓度分布叠加图、道路污染浓度排名及 $PM_{10}/PM_{2.5}$，精准识别道路源高污染区域、各街道重污染道路及污染类型。此外，在出租车上配置 20 台车载爱城拍，通过自动抓拍道路违规事件，信息主动推送，半小时内完成通报，并进行后期整改工作。以下是 2021 年某期道路环境颗粒物污染分析周报示例。

潍坊市道路环境颗粒物污染分析周报

（2021 年 3 月 22—28 日）

一、潍坊市道路环境颗粒物整体污染情况

本周潍坊市道路环境颗粒物平均浓度 PM_{10} 为 175 μg/m^3，$PM_{2.5}$ 为 69 μg/m^3。全市 PM_{10} 均值与全市 $PM_{2.5}$ 均值的比值为 2.5，偏粗颗粒物污染。

二、潍坊市道路统计 PM_{10} 污染程度排名

潍坊中心城区 PM_{10} 污染最重的 10 条路段（表 4-3 和图 4-4）中奎文区道口新街（道口路—白浪河）路段、奎文区蓝翔街（洪磊超市—哈弗潍坊广潍专营店）路段、经济区虞河路（玄武东街—泰祥街）路段污染较重，在 PM_{10} 污染路段排名中居于前 3。

与上周相比，仍在 PM_{10} 污染前 10 名的路段有：蓝翔街（洪磊超市—哈弗潍坊广潍专营店）路段、道口新街（道口路—白浪河）路段、潍昌路（山东奕博农化有限公司—西环路）路段。

其中潍昌路（山东奕博农化有限公司—西环路）路段已连续 4 周排名在污染前 10，道口新街（道口路—白浪河）路段已连续 5 周排名在污染前 10。

三、潍坊市道路统计 $PM_{2.5}$ 污染程度排名

潍坊中心城区 $PM_{2.5}$ 污染最重的 10 条路段（表 4-4 和图 4-5）中坊子区恒安街（永宁路—北海路）路段、坊子区 G309 八马路（南外环路—乐山街）路段、潍城区拥军路（荣兰线—东风西街）路段污染较重，在 $PM_{2.5}$ 污染路段排名中居于前 3。

与上周相比，仍在 $PM_{2.5}$ 污染前 10 名的路段有：拥军路（荣兰线—东风西街）路段，已连续 3 周排名在污染前 10。

表 4-3 潍坊中心城区 PM_{10} 污染最重的 10 条路段

排名	道路名称	道路起点	道路止点	所属区	所属街道	PM_{10}/（μg/m³）	$PM_{2.5}$/（μg/m³）	PM_{10}/$PM_{2.5}$
1	道口新街	道口路	白浪河	奎文区	潍州路街道	240	78	3.1
2	蓝翔街	洪磊超市	哈弗（潍坊广潍专营店）	奎文区	廿里堡街道	222	72	3.1
3	虞河路	玄武东街	泰祥街	经济区	经济区（街道）	221	79	2.8
4	潍昌路	山东奕博农化有限公司	西环路	潍城区	于河街道	220	78	2.8
5	长松路	仓南街	广慧物流园	潍城区	西关街道	216	78	2.8
6	四平路	卧龙东街	乐川东街	奎文区	北苑街道	211	72	2.9
7	G309（八马路）	南外环路	乐山街	坊子区	坊城街道	210	85	2.5
8	昌平街	新隆路	潍坊悦途红木家具有限公司	高新区	高新区（街道）	210	69	3.0
9	荣兰线	潍坊宜生富畜牧科技有限公司	双拥路	潍城区	潍城经济开发区	209	81	2.6
10	潍钢东路	毛白杨路	胶济线	高新区	高新区（街道）	209	77	2.7
全市均值						175	69	2.5

$PM_{10}/PM_{2.5}>2.5$，典型粗颗粒物污染；$PM_{10}/PM_{2.5}<1.5$，典型细颗粒物污染；$PM_{10}/PM_{2.5}$ 越大，说明粗颗粒物越多，扬尘越严重。

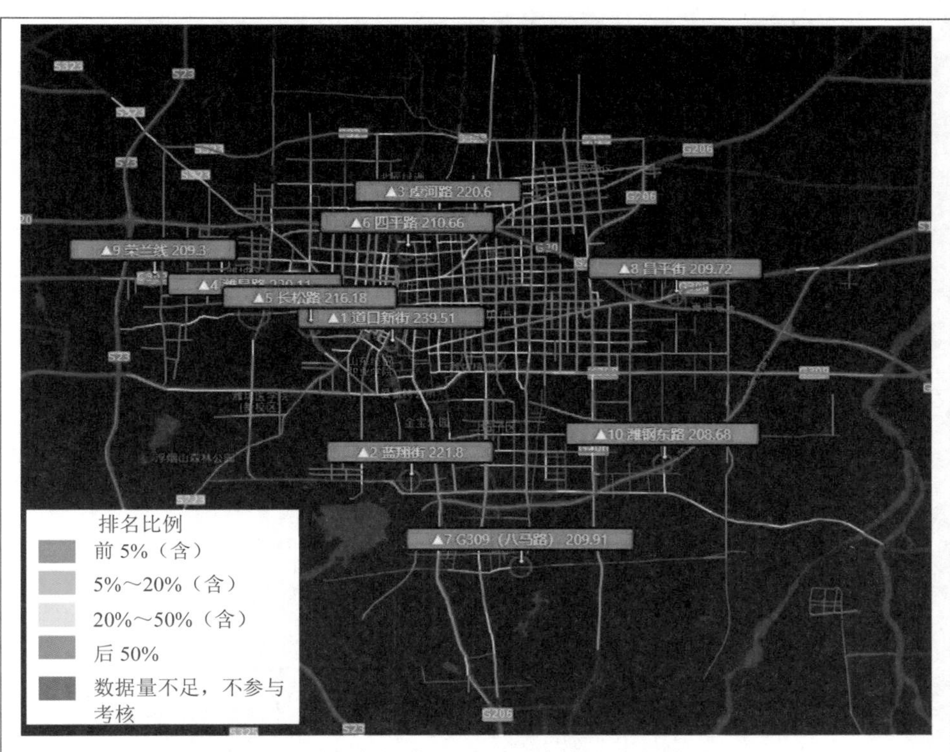

图 4-4　潍坊中心城区 PM_{10} 污染较重的 10 条路段

注：图中数据为 PM_{10} 浓度，单位为μg/m^3。

表 4-4　潍坊中心城区 $PM_{2.5}$ 污染最重的 10 条路段

排名	道路名称	道路起点	道路止点	所属区	所属街道	PM_{10}/(μg/m^3)	$PM_{2.5}$/(μg/m^3)	PM_{10}/$PM_{2.5}$
1	恒安街	永宁路	北海路	坊子区	坊城街道	177	87	2.0
2	G309（八马路）	南外环路	乐山街	坊子区	坊城街道	210	85	2.5
3	拥军路	荣兰线	东风西街	潍城区	潍城经济开发区	208	82	2.5

排名	道路名称	道路起点	道路止点	所属区	所属街道	PM_{10}/(μg/m³)	$PM_{2.5}$/(μg/m³)	PM_{10}/$PM_{2.5}$
4	荣兰线	潍坊宜生富畜牧科技有限公司	双拥路	潍城区	潍城经济开发区	209	81	2.6
5	荣兰线	潍日高速	潍坊宜生富畜牧科技有限公司	潍城区	潍城经济开发区	194	81	2.4
6	宝通街	山东大元实业公司	宝通西街	潍城区	于河街道	181	80	2.3
7	潍县南路	翠坊街	坊北街	坊子区	坊城街道	185	80	2.3
8	宝通西街	杨家成章村	山东科技职业学院	潍城区	望留街道	181	80	2.3
9	潍安路	潍水东街	福来顺大酒店	坊子区	坊安街道	196	80	2.5
10	恒安街	潍州南路	永宁路	坊子区	坊城街道	182	80	2.3
全市均值						175	69	2.5

$PM_{10}/PM_{2.5}>2.5$，典型粗颗粒物污染；$PM_{10}/PM_{2.5}<1.5$，典型细颗粒物污染；$PM_{10}/PM_{2.5}$越大，说明粗颗粒物越多，扬尘越严重。

四、潍坊市各区污染排名

本周潍坊市各区环境颗粒物污染程度及排名见表 4-5。

五、标准站周边污染路段

本周标准站及周边路段数据对比，对标准站周边 2 km 范围内的路段进行统计，本周标准站周边无全市排名前 5%的路段（红色路段）。

各标准站周边 2 km 范围内全市排名前 50%的路段（红色、橙色、黄色路段）见表 4-6～表 4-11、图 4-6～图 4-11（路段颜色说明：将全市路段划分为红色、橙色、黄色、绿色 4 个等级，按浓度由高到低排名，红色为全市排名前 5%的路段，橙色为前 5%～20%的路段，黄色为前 20%～50%的路段，绿色为后 50%的路段）。

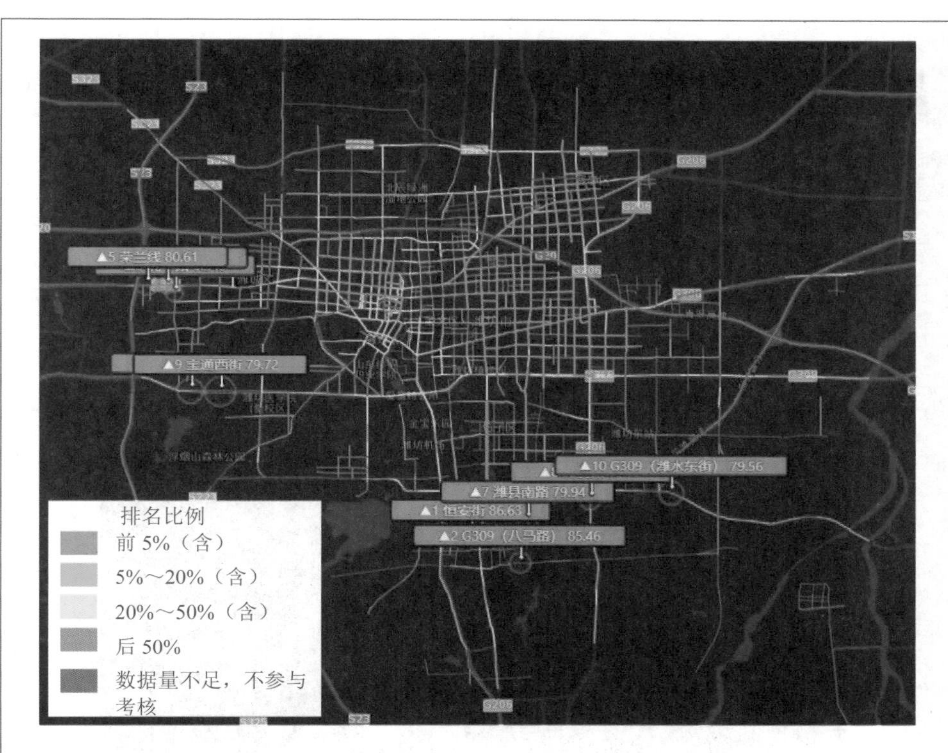

图 4-5　潍坊中心城区 $PM_{2.5}$ 污染较重的 10 条路段

注：图中数据为 $PM_{2.5}$ 浓度，单位为μg/m³。

表 4-5　潍坊市各区 PM_{10} 污染排名

区县名称	PM_{10}/（μg/m³）	PM_{10} 改善率/%	$PM_{2.5}$/（μg/m³）	$PM_{2.5}$ 改善率/%	车辆行驶里程/km	排名
奎文区	183	0.8	68	−22.3	36 220	1
潍城区	182	2.1	72	−19.6	23 955	2
经济区	179	−3.4	70	−24.3	3 258	3
坊子区	176	6.5	71	−15.0	3 967	4
高新区	173	0.4	66	−22.4	27 722	5
寒亭区	173	4.9	68	−18.1	8 057	6

表 4-6　高新实验学校站点周边污染道路

路段名称	路段起点	路段止点	PM_{10}/（μg/m³）	路段颜色	全市排名
G309（宝通东街）	潍县中路	惠贤路	187	橙色	126
G309（宝通东街）	惠贤路	永春路	185	黄色	173
梨园街	潍县中路	志远路	182	黄色	250
潍县中路	杏林街	张面河	181	黄色	265
梨园街	安康路	永惠路	181	黄色	266
潍安路	宝通东街	五洲街	179	黄色	335
高新实验学校			209	—	—

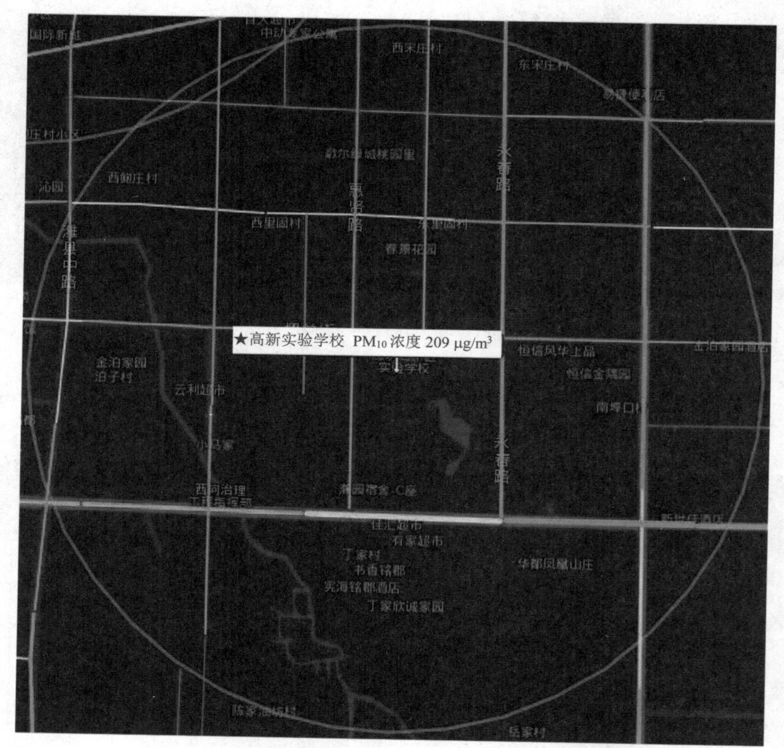

图 4-6　高新实验学校站点周边 2 km 道路情况

注：图中数据为 PM_{10} 浓度，单位为μg/m³。

表 4-7　潍坊学院站点周边污染道路

路段名称	路段起点	路段止点	PM_{10}/（μg/m³）	路段颜色	全市排名
银枫路	卧龙东街	福寿东街	181	黄色	270
创新街	新城东路	潍县中路	181	黄色	294
卧龙东街	东方路	银枫路	180	黄色	322
新城西路	北宫东街	福寿东街	180	黄色	324
桐荫街	东方路	银枫路	179	黄色	342
北宫东街	银枫路	志远路	179	黄色	352
福寿东街	银枫路	志远路	178	黄色	372
金马路	健康东街	胜利东街	178	黄色	375
	潍坊学院		210	—	—

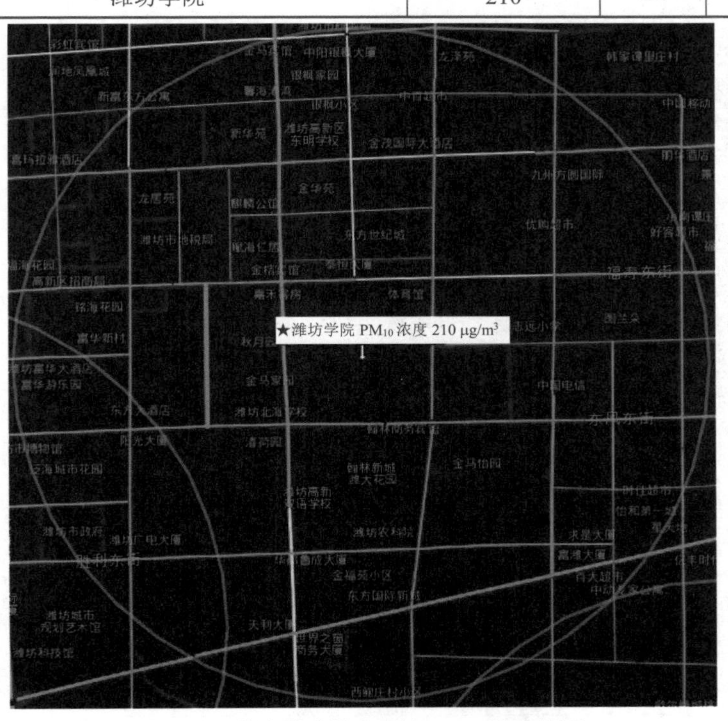

图 4-7　潍坊学院站点周边 2 km 道路情况

注：图中数据为 PM_{10} 浓度，单位为μg/m³。

表 4-8 潍坊市环保局站点周边污染道路

路段名称	路段起点	路段止点	PM10/（μg/m³）	路段颜色	全市排名
梨园路	健康东街	樱前街	193	橙色	58
公安巷	东风东街	胜利东街	187	橙色	140
鸢飞路	行政街	胜利东街	186	黄色	157
健康东街	文化路	鸢飞路	183	黄色	216
虞新街	虞河路	新华路	183	黄色	221
胜利东街	鸢飞路	文化路	183	黄色	229
虞河路	虞新街	东风东街	183	黄色	230
文化路	翰林街	健康东街	182	黄色	238
东风东街	亚星桥	文化路	181	黄色	284
樱前街	鸢飞路	文化路	181	黄色	287
东风东街	文化路	新华路	180	黄色	304
健康东街	新华路	文化路	180	黄色	316
东风东街	新华路	北海路	180	黄色	326
樱前街	梨园路	北海路	179	黄色	338
文化路	虞新街	东风东街	179	黄色	354
文化路	健康东街	虞新街	179	黄色	360
虞河路	健康东街	虞新街	179	黄色	364
胜利东街	文化路	新华路	178	黄色	378
健康东街	北海路	新华路	178	黄色	379
新华路	虞新街	东风东街	178	黄色	381
院校街	白浪河	文化路	178	黄色	384
新华路	东风东街	北宫东街	178	黄色	386
潍坊市环保局			203	—	—

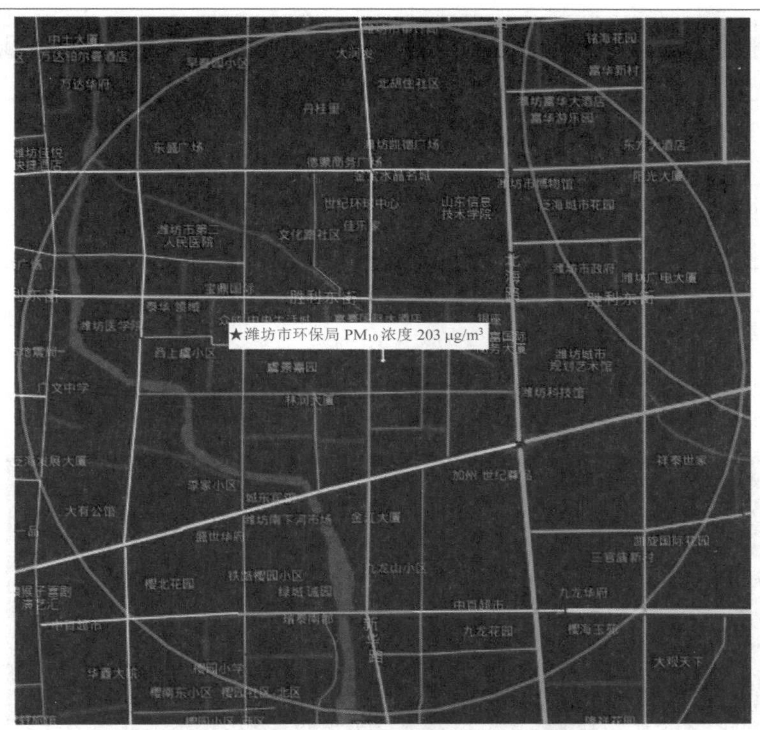

图 4-8　潍坊市环保局站点周边 2 km 道路情况

注：图中数据为 PM_{10} 浓度，单位为μg/m³。

表 4-9　寒亭监测站站点周边污染道路

路段名称	路段起点	路段止点	PM_{10}/（μg/m³）	路段颜色	全市排名
益新街	上港路	潍县北路	193	橙色	53
白云路	民主街	金河巷	186	橙色	145
益新街	友谊路	山东交通职业学院中职学院-南门	186	黄色	161
泰祥路	潍县北路	友谊路	185	黄色	169
民主街	潍坊市三建集团有限公司	潍县北路	184	黄色	184

路段名称	路段起点	路段止点	PM_{10}/（μg/m³）	路段颜色	全市排名
潍县北路	禹王大街	寒亭明铸砖厂	183	黄色	224
民主街	潍县北路	友谊路	181	黄色	261
益新街	潍县北路	友谊路	181	黄色	267
卉香路	通亭街	富亭街	181	黄色	279
潍县北路	益新街	泰祥街	181	黄色	290
潍县北路	寒亭明铸砖厂	益新街	181	黄色	303
友谊路	运河西街	通亭街	178	黄色	385
寒亭监测站			184	—	—

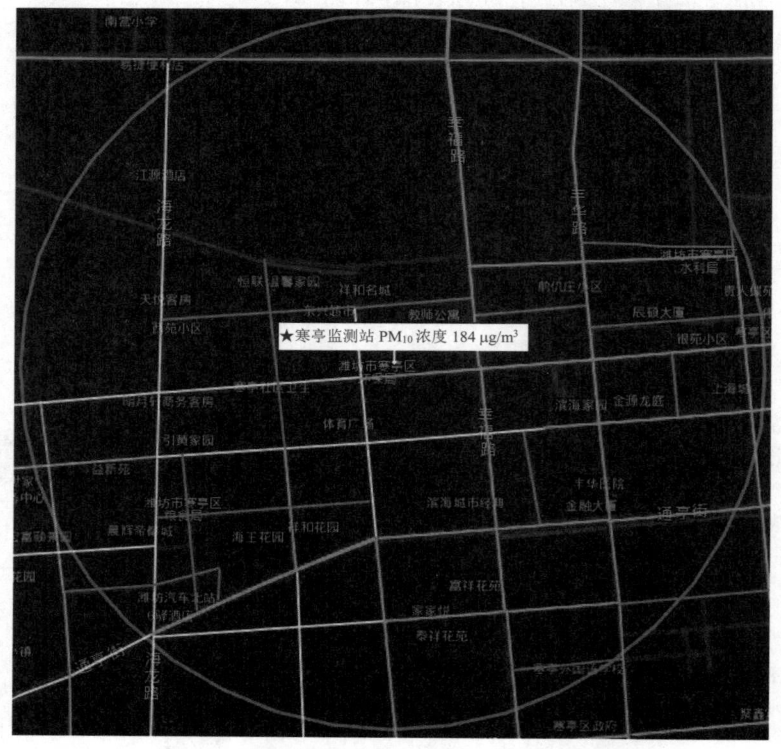

图 4-9　寒亭监测站站点周边 2 km 道路情况

注：图中数据为 PM_{10} 浓度，单位为μg/m³。

表 4-10　坊子邮政（共达公司）站点周边污染道路

路段名称	路段起点	路段止点	PM_{10}/（μg/m³）	路段颜色	全市排名
崇文街	祥凤路	潍县南路	184	黄色	194
双羊街	郑营路	龙山路	182	黄色	253
凤凰街	朝凤路	潍县南路	180	黄色	315
龙泉街	潍县南路	志远南路	179	黄色	350
崇文街	北海路	祥凤路	179	黄色	361
坊子邮政（共达公司）			185	—	—

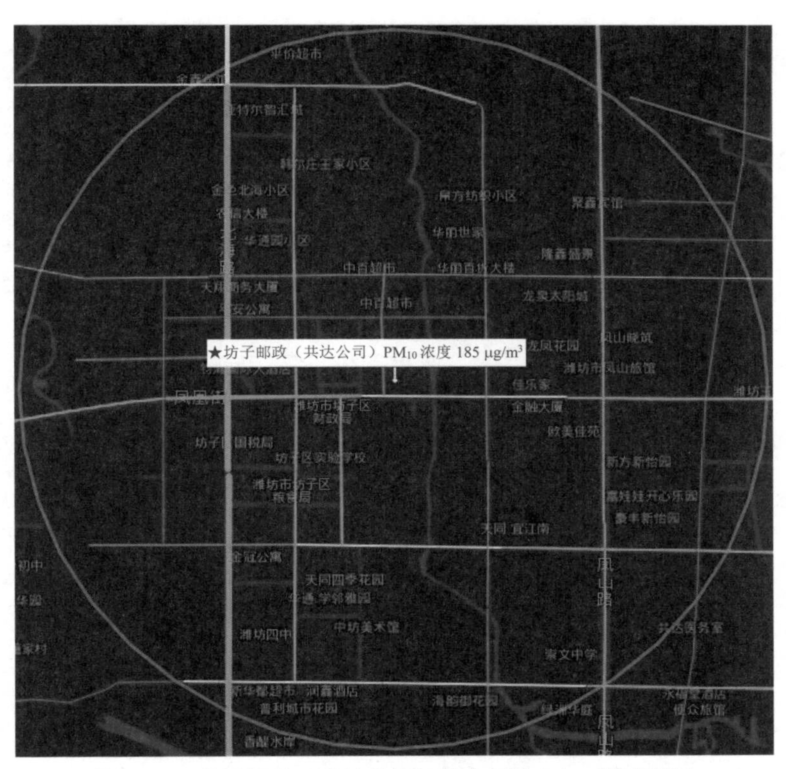

图 4-10　坊子邮政（共达公司）站点周边 2 km 道路情况

注：图中数据为 PM_{10} 浓度，单位为μg/m³。

表 4-11　潍坊七中站点周边污染道路

路段名称	路段起点	路段止点	PM_{10}/（μg/m³）	路段颜色	全市排名
卧龙西街	清平路	怡园路	190	橙色	79
苗圃三路	福寿西街	东风西街	188	橙色	104
怡园路	福寿西街	东风西街	188	橙色	105
安顺路	清平路	东风西街	186	橙色	149
北宫西街	长松路	清平路	185	黄色	168
玉清西街	月河路	向阳路	185	黄色	181
玄武西街	怡园路	月河路	184	黄色	185
卧龙西街	怡园路	月河路	184	黄色	187
卧龙西街	月河路	和平路	183	黄色	222
卧龙西街	长松路	清平路	182	黄色	243
清平路	福寿西街	卧龙西街	181	黄色	268
玄武西街	友爱路	怡园路	181	黄色	296
怡园路	卧龙西街	玉清西街	180	黄色	306
北门大街	玉清西街	北宫西街	180	黄色	309
向阳路	北宫北街	玉清东街	180	黄色	318
安顺路	北宫西街	清平路	180	黄色	329
友爱路	北宫西街	安顺路	179	黄色	337
永安路	北宫西街	东风西街	179	黄色	362
怡园路	卧龙西街	福寿西街	179	黄色	363
潍坊七中			179	—	—

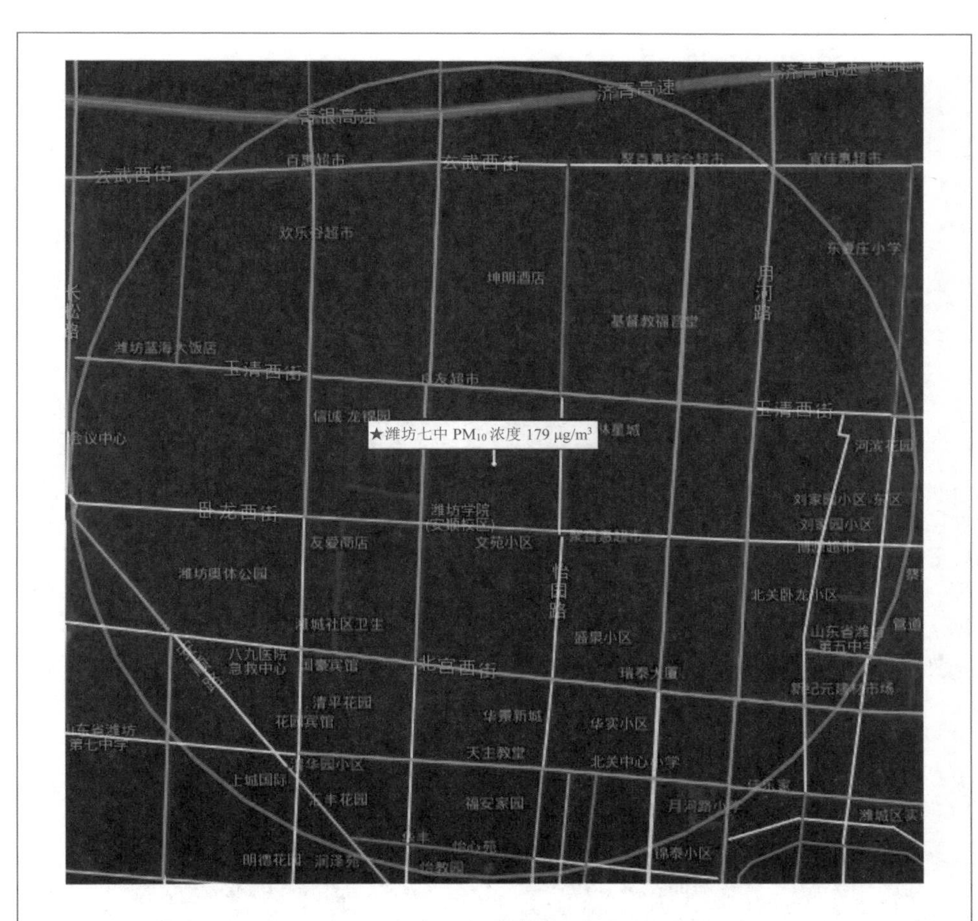

图 4-11　潍坊七中站点周边 2 km 道路情况

注：图中数据为 PM_{10} 浓度，单位为μg/m^3。

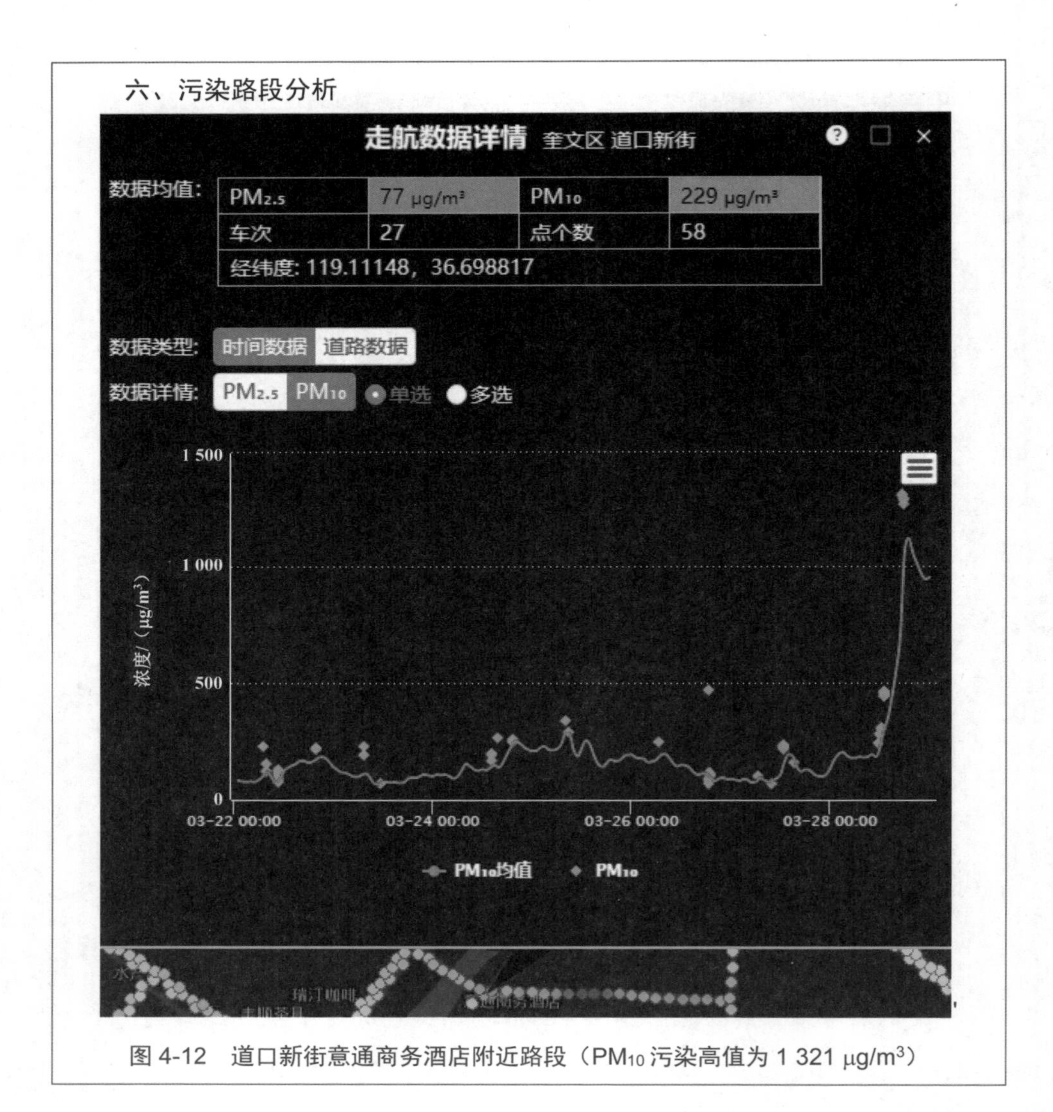

图 4-12　道口新街意通商务酒店附近路段（PM_{10} 污染高值为 1 321 μg/m³）

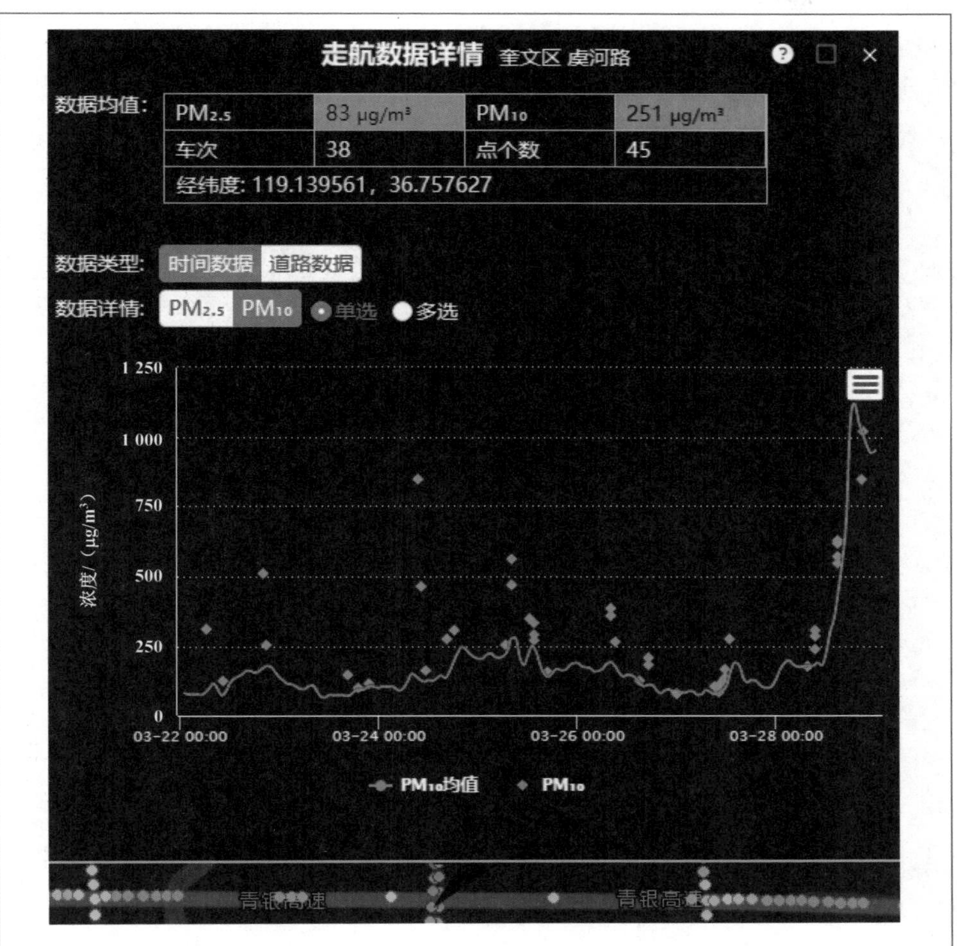

图 4-13　虞河路与青银高速交汇处附近路段（PM_{10} 污染高值为 1 024 μg/m³）

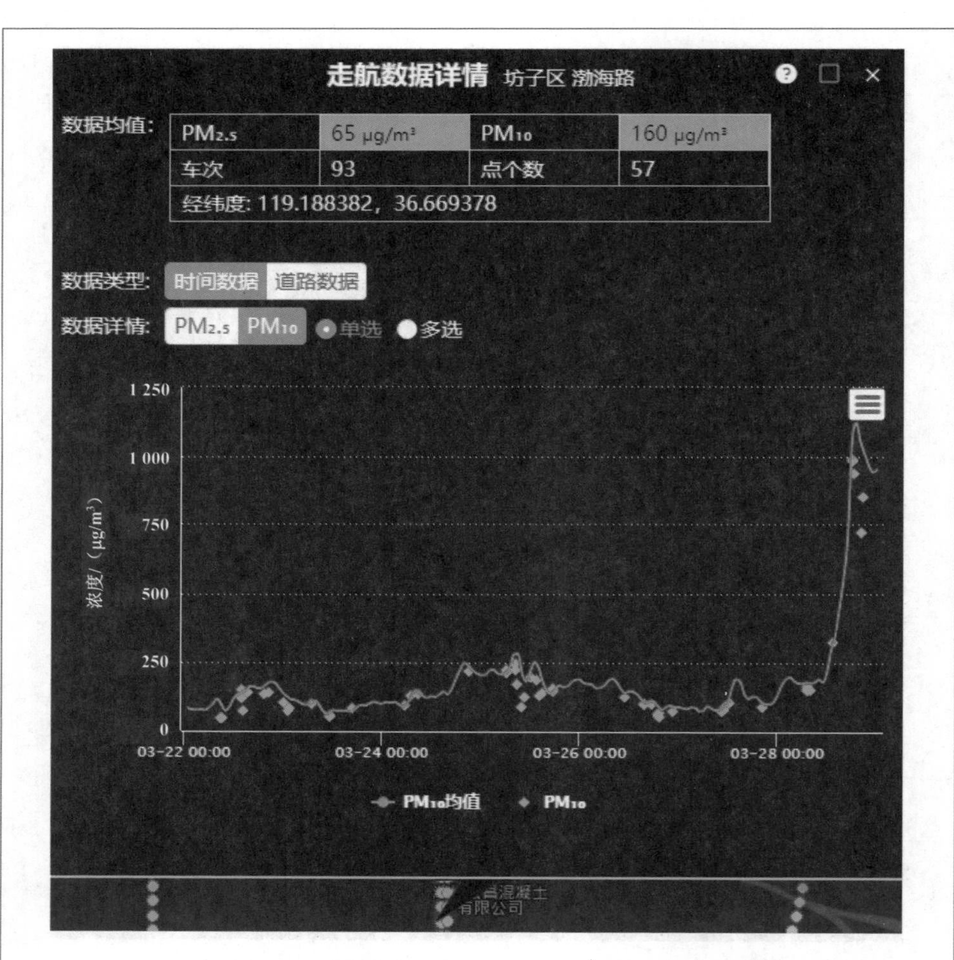

图 4-14　渤海路潍坊宏昌混凝土有限公司附近路段（PM_{10}浓度数值普遍低于城市均值，道路环境相对清洁）

4.2.3　扬尘源精细化治理建议

（1）健全管理制度，开展全面排查整治

建立全市扬尘精细化管理制度，包括责任人员、阶段性目标、分源类整治标准、定期工作进度和问题总结以及奖惩制度等；建立督查考评机制，根据工作进度、目标完成情况、整治水平等对每个责任区或责任人进行打分考评；建立信息及时公开制度，针对反复出现问题、进度缓慢、治理不达标等定期进行信息公开，提高和促进全市扬尘源管控效率和管控质量。

基于卫星遥感监测裸地清单和新增工地台账，对全市建筑施工、公路、城市道路、物料堆场、城乡接合部裸露地面等扬尘排放源开展全面排查与整治，建立动态更新管理台账，对未按要求落实抑尘措施的建立问题清单、责任清单和整改台账，限期整改到位。强化重点区域、重点时段（春季）、重点环节的扬尘污染源防控，完善扬尘污染治理技术体系，推进治理精准化、规范化。

（2）深化建筑施工和城市扬尘整治

加大对扬尘防治措施落实情况的检查，根据《潍坊市扬尘管控标准》，量化“六个 100%”中有关硬化、覆盖完成标准的指标，对管理行为检查、现场检查的标准进行细化和量化，明确各环节管控重点。对检查不严、挂牌不实的问题，严格问责。加强管理重点施工环节，对于土方阶段，市住建局要及时梳理本辖区处于基坑土方施工工程的基本情况，建立台账，及时进行更新，并进行重点检查，对处于基坑土方施工阶段的施工现场要每周检查 1 次，并配合有关部门开展夜查。对于主体结构阶段，部分工地由于建筑主体密封不严，没有有效将楼层遮挡，导致主体结构密闭装修前扬尘逸散严重，应严格密封标准，督促工地进行整改。对重点区域和污染较重的工地，加大管控力度和检查频次，执法检查从限期整改向严管重罚转变，范围包括站点附近的工地和治理措施落实不到位的工地等。

基于卫星遥感裸地监测结果，对照《潍坊市扬尘管控标准》要求，各县市逐一排查并整治完辖区内空气质量自动监测站点周边 1 km 内、2 km 内、3 km 内建筑工地。对辖区内建筑工地进行再次排查，督促建筑工地严格落实管控措施，直至清单内所有工地以及新建工地全部符合标准。

（3）强化公路工程和城区道路扬尘治理

加快破损路面修复和国道、省道等两边停车场地硬化；在建公路和城乡道路施工、水利工程施工现场严格按照环评及批复文件采取有效抑尘措施，严格落实相关规范要求，合理规划施工区域，实施分段施工。

针对城区道路，建立科学有效的道路抑尘操作指南，根据不同的季节时间、气象条件、昼夜时段等，建立在不同季节和时段条件下道路清扫洒水抑尘操作指南，提高城市道路保洁质量和效率。根据道路积尘负荷走航结果，统计污染高值期和高值路段，加强对应污染时段的道路抑尘措施。开展道路洁净度检测评定和降尘量排名，利用道路积尘负荷走航等新技术将主要道路扬尘的评定状况反馈至市区建成区、各县城，每周公布检测评定结果，组织道路扬尘排名落后的责任主体及时整改。利用降尘测量设备在各区县开展监测，并以月为单位开展排名，并将排名情况用于扬尘治理调度，明确责任，督促落实。

针对城中村周边道路、城乡接合部道路，应进行加密清扫、洒水、冲洗；对积尘量适中的道路可使用道路抑尘剂进行降尘；对短期非铺装道路可使用耐压性抑尘剂进行临时固化；提高城市道路绿化率，提高降尘能力，改善路两侧树木植被覆盖，对枯死裸露土地及时补撒草籽或苫盖；树根部位裸土应使用透水材料或网孔材料进行覆盖。

加大对渣土运输车辆的监管力度，渣土运输车辆要按照规定时段（禁止夜间作业）和路线行驶；严惩渣土车无资质、标识不全、故意遮挡或污损车牌等违法行为；严禁散料货物运输车超高、超量装载，对渣土车辆未密闭运输的一律顶格处罚。

（4）强化城乡裸露地面扬尘污染治理

各县市以环境空气质量自动监测站点为中心，以周边 1 km、2 km、3 km 优先级顺序逐级向外开展“客厅式”排查监管，对公共用地的裸露地面和长期未开发建设的裸地，责成权属部门全面推进植绿降尘，对不能进行绿化的裸地，实施硬化、铺装等措施。对于短期（1 个月以内）裸地，应采取临时苫盖措施，苫盖应采用三针以上、添加抗 UV 剂的纯新料密目抑尘网，搭接处使用扎带连接牢固，每隔 2 m 应使用石块或沙袋进行压实；苫盖期后应回收反复使用，避免二次污染。对于中长期（2～6 个月）裸地，应采取临时性绿植覆盖或抑尘剂表面固化作业，使用的抑尘剂产品应符合国家相关规范，环境友好，可生物降解。对于长期（6 个月以上）裸地，应进行全面的硬化或绿化。

（5）加强工业企业料堆场治理

2020 年底前，工业企业煤场等散状物料、固废堆场进行全封闭料仓改造，不适宜建设全封闭料场的，必须采取建设围墙、喷淋、地面硬化、覆盖和围挡等防风抑尘措施。采用密闭输送设备作业的，必须在装卸处配备吸尘、喷淋等防尘设施。加强监管，保持防尘设施的正常使用，严禁露天装卸作业和物料干法作业。全市境内所有涉煤单位，须建设全封闭环保型储煤棚，设置弥散型喷雾洒水装置。堆场进出口设置车辆冲洗设施，运输车辆实施密闭或全覆盖，及时收集清理堆场外道路上撒落的物料。建设城市工业企业堆场数据库，工业堆场全部安装视频监控设施，并与城市扬尘视频监控平台联网，实现工业企业堆场扬尘动态管理。对中心城市各类堆场依法予以取缔，清理后的堆场裸露地面全部硬化、绿化。

加强混凝土搅拌站扬尘整治，混凝土搅拌站厂区地面全面硬底化、道路保持清洁，未硬底化空地进行绿化，物料堆场原则上应储存在仓库内，条件不允许的情况下，须采取覆盖、洒水降尘等方式减少扬尘的产生。厂区门口设置喷淋设备，预拌混凝土运输车驶离生产厂区和归站均要进行冲洗，严禁车轮带泥上路。骨料料仓，搅拌楼（站），原材料上料、配料、搅拌等设施、设备均进行全封闭，安装降尘装置；搅拌主机、筒仓配备收尘设施。

（6）大力推广使用生态环保抑尘剂

为有效控制废弃防尘网形成二次污染以及提高抑尘效率，亟须借鉴先进城市管理经验，针对中长期道路施工、建筑工地以及裸露土地，中心城区、各县（市、区）主体责任单位应尽早研究制订行业抑尘剂推广工作方案，大力推广使用环保型抑尘剂，以有效遏制各类扬尘源污染问题。对已采取抑尘剂措施的扬尘污染治理项目，各级监管部门在督导检查扬尘污染防治工作时，不再要求采用密闭网覆盖或其他扬尘治理措施。

4.3 机动车污染特征分析

4.3.1 机动车污染物排放特征

4.3.1.1 道路移动源

2019 年，潍坊市机动车保有量约为 265 万辆，其中汽车约 247 万辆，低速汽车约 8 万辆（低速货车和三轮汽车），摩托车约 10 万辆（普通摩托车、轻便摩托车）。机动车主要污染物 CO、NO_x、SO_2、NH_3、VOCs、$PM_{2.5}$、PM_{10}、BC、OC 年排放量分别为 33 720 t、33 287 t、1 139 t、1 140 t、6 402 t、754 t、817 t、405 t、120 t。各污染物排放量见表 4-12、表 4-13 和图 4-15。

表 4-12　移动源中二级源不同污染物排放量　　单位：t/a

移动源	保有量/辆	CO	NO_x	SO_2	NH_3	VOCs	$PM_{2.5}$	PM_{10}	BC	OC
道路移动源	2 651 109	33 720	33 287	1 139	1 140	6 402	754	817	405	120
非道路移动源	209 462	5 169	4 894	87	0	1 097	426	456	243	76
合计	2 860 571	38 889	38 182	1 225	1 140	7 500	1 179	1 273	648	196

表 4-13　潍坊市不同类型机动车保有量　　单位：万辆

	分类型	分保有量	总保有量
汽车	—	—	2 469 221
低速汽车	低速货车	81 245	84 080
	三轮汽车	2 835	
摩托车	普通摩托车	97 485	97 808
	轻便摩托车	323	

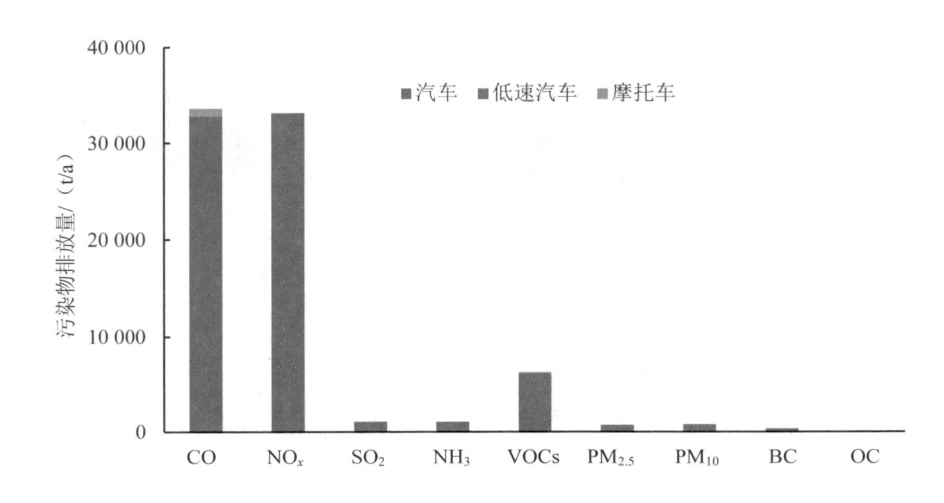

图 4-15　2019 年潍坊市机动车各污染物排放量

（1）不同燃料类型的机动车排放分析

2019 年潍坊市汽油车约 229 万辆，柴油车约 33 万辆，其他燃料车约 3 万辆，车辆类型占比分别为 86%、13%、1%。排放量方面，汽油车排放 CO 18 204 t、NO_x 2 813 t、VOCs 2 011 t、$PM_{2.5}$ 34 t，分别占机动车总排放量的 54%、8%、31%、5%。柴油车排放 CO 12 934 t、NO_x 29 018 t、VOCs 3 770 t、$PM_{2.5}$ 708 t，分别占总排放量的 38%、87%、59%、94%。其他类型车排放 CO 2 582 t、NO_x 1 457 t、VOCs 621 t、$PM_{2.5}$ 11 t，分别占总排放量的 8%、4%、10%、1%。不同燃料类型污染物排放占比情况见图 4-16。

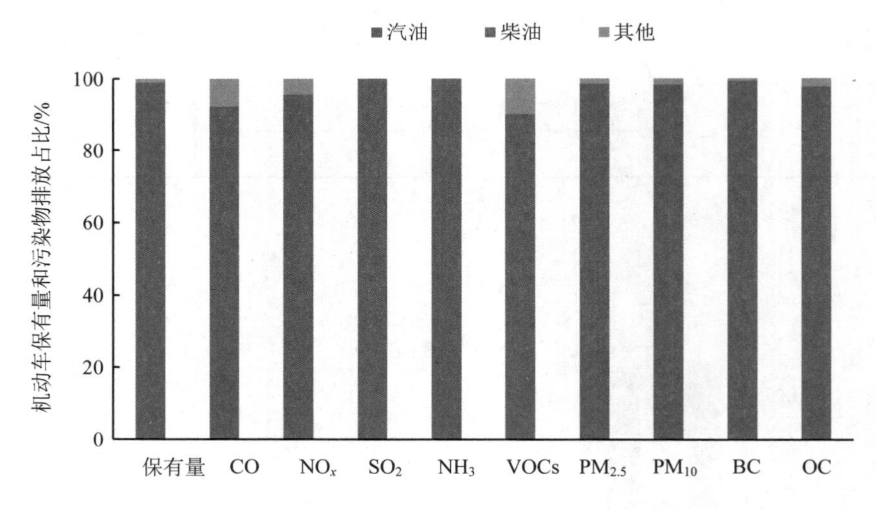

图 4-16　2019 年潍坊市机动车污染物排放分燃料占比

由此可见，潍坊市机动车污染物排放清单中，汽油车是 CO、VOCs 的主要贡献者；保有量仅占 13%的柴油车是 NO_x 和 $PM_{2.5}$ 的主要贡献者，贡献比例高达 87%、94%。

（2）不同车型的机动车污染排放分析

从图 4-17 中可看出，2019 年，不同车型对各项污染物排放贡献差别较大。

潍坊机动车类型以小型客车为主，占比 79%，其次为轻型货车（9%）、重型货车（3%），低速货车（3%），其他车型占比较小。排放量方面，对于 CO，小型客车是其主要贡献者，占比 39%，其次为轻型货车（24%）；对于 NO_x，轻型货车、重型货车和低速货车是其主要排放源，三者占总排放量的 76%；对于 VOCs，低速货车、轻型货车和小型客车是其主要污染源，排放占比分别为 31%、24%和 23%；对于 $PM_{2.5}$，轻型货车和重型货车是其主要贡献者，占比分别为 34%和 31%。

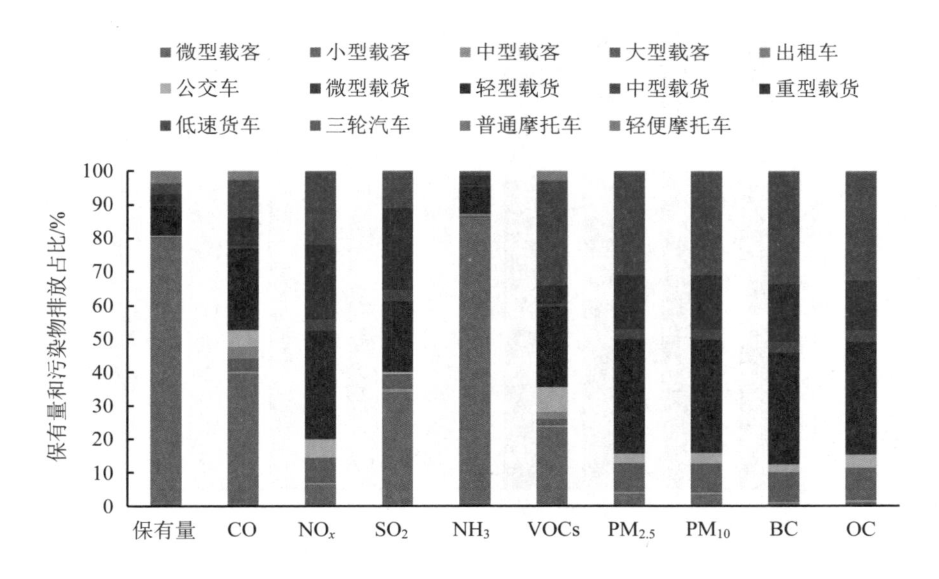

图 4-17　2019 年潍坊市机动车污染物排放分车型占比

综上所述，轻型货车、低速货车、重型货车、小型客车是潍坊市机动车污染物排放主要贡献源。

（3）不同排放标准的机动车排放分析

2019 年，潍坊市机动车保有量中，国四车占比最高，占 44%，其次是国五车 25%，国三车 24%，国二和国六均占 3%。污染物排放量方面（图 4-18），保有量占比 24%的国三车是 CO、NO_x、VOCs、$PM_{2.5}$、PM_{10}、BC 和 OC 的最大排放贡献者，分担率分别为 37%、53%、45%、62%、63%、63%和 61%。国四车对 CO、NO_x、VOCs、$PM_{2.5}$ 排放贡献分别为 34%、31%、27%和 24%。国五车保有量虽占比为 26%，但其对各项污染物总体排放贡献相对较低；国二和国六车因保有量相对较少，对各项污染物排放贡献也较低。

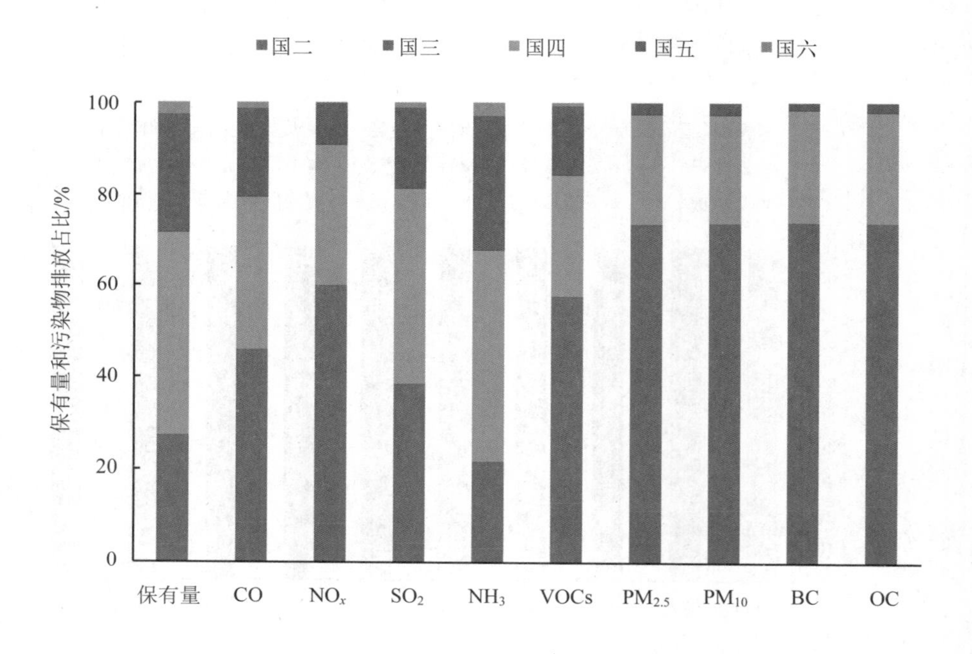

图 4-18　2019 年潍坊市机动车污染物排放分排放标准占比

综上所述，国三车保有量虽不是最高，但其对主要污染物排放贡献最大，其次排放贡献较大的是国四车。

4.3.1.2　非道路移动源

2019 年，潍坊市非道路移动机械保有量为 20.9 万辆，主要污染物 CO、NO_x、VOCs、$PM_{2.5}$、PM_{10}、BC、OC 和 SO_2 排放量分别为 5 169.4 t、4 894.2 t、1 097.4 t、425.7 t、456.4 t、243.1 t、75.9 t 和 86.7 t，见图 4-19。

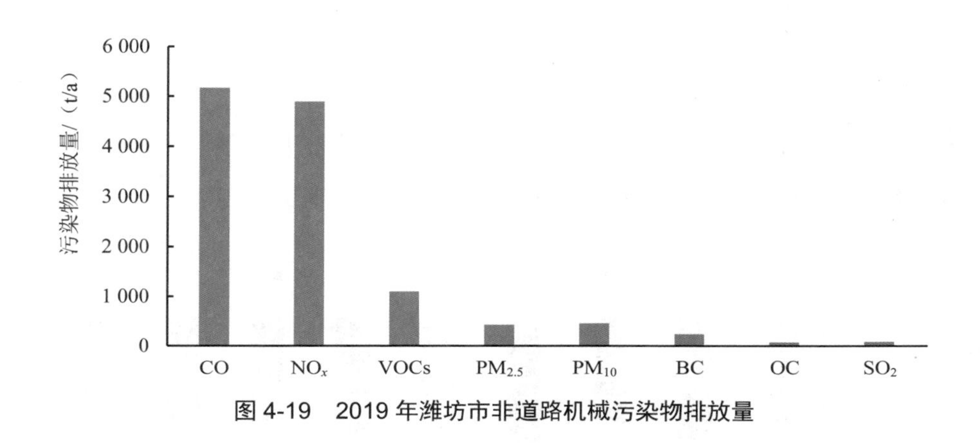

图 4-19　2019 年潍坊市非道路机械污染物排放量

（1）分类型排放分析

2019 年潍坊市非道路机械保有量中，农业机械 20.4 万辆（以小型拖拉机为主），占比 97.4%；其次是工程机械 0.4 万辆、小型通用机械 0.14 万辆。各项污染物中，农业机械对其排放贡献最大，为 75.0%～88.1%；其次是工程机械，虽然保有量占比仅为 1.9%，但其对各项污染物排放贡献范围为 11.9%～23.6%。各类型非道路机械排放占比情况见图 4-20。

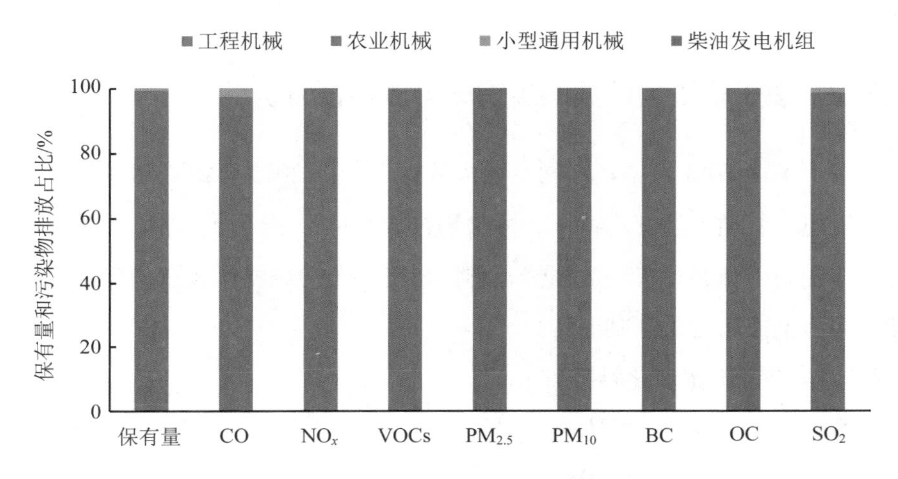

图 4-20　2019 年潍坊市不同类型非道路移动机械污染物排放占比

（2）分排放标准排放分析

2019 年，潍坊市非道路移动机械保有量中，国三、国二、国一车占比分别为 99.6%、0.3%、0.1%，以国三车为主，因此国三车也是各项污染物的主要排放贡献者。不同排放标准非道路机械污染物排放占比见图 4-21。

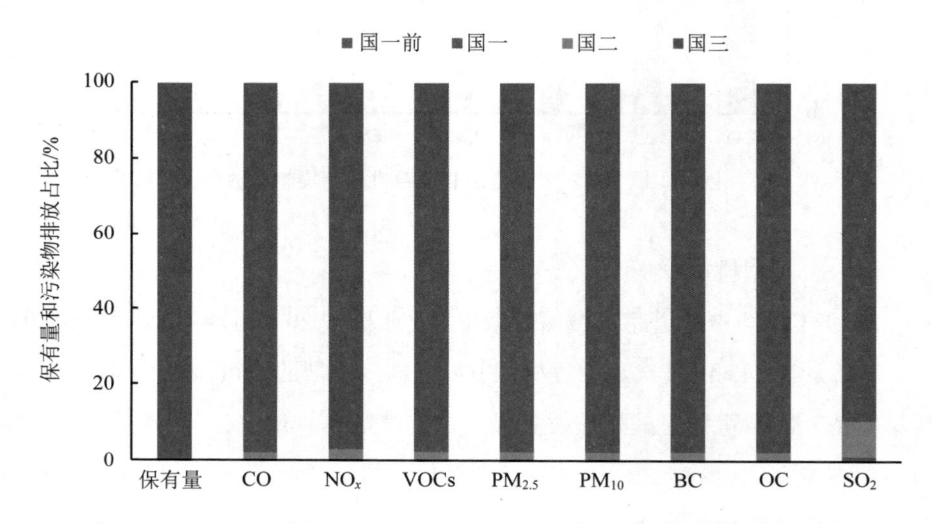

图 4-21　2019 年潍坊市不同排放标准非道路移动机械污染物排放占比

4.3.2　基于轨迹大数据的重货车排放特征分析

基于车辆 GPS 数据、路网交通大数据，分析 2019 年潍坊市重型货车（本地、过境）交通流量变化特征、污染物排放特征、主要行驶路段、禁行区管控情况，并利用交通行车大数据修正潍坊市机动车污染物排放量，旨在为潍坊市移动源污染控制提供基础支持。

4.3.2.1　交通流量变化特征

图 4-22 是 2019 年潍坊市重型货车逐月交通流量变化。2019 年潍坊市重型货车平均交通流量为 145 万辆次/月。由于春节原因，大部分商家和物流公司停

业放假，导致物流市场需求量和活跃度下降，货运量明显减少，2 月重型货车交通流量降至最低，仅为 57 万辆次，约是其他月份的一半，主要表现为过境货车流量明显降低。春节过后，企业和商家的物流需求逐渐恢复，货车交通流量逐渐增加，3—12 月总体上重型货车交通流量呈逐月增加趋势。其中，秋冬季（9—12 月）本地和过境重型货车交通流量明显升高，主要与秋冬季是物流旺季有关，潍坊市是工业和农业大市，秋季农产品丰收、冬季工业货物储藏以及春节货物提前储备等均会引起货运量的增加。从属地类型看，过境重型货车交通流量明显高于本地重型货车，过境和本地重型货车交通流量分别为 112 万辆次/月和 33 万辆次/月，过境重型货车交通流量约是本地重型货车的 4 倍。从排放标准构成看，潍坊市 2019 年过往重型货车以国五车占比最高，为 59%，其次为国四重型货车占比 26%、国三重型货车占比 15%。本地与过境重型货车排放标准构成无明显差别，见图 4-23。

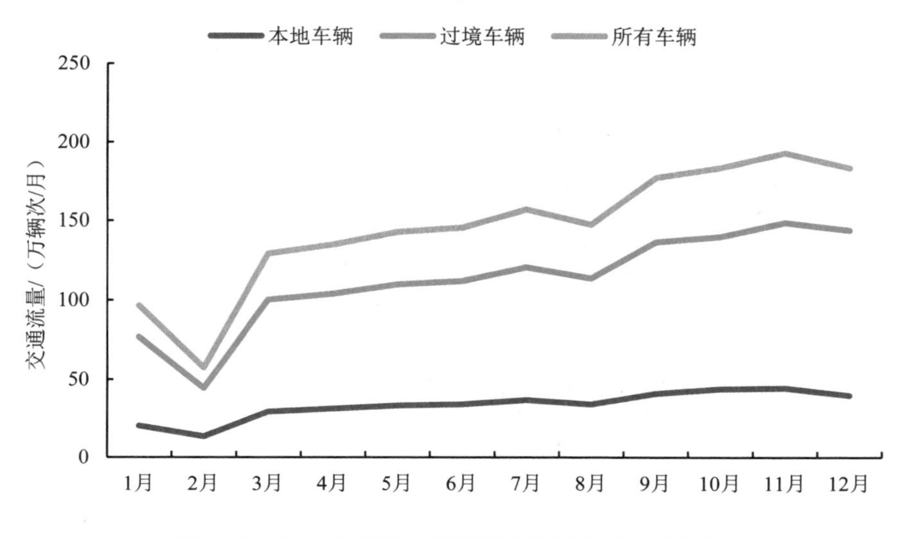

图 4-22　2019 年潍坊市重型货车逐月交通流量变化

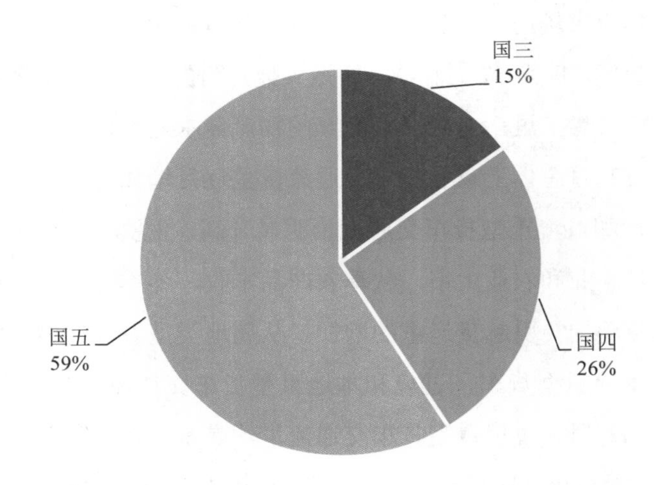

图 4-23　2019 年潍坊市域内重型货车排放标准构成占比

4.3.2.2　污染物排放特征

（1）年排放特征

2019 年，潍坊市重型货车 CO、NO_x、SO_2、NH_3、VOCs、$PM_{2.5}$、PM_{10}、BC 和 OC 年排放量分别为 2 811.00 t、7 334.06 t、275.90 t、33.50 t、344.70 t、119.02 t、130.31 t、69.18 t 和 17.69 t，其中过境重型货车各污染物排放占比在 73.07%～76.31%，是本地重型货车排放量的 2.71～3.22 倍，由此可见，过境重型货车是潍坊市重型货车污染物排放的主要贡献源。

从不同排放标准的重型货车交通流量和污染物排放占比看（图 4-24），对于本地重型货车，国四车对各项污染物排放贡献率最大；对于过境重型货车，国四车对 CO、NO_x、SO_2 和 NH_3 排放贡献最大，国三车对 VOCs、$PM_{2.5}$、PM_{10}、BC 和 OC 排放贡献最大。总体而言，国三车和国四车交通流量仅占 40.00%左右，但污染物排放占比却在 74.88%～96.48%，表明加快淘汰低排放标准重型货车对潍坊空气质量改善仍是有效可行的措施。

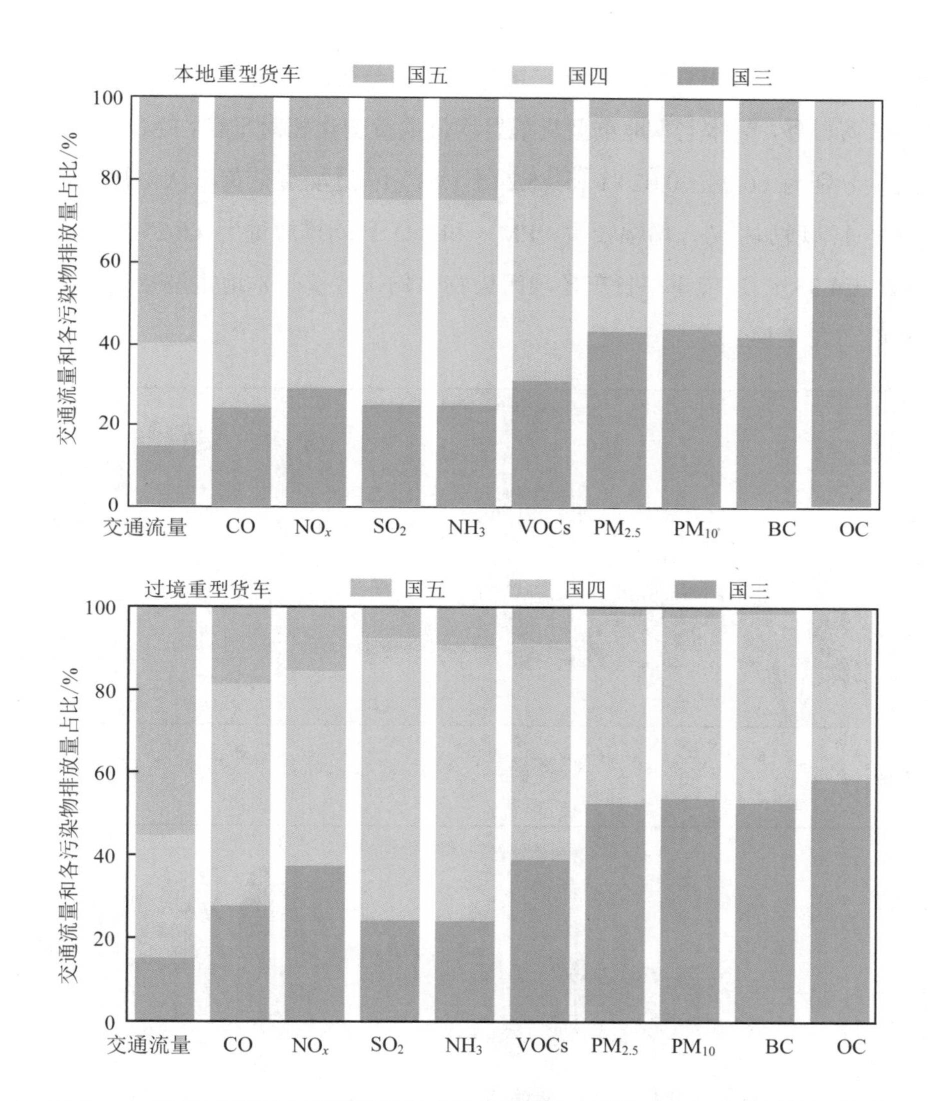

图 4-24　2019 年潍坊市不同排放标准的重型货车交通流量和污染物排放量占比

（2）日排放变化

基于逐日行驶里程计算了 2019 年本地和过境重型货车污染物逐日排放量，见图 4-25。$PM_{2.5}$ 和 NO_x 日排放量均呈周中高、周末低的规律性变化特征，星期一开始排放量逐渐增加，星期三或星期四增至最高，星期日降到最低。除春节等节假日外，整体上本地重型货车日均排放量变化相对平稳，$PM_{2.5}$和NO_x日排放量分别为（0.08±0.02）t 和（5.24±1.61）t；过境重型货车从年初开始日排放量呈逐渐增加趋势，增幅较大，$PM_{2.5}$和NO_x日均排放量为（0.25±0.07）t 和（15.10±4.33）t. 过境重型货车各项污染物日均排放量是本地重型货车的 2.33～4.00 倍（表 4-14）。

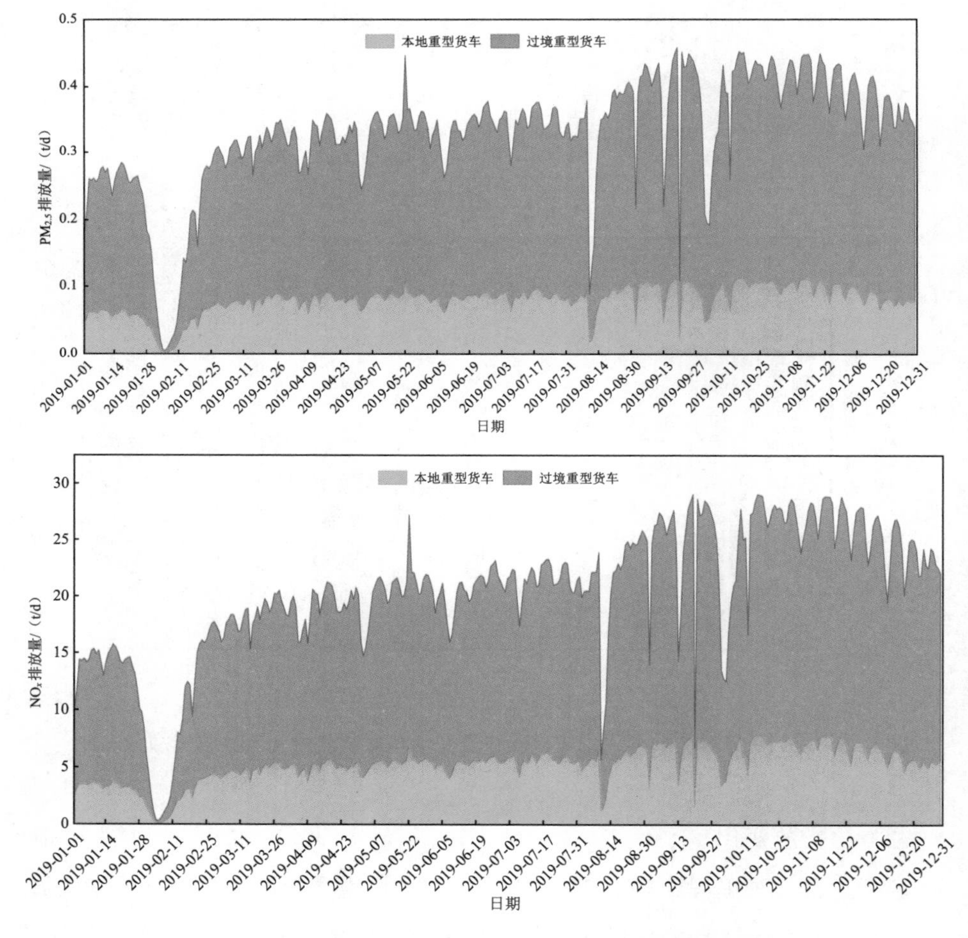

图 4-25 潍坊市重型货车 $PM_{2.5}$和 NO_x逐日排放量

表 4-14　潍坊市本地重型货车与过境重型货车污染物日均排放量

污染物	本地重型货车		过境重型货车		*B*/*A*
	日均排放量（*A*）/（t/d）	标准差/（t/d）	日均排放量（*B*）/（t/d）	标准差/（t/d）	
CO	2.08	0.67	5.72	1.69	2.75
NO_x	5.24	1.61	15.10	4.33	2.88
SO_2	0.21	0.07	0.56	0.17	2.67
NH_3	0.03	0.01	0.07	0.02	2.33
VOCs	0.25	0.08	0.71	0.21	2.84
$PM_{2.5}$	0.08	0.02	0.25	0.07	3.13
PM_{10}	0.09	0.02	0.27	0.07	3.00
BC	0.05	0.01	0.15	0.04	3.00
OC	0.01	0.00	0.04	0.01	4.00

（3）小时变化特征

为满足货车污染防治精准管控需求，建立重型货车小时排放清单。鉴于 2019 年 9—12 月潍坊市内重型货车行驶里程较高，选取 9—12 月 GPS 数据分析小时污染物变化特征，见图 4-26。本地重型货车 CO、NO_x、VOCs 和 $PM_{2.5}$ 小时排放量分别为（11.48±2.38）kg、（28.70±6.19）kg、（1.35±0.29）kg 和（0.43±0.10）kg，过境重型货车分别为（34.72±5.69）kg、（90.67±14.92）kg、（4.27±0.70）kg 和（1.47±0.24）kg，过境重型货车小时排放量明显高于本地重型货车排放量。从变化趋势看，本地重型货车小时污染物排放量呈单峰分布，峰值出现在 12:00，18:00 开始逐渐下降，与本地人们活动变化情况较为吻合；过境重型货车小时污染物排放量分别在 12:00、20:00 出现峰值，呈双峰分布，其中晚间峰值可能由于潍坊市是工农业大市，傍晚外地车辆开始大量向外运输货物所致，这与夜间道路上货车车流量较大的特征较为吻合，因此潍坊市应重点关注过境重型货车夜间行驶排放影响。

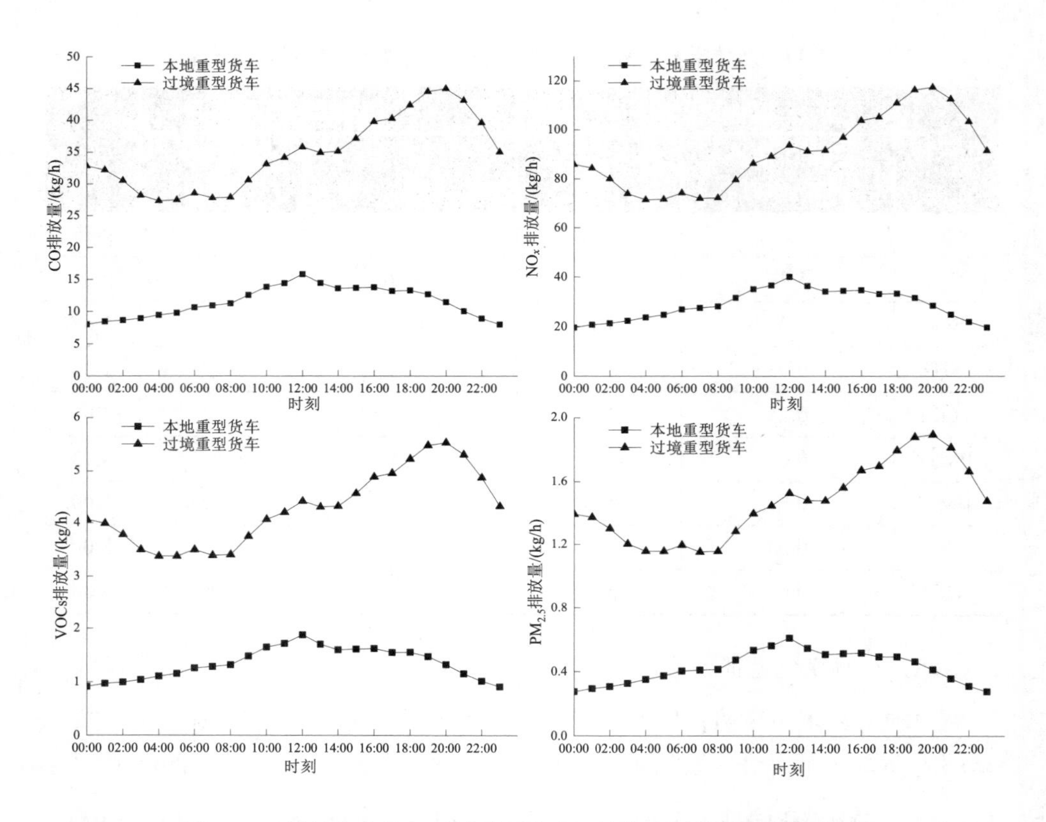

图 4-26　潍坊市本地与过境重型货车污染物小时排放量变化情况

（4）主要道路排放特征

考虑冬季气象条件不利，易发生重污染过程，选取 2019 年 12 月 GPS 数据分析道路污染物排放变化情况，重点分析重型货车污染物排放较高的前 50 条道路（简称“R_{50}”）上的污染物排放特征，应用 ArcGIS 软件，绘制了 R_{50} 本地和过境重型货车 $PM_{2.5}$、NO_x 排放量空间分布情况，见图 4-27。由此可见，本地和过境重型货车污染物排放量的空间分布相似，均在高速路、国道和省道上排放量较高，但过境重型货车在高速公路排放量较高的特征更为突出。对于本地重型货车，2019 年 12 月 R_{50} 排放量差值（最大值与最小值之差）相对较小，

$PM_{2.5}$ 排放量差值为 0.39 t，NO_x 排放量差值为 26.36 t，污染物排放较高的前 3 条道路分别为 S222、G206 和青银高速公路。对于过境重型货车，2019 年 12 月 R_{50} 排放量差值较大，特别是 NO_x，其月排放量在 11.58～144.00 t，排放量差值为 132.42 t，在青银高速公路上污染物排放量（NO_x 月排放量为 144.00 t）明显高于排名第二的 S222（NO_x 月排放量为 83.68 t），可见青银高速公路是潍坊市过境重型货车的重要交通干道。

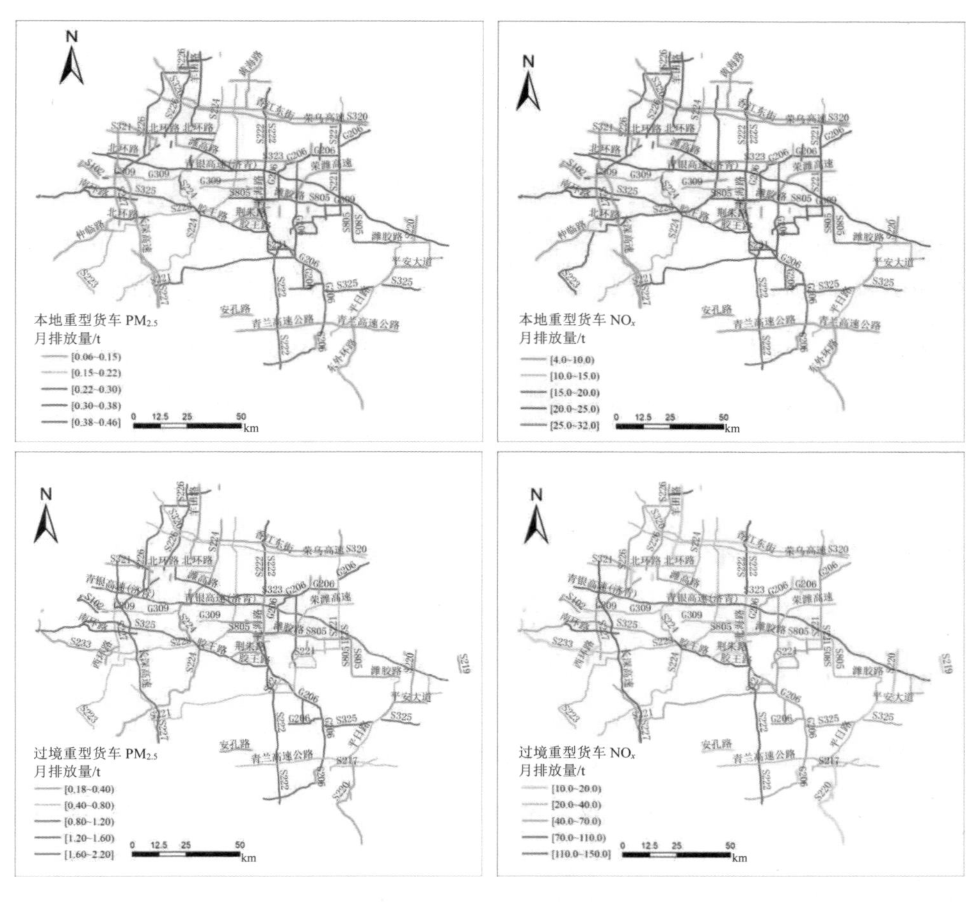

图 4-27　潍坊市本地和过境重型货车 R_{50} 道路污染物排放空间分布

第5章 秋冬季污染成因分析与跟踪评估

2020年12月，山东省出现了秋冬季以来污染最重、时间跨度最长的大气重污染过程，潍坊市共经历了4次重污染过程，日均AQI达309，重污染天气应急响应25 d。经历本轮污染后，潍坊市在168个全国重点城市年排名由11月底倒43名后退至倒32名。为此，本书选取2020年12月典型重污染过程开展污染成因分析，评估应急减排效果，为有效应对重污染天气提供导向性管控建议。

5.1 总体情况

5.1.1 AQI情况

2020年12月，潍坊市多次出现风场辐合，天气高湿静稳，垂直扩散条件不利，二次转化过程显著，且受外来传输叠加本地污染累积双重影响，导致潍坊市出现4次污染过程。12月轻度污染6 d、中度污染5 d、重度污染3 d、严重污染1 d（图5-1），首要污染物均为$PM_{2.5}$。其中12月12日达严重污染级别，AQI为309，当日潍坊是山东省唯一严重污染的城市。

周一	周二	周三	周四	周五	周六	周日
	1	2	3	4	5	6
7	8	9	10	11	12	13
14	15	16	17	18	19	20
21	22	23	24	25	26	27
28	29	30	31			

	优
	良
	轻度污染
	中度污染
	重度污染
	严重污染

图 5-1 2020 年 12 月潍坊市 AQI 日历图

5.1.2 污染物浓度与排名变化

图 5-2 为 12 月 1—31 日空气质量时间序列。潍坊市 12 月月综合指数为 7.17，环比上升 1.96，同比上升 1.01；168 个全国重点城市空气质量月排名倒排

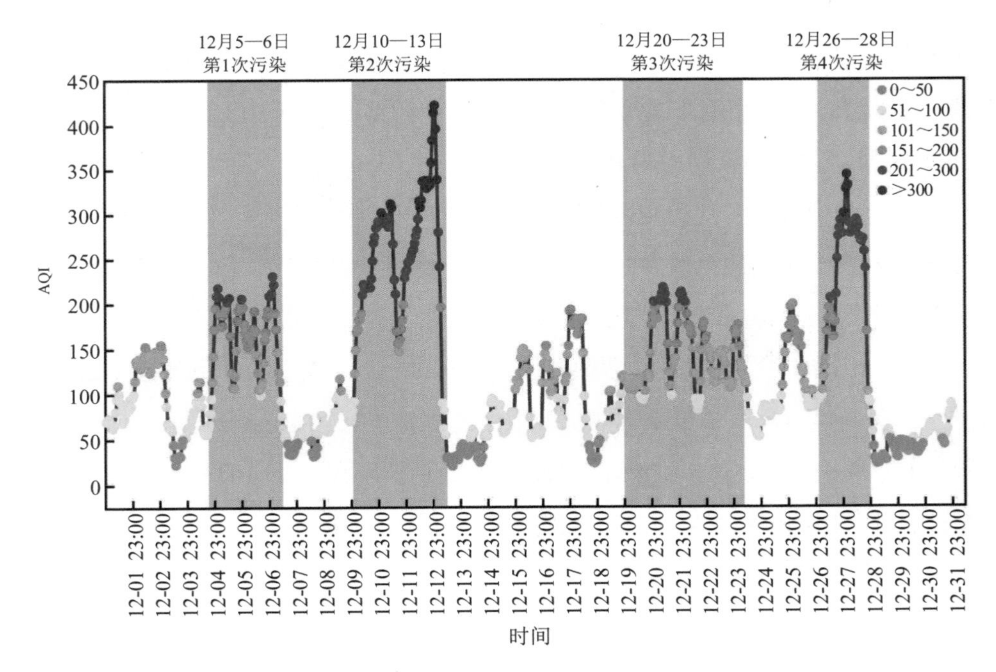

图 5-2 12 月 1—31 日空气质量时间序列

11 名，较 11 月和 2019 年 12 月均后退 41 名。6 项污染物中，CO_{-95} 出现大于 1.7 mg/m^3 的高值有 7 个，拉高年综合指数 0.1；SO_2 月浓度环比上升 83%，同比上升 69%，拉高年综合指数 0.03；$PM_{2.5}$ 月浓度环比上升 75%，拉高年综合指数 0.12。

经过 12 月后，年综合指数上升至 5.16（11 月底年综合指数为 4.80），年综合指数上升 0.36；168 个全国重点城市空气质量年排名由 11 月底的倒排 43 名后退至倒 32 名；PM_{10}、$PM_{2.5}$、NO_2、SO_2 拉高年均浓度 4 μg/m^3、4 μg/m^3、3 μg/m^3、2 μg/m^3，CO 拉高 0.4 mg/m^3。

5.2 污染成因分析

自 2020 年 12 月 4 日起，受近地面均压场控制，山东省气象条件转差，山东西北区域率先出现 $PM_{2.5}$ 污染，随后自西向东污染范围逐渐扩展至潍坊、淄博等地。潍坊市共经历 4 次污染过程，分别为 5—6 日、10—13 日、20—23 日、26—28 日，首要污染物均为 $PM_{2.5}$。

4 次污染过程多次受到西部、西北、西南方向多个传输带沉降影响，高值时段主要集中在夜间至凌晨时段。其中第 2 次污染过程（10—13 日）最为严重，重度以上污染累计 62 h，严重污染累计 20 h，13 日 1 时 $PM_{2.5}$ 浓度达到峰值（382 μg/m^3）。其次是第 4 次污染过程（26—28 日），重度以上污染持续 28 h，严重污染持续 4 h，28 日 3 时 $PM_{2.5}$ 浓度达到峰值（294 μg/m^3）。其余两次污染过程（20—23 日、5—6 日）$PM_{2.5}$ 浓度峰值分别出现在 21 日 10 时（176 μg/m^3）、5 日 2 时（168 μg/m^3），重度污染分别持续 12 h、9 h。

5.2.1 气象条件

（1）高湿静稳天气持续时间较长，且多次风向辐合，扩散条件极为不利

在 4 次污染过程中，除第 3 次外，均出现风向辐合，且 11 日夜间为长达 5～6 h 的辐合中心；10—13 日污染过程以西北风和静风为主，其他 3 次的主导风向为偏南风。大部分天气呈静稳状态，夜间至次日凌晨时段湿度高于 65%。其中第 2 次污染（10—13 日）高湿静稳天气（湿度高于 65%，风速小于 1.5 m/s）时长达 46 h，高湿时长达 58 h；第 4 次污染（26—28 日）高湿静稳天气时长达 35 h，高湿时长达 42 h；其余两次污染高湿静稳天气时长均为 24 h。就气象因子而言，第 2 次、第 4 次污染的扩散条件极为不利。4 次污染过程的气象因素时间变化见图 5-3。

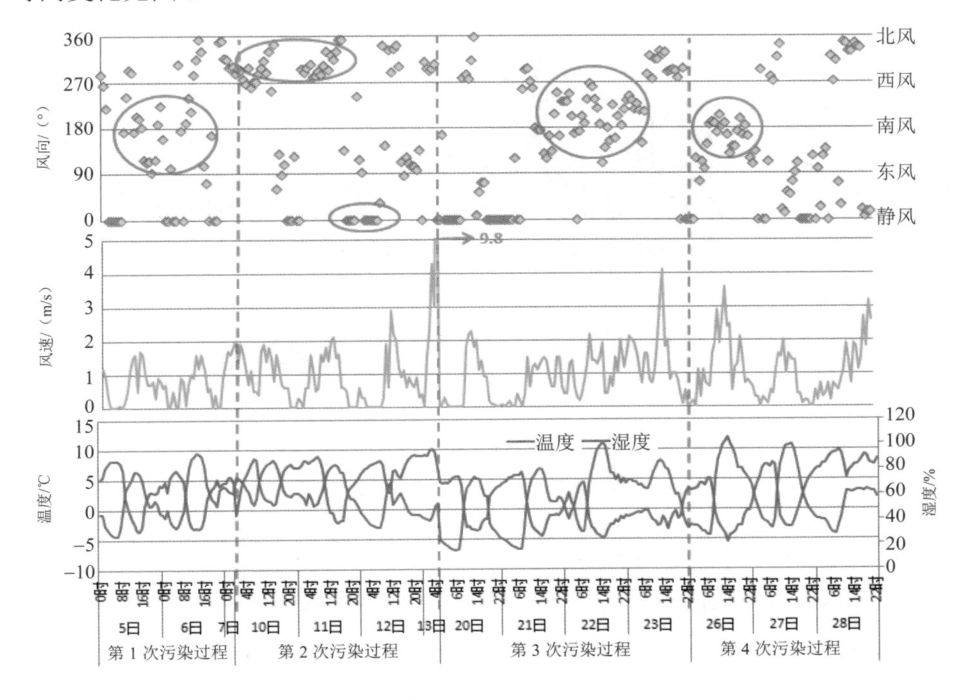

图 5-3 4 次污染过程的气象因素时间序列图

（2）风速低于山东省平均水平，多日为全省最低。扩散系数低于周边城市，12 日扩散系数明显降低

2020 年 12 月山东省 16 个地市平均风速变化见图 5-4。在 4 次污染过程中，潍坊平均风速在 0.63～1.44 m/s，为山东省平均水平的 30%～61%，其中 5—6 日、12 日、20—22 日、28 日潍坊平均风速为山东省最低。根据模型气象场模拟计算，山东省内扩散系数呈现东高西低的趋势，潍坊平均扩散系数介于 1 500～2 400，低于周边城市，尤其是 12 日扩散系数明显降低，0—9 时仅为 300～1 000，达到谷值，传输情况下，扩散不利使得污染持续堆积。

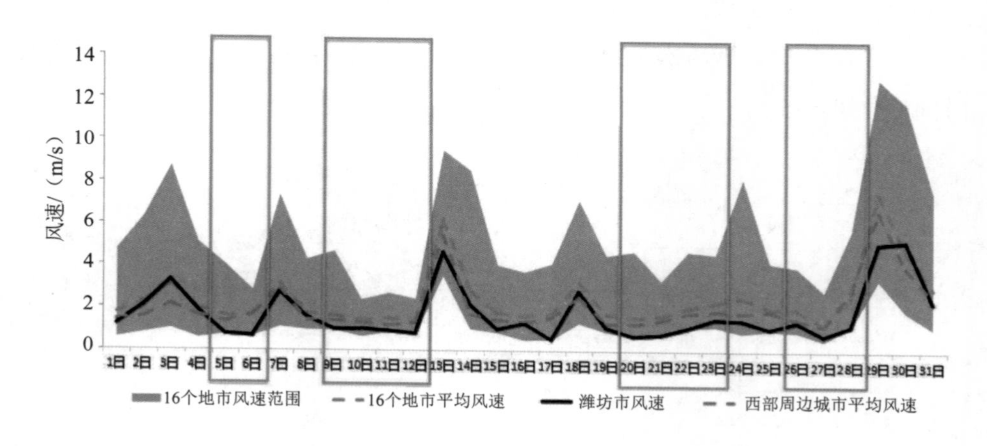

图 5-4　2020 年 12 月山东省 16 个地市平均风速图

（3）边界层高度持续下压，维持在 300～1 100 m，较污染前下压 12%，垂直扩散能力转差

2020 年 12 月边界层与 $PM_{2.5}$ 浓度时间序列见图 5-5。从整体来看，污染期间边界层为持续下压的过程，10—13 日、26—28 日重污染期间边界层下压明显。污染过程中边界层整体维持在 300～1 100 m，平均较污染前下压 12%左右。其中第 2 次污染（10—13 日）边界层维持在 300～700 m，较前 6 日降低 20%～

41%，较其他 3 次污染过程最低，最低达到 200 m 左右，且湿度较大，风速较小，趋向于静稳天气的发展，使得污染快速累积，12 日空气质量达到严重污染。其次是第 4 次污染过程中边界层下压明显，维持在 400～900 m，27 日、28 日分别环比下降 11%、17%。

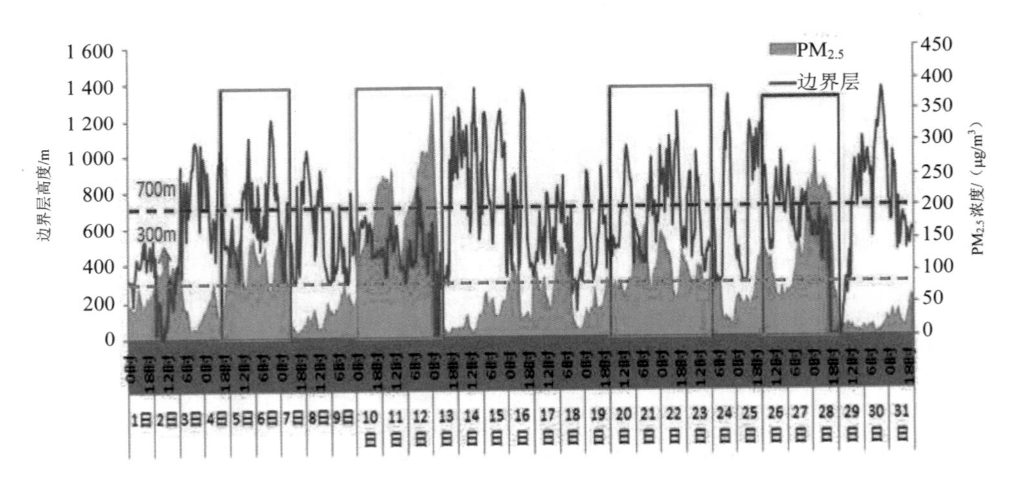

图 5-5　2020 年 12 月边界层与 $PM_{2.5}$ 浓度时间序列图

5.2.2　组分特征

（1）4 次污染过程，污染类型均为偏二次型

特征雷达图（图 5-6）显示，4 次污染类型均为偏二次型，其中前两次污染过程（5—6 日、10—13 日）偏二次型特征的时长在 90%以上，第 4 次污染过程（26—28 日）偏二次型特征的时长在 80%左右，第 3 次污染过程偏二次型特征的时长在 60%左右。

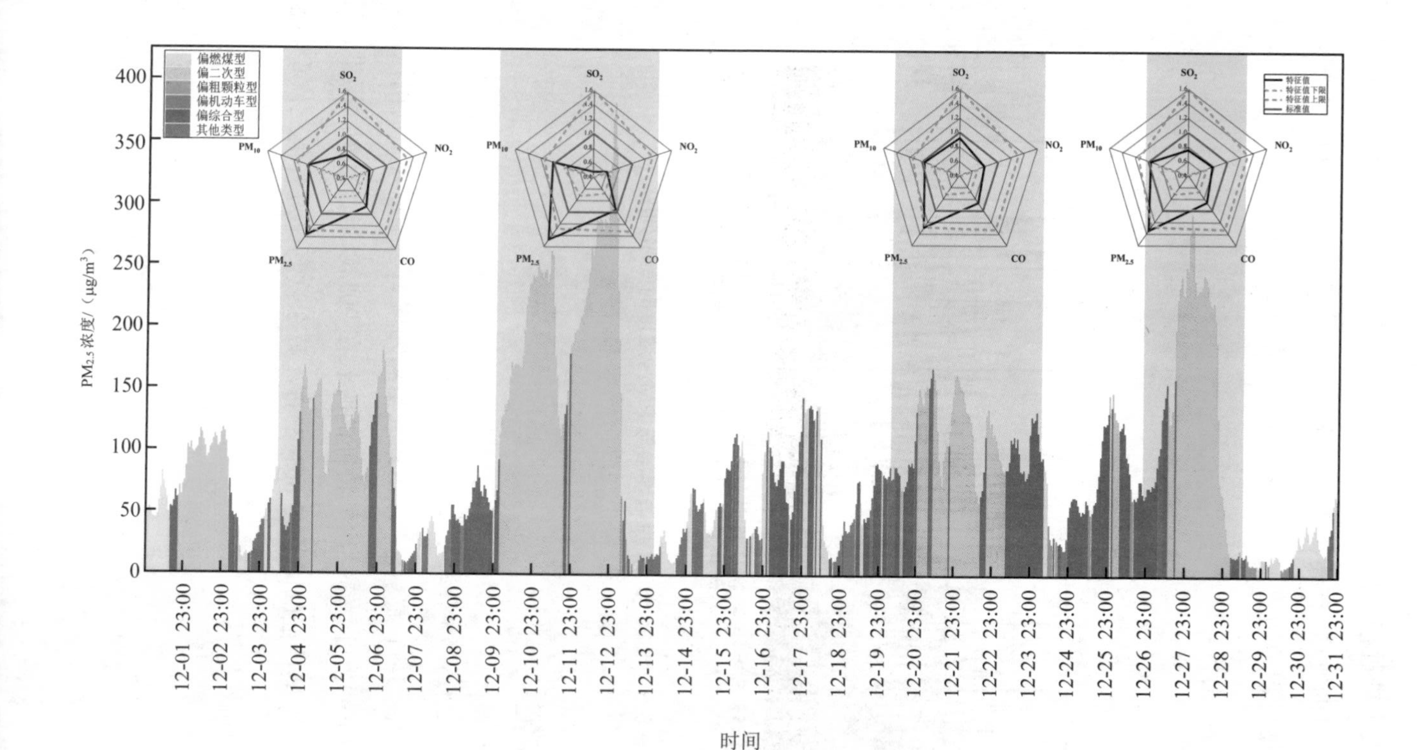

图 5-6　2020 年 12 月潍坊特征雷达时间序列图

（2）二次组分占比增高，主要受燃煤源和移动源排放影响

2020 年 12 月 $PM_{2.5}$ 化学组分及特征因子时间变化序列见图 5-7。从整体来看，污染期间硝酸根离子、硫酸根离子、有机物（OM）浓度在 $PM_{2.5}$ 组分占比之和在 70%左右（除第 4 次污染过程外），说明二次转化效果显著，OC/EC 大于 2.8。5—6 日硝酸根离子与硫酸根离子比值小于 1.0，SOR 值为 0.7，OC/EC 在 2.5～3.8，说明此次污染过程主要受工业源排放尤其是燃煤企业影响，同时受散烧影响较大；10—13 日硝酸根离子与硫酸根离子比值大于 1.0，OC/EC 在 2.1～5.4，10 日夜间硝酸根离子占比由 22%升至 37%，12 日 13 时硫酸根离子占比逐渐由 16%升至 30%，且 SOR 值、NOR 值分别为 0.7、0.4，表明燃煤排

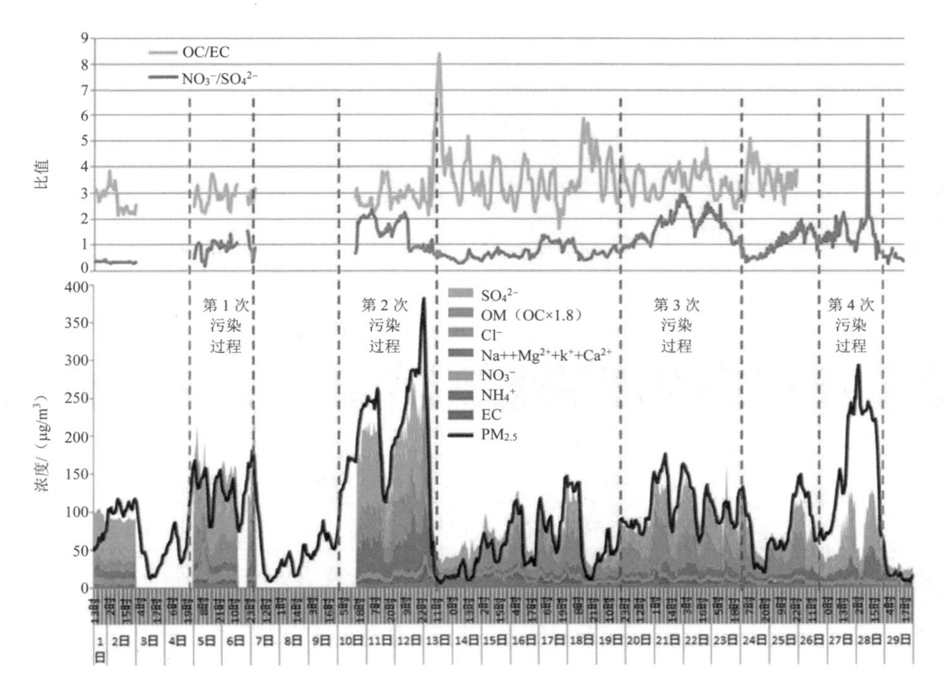

图 5-7　2020 年 12 月 $PM_{2.5}$ 化学组分及特征因子时间变化序列图

注：12 月 3—4 日、6 日 13—20 时、7 日 4 时—10 日 15 时组分数据缺失；26 日 6 时—29 日 23 时 OC、EC 数据缺失。

放的 SO_2 和重点工业行业、柴油车排放的 NO_x 等气态前体物的二次转化较为显著，说明此次污染过程主要受移动源影响，其次为工业源和散煤燃烧源；20—23 日、26—28 日硝酸根离子与硫酸根离子比值大于 1.0，21 日早间硝酸根离子占比由 17%逐渐升至 40%、27 日午后硝酸根离子占比由 25%升至 40%以上，重点工业行业、柴油车排放的 NO_x 等气态前体物的二次转化较明显，同时氯离子浓度较为突出，说明主要受移动源影响，同时受工业企业及散煤燃烧一定的影响。

（3）2020 年 12 月，潍坊在东部气团影响下 $PM_{2.5}$ 平均浓度最高，硝酸根离子与硫酸根离子比值大于 1，推测东部区域移动源、工业燃煤源对 $PM_{2.5}$ 浓度贡献较大

潍坊市 12 月的主导风向是西北风。在出现东风时 $PM_{2.5}$ 平均浓度最高，达 154 μg/m^3；其次是西北风、西南风时，$PM_{2.5}$ 浓度较高。

结合离子组分分析（表 5-1），东风时硫酸根离子、硝酸根离子、氯离子、有机物平均浓度较高，OC/EC 为 3.3，$PM_{2.5}/PM_{10}$ 为 0.7，二次转化明显，硝酸根离子与硫酸根离子比值大于 1，推测受东部区域移动源、工业源（燃煤企业）影响。

表 5-1　2020 年 12 月潍坊市不同气团的组分特征

风向	氯离子	硝酸根离子	硫酸根离子	有机物	OC/EC	$PM_{2.5}/PM_{10}$
北风	4.39	18.85	17.05	13.38	4.3	0.6
东北风	4.15	14.32	15.71	10.56	4.4	0.6
东风	6.34	35.18	30.97	28.77	3.3	0.7
东南风	5.37	28.98	22.33	27.98	3.2	0.7
静风	6.89	25.98	21.8	34.73	3.1	0.7
南风	6.51	27.47	21.13	27.41	3.4	0.6
西北风	6.01	21.26	26.5	21.16	3.3	0.6
西风	5.73	21.19	22.42	23.59	3.1	0.7
西南风	6.25	28	20.4	28.69	3.4	0.7

西北风时，硫酸根离子、氯离子浓度较高，且硝酸根离子与硫酸根离子比值小于 1，OC/EC 为 3.3，$PM_{2.5}/PM_{10}$ 为 0.6，推测受西北区域工业源排放（尤其是燃煤企业）和散煤燃烧影响。

西南风时，硝酸根离子、氯离子、有机物浓度较高，且硝酸根离子与硫酸根离子比值大于 1，OC/EC 为 3.4，$PM_{2.5}/PM_{10}$ 为 0.7，推测受西南区域移动源影响，其次为工业源和散煤燃烧源。

中心城区周边及上风向东-西南区域移动源影响较大，上风向西-东北区域企业排放影响较大。结合风向风速数据（表 5-2），当处于静风及 1 级风时，硝酸根离子与硫酸根离子比值持续大于 1，2 级及以上东风、东南风、南风、西南风时比值大于 1，2 级及以上北风、东北风、西北风、西风时比值小于 1。说明中心城区周边及上风向东-西南区域的移动源影响较大，且上风向东-西南区域的企业排放有一定影响；上风向西-东北区域的企业排放影响较大。

表 5-2　2020 年 12 月硝酸根离子与硫酸根离子比值随风向风力变化趋势

风向	不同风力下硝酸根离子与疏酸根离子比值							平均
	静风	1 级	2 级	3 级	4 级	5 级	6 级	
静风	1.15							1.15
东风		1.19						1.19
东南风		1.37	2.08					1.39
南风		1.46	1.45	1.66				1.46
西南风		1.42	1.7					1.51
西风		1.05	0.77					0.97
西北风		1.03	0.73	0.65	0.66	0.6	0.46	0.81
北风		1.27	1.28	0.75	0.73	0.69		1.11
东北风		0.96	0.6	0.44	0.49			0.78
平均	1.15	1.21	0.95	0.71	0.64	0.66	0.46	1.09

5.2.3 区域传输影响

应急响应期间潍坊市 $PM_{2.5}$ 本地内外源传输比例如图 5-8 所示，潍坊平均传输贡献比例为 44.1%，本地排放贡献比例为 55.9%。从每次污染过程看，污染期间多以本地排放为主，在每次污染过程后期传输贡献增至 60%以上，因此应重点加强本地污染源管控力度。

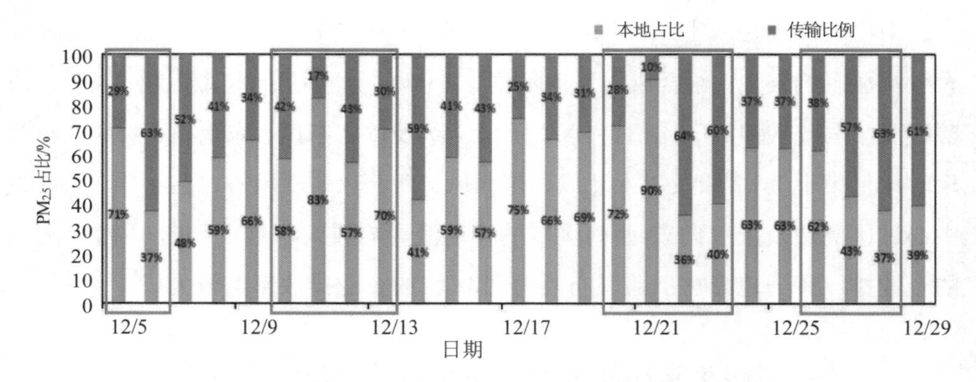

图 5-8　2020 年 12 月 5—29 日 $PM_{2.5}$ 本地与传输占比

5.3 应急期间排放量变化

5.3.1 应急减排措施

（1）2020 年 12 月 5—29 日，积极采取常规重污染应急响应措施，其中Ⅱ级响应 17 d、Ⅰ级响应 8 d

根据潍坊市重污染天气应急预案和 2020 年重污染天气应急减排清单，潍坊市于 2020 年 12 月 4 日 20 时发布了重污染天气橙色预警，5 日 20 时启动重污染天气Ⅱ级应急响应；于 21 日 12 时升级红色预警响应，直至 29 日 8 时结束应急响应。

（2）2020年12月12—28日，潍坊市所有钢铁、火电企业采取超常规应急减排措施

鉴于污染形势非常严峻，12 月 12 日开始，潍坊市要求全市所有火电企业通过采取停运机组、降低负荷、降低浓度（减半执行）等超常规方式，确保废气排放量在现有基础上再减少 25%以上；3 家钢铁企业在现有应急减排措施基础上，进一步压低负荷，其中，潍坊特钢临时安排 1 台转炉停炉检修，相当于炼钢限产 50%。巨能特钢烧结机由限产 30%提高到限产 35%，每座转炉由不超过 30 炉/d 调整为不超过 28 炉/d。超常应对措施直至 29 日 8 时与常规应对措施同时结束，超常响应共计 17 d。

5.3.2　应急期间企业排放量变化

为科学、准确评估潍坊市2020年12月工业企业采取应急响应措施的效果，计算和分析了应急期间大气污染物排放量变化状况。排放数据首选利用企业在线监测数据，其次利用用电量数据和应急清单减排量数据。

5.3.2.1　基于在线监测数据分析减排量变化

基于在线监测数据计算分析，109 家有效在线监测企业中约有 27%的企业总排放量不降反升。38 家企业实施超常措施后，整体减排效果好于实施常规减排措施的 71 家企业。

（1）应急期间企业排放量整体变化状况

①在线监测企业中，有 71 家是常规应急企业，其在橙色、红色预警期各项污染物日均排放量降幅分别为 14%～21%、24%～42%。

基于在线监测数据进行计算分析，有效在线数据共有 109 家，除超常应急排放的 38 家企业，对 71 家企业进行排放量计算分析。

对于在线监测企业，橙色预警和红色预警期间各类污染物日排放量均有不

同程度下降（图 5-9），烟尘在橙色和红色预警期间日均排放量分别降低了 143 kg 和 239 kg，降幅分别为 14.0%和 23.5%；二氧化硫日均排放量分别降低了 874 kg 和 1 752 kg，降幅分别为 20.7%和 41.6%；氮氧化物日均排放量分别降低了 3 009 kg 和 5 219 kg，降幅分别为 17.6%和 30.6%。可见，橙色和红色预警期间二氧化硫的降幅最明显，其次为氮氧化物。

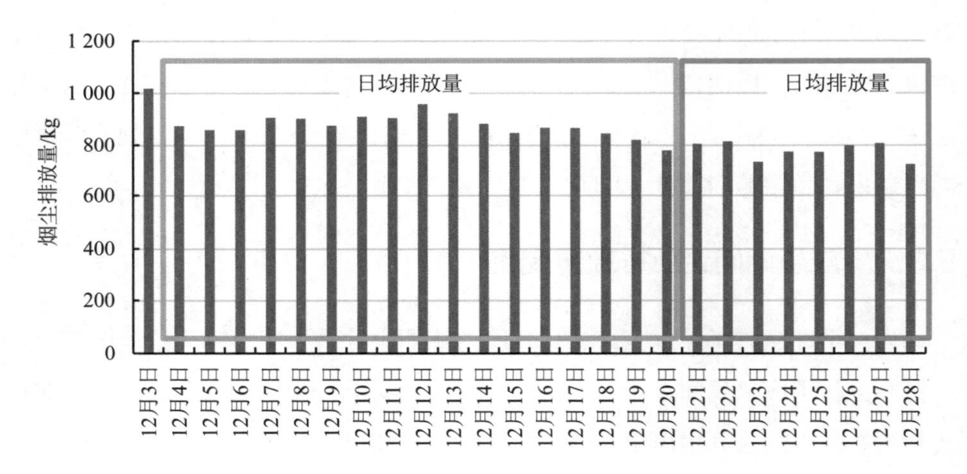

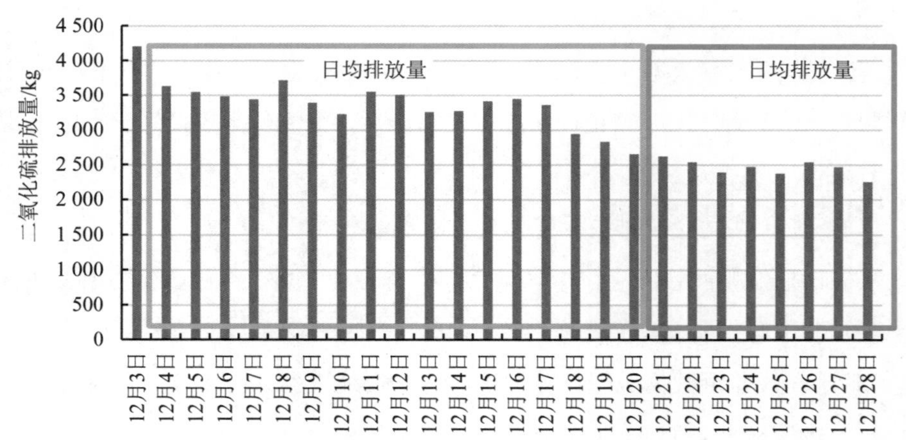

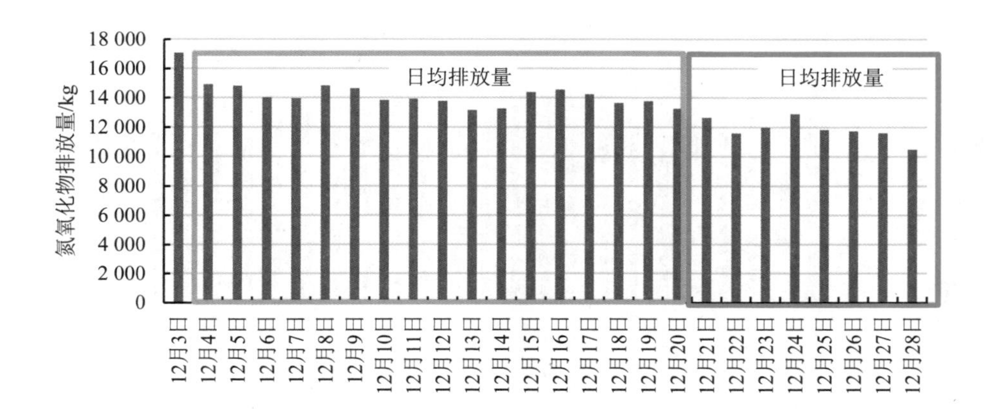

图 5-9　2020 年橙色和红色预警期间烟尘、二氧化硫、氮氧化物日排放量变化

②在线监测企业中，有 38 家是超常减排企业，其在超常减排前、超常减排期间各项污染物日均排放量降幅分别为 8.1%～21.4%、16.6%～37.3%。

在线监测数据中涉及本次超常应急减排的企业数量为 38 家，实施超常措施的企业为火电和钢铁企业，超常减排时段为 2020 年 12 月 12—28 日，其他时段依然执行常规应急减排措施。对于执行超常减排的企业，超常减排前（12 月 4—11 日）和超常减排期间（12 月 12—28 日）各类污染物日排放量均有不同程度下降（图 5-10），烟尘在超常减排前和超常减排期间日均排放量较预警前分别降低 8.1%和 16.6%，二氧化硫日均排放量分别降低 21.4%和 37.3%，氮氧化物日均排放量分别降低 12.1%和 26.7%，二氧化硫的降幅最明显。

若按 2020 年 12 月 12—28 日采取超常减排措施计算，38 家企业较预警前烟尘总减排量为 5.5 t，二氧化硫总减排量为 77.6 t，氮氧化物总减排量为 139.9 t。若按 12 月 12—28 日不采取超常应急减排措施（以 12 月 4—11 日的日均排放浓度排放）估算，烟尘总减排量为 3.1 t，二氧化硫总减排量为 51.5 t，氮氧化物总减排量为 76.4 t；烟尘、二氧化硫和氮氧化物总减排量分别增加了 2.4 t、26.1 t 和 63.6 t，日均减排量分别增加了 140 kg、1 535 kg 和 3 739 kg。

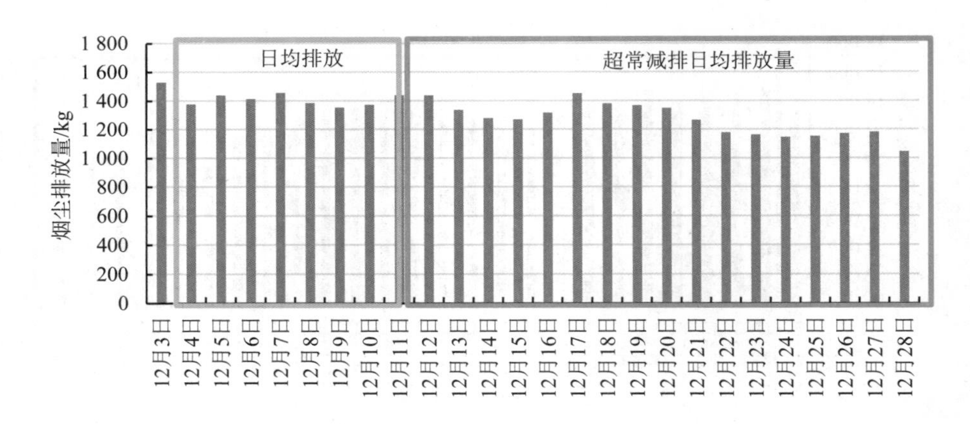

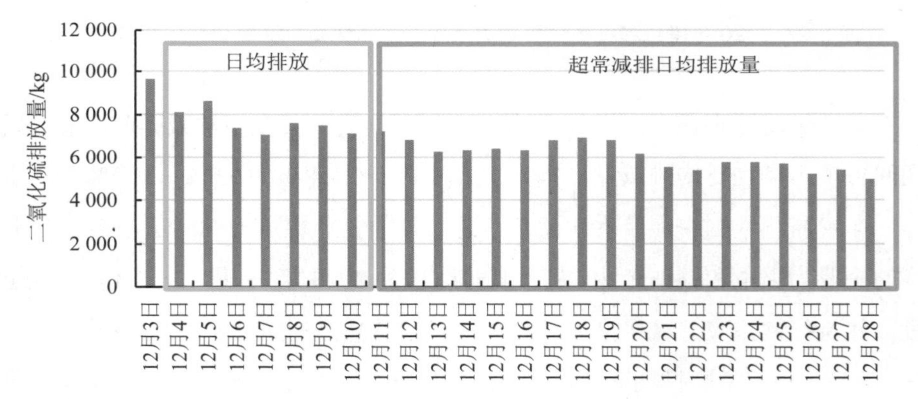

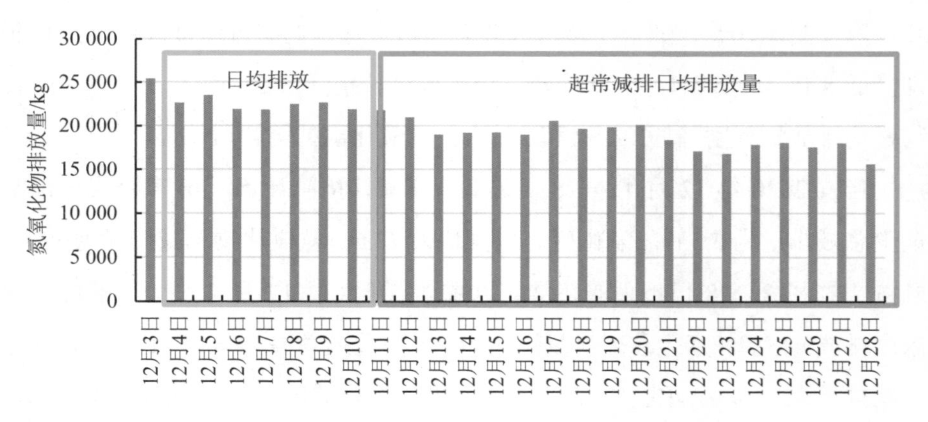

图 5-10　2020 年超常应急减排烟尘、二氧化硫、氮氧化物日排放量变化

③从减排总量上看，38 家超常减排企业总体减排效果好于 71 家常规减排企业。

橙色、红色预警期间常规减排与超常减排总减排量对比分别见表 5-3 和表 5-4。

表 5-3　橙色预警期间常规减排与超常减排总减排量对比　单位：t

类别	烟粉尘	二氧化硫	氮氧化物	VOCs
超常减排	1.6	27.8	51.3	0
常规减排	1.1	18.5	27.5	0
差值	0.5	9.3	23.8	0

表 5-4　红色预警期间常规减排与超常减排总减排量对比　单位：t

类别	烟粉尘	二氧化硫	氮氧化物	VOCs
超常减排	2.9	33.4	64.1	0
常规减排	1	16.5	24.4	0
差值	1.9	16.9	39.7	0

（2）排放量不降反升企业分析

①71 家在线常规应急企业中，橙色、红色预警期间污染物总排放量不降反升企业分别有 20 家、15 家，多为钢铁、炭黑、热力等行业。

在采取常规应急措施的 71 家企业中，橙色预警期间，因企业执行应急减排措施不到位或者其他原因，使烟尘、二氧化硫和氮氧化物总排放量不降反升的企业分别有 18 家、23 家和 13 家，不降反升企业导致烟尘日排放量增加 38 kg，二氧化硫增排 283 kg，氮氧化物增排 409 kg；在红色预警期间，烟尘、二氧化硫和氮氧化物总排放量不降反升的企业分别有 15 家、15 家和 11 家，不降反升企业导致烟尘日排放量增加了 27 kg，二氧化硫增加了 135 kg，氮氧化物增加了 263 kg。

橙色预警期间，烟尘排放量不降反升的行业为钢铁、炭黑和热力；二氧化硫排放量不降反升的行业为热力、玻璃、垃圾焚烧和岩矿棉。红色预警期间，烟尘排放量不降反升的行业为石化，二氧化硫排放量不降反升的行业为炭黑，氮氧化物排放量不降反升的行业为玻璃。

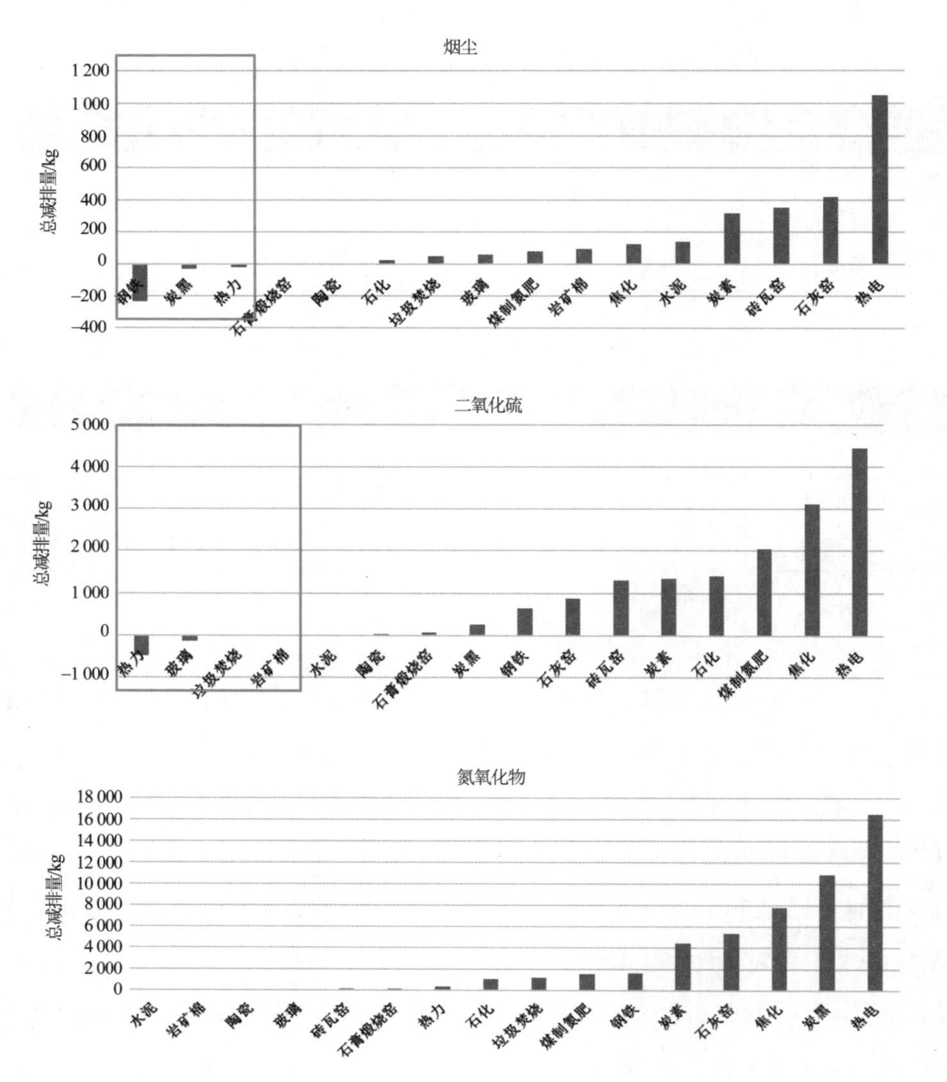

图 5-11　2020 年橙色预警期间各行业各污染物总减排量（减排数值为正，增排数值为负）

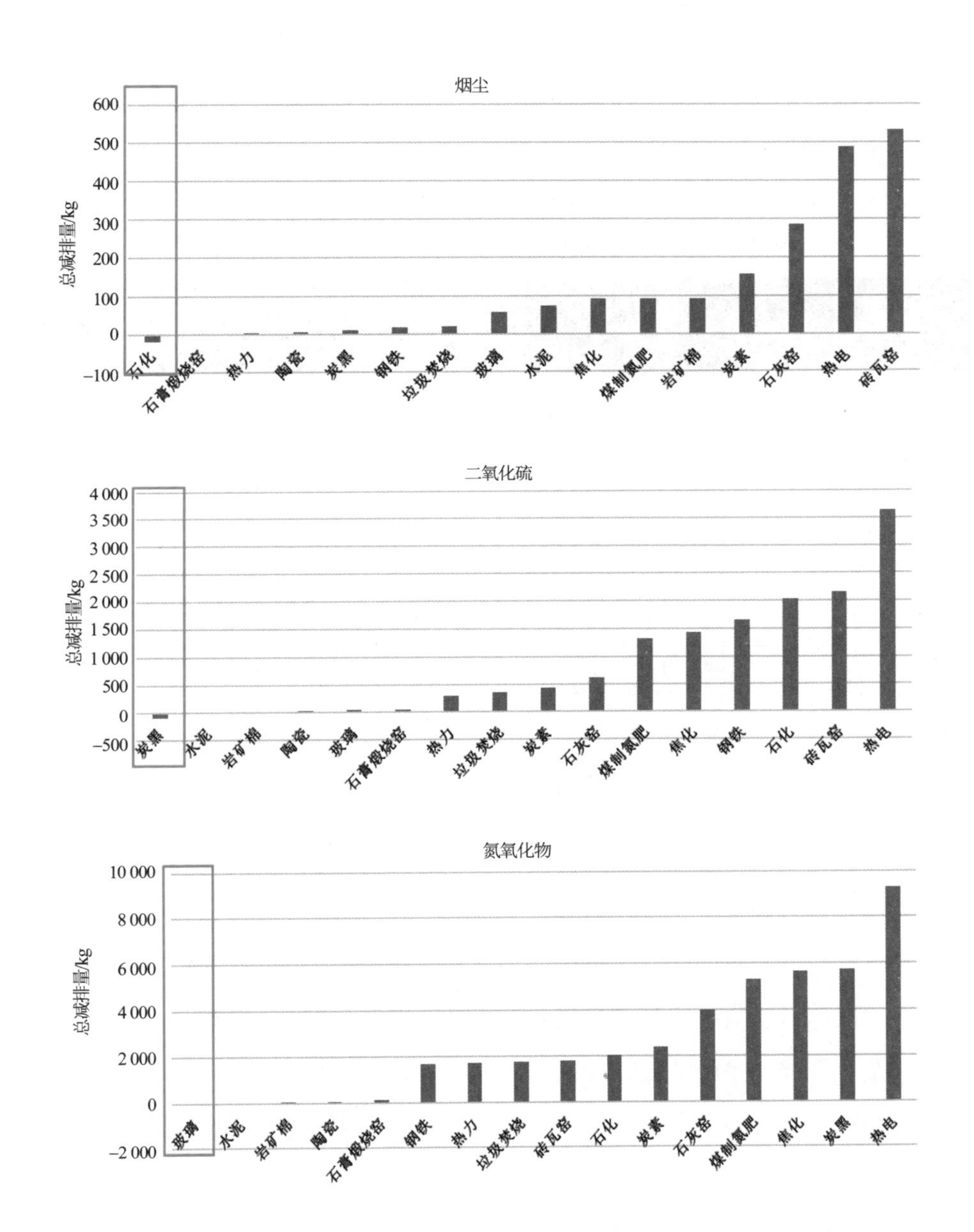

图 5-12　2020 年红色预警期间各行业各污染物总减排量（减排数值为正，增排数值为负）

橙色预警和红色预警期间各种污染物排放总量均不降反升的企业如表 5-5 所示，其中山东某纸业公司和青州某热电公司在整个预警期间各污染物总排放量均不降反升。

表 5-5 预警期间排放不降反升企业的污染物排放增加量

预警等级	企业名称	预警期间总增加量/kg		
		烟尘	二氧化硫	氮氧化物
橙色预警	潍坊某焦化公司	1.9	69.2	1 917
	山东某纸业公司	32.19	1 499.8	339
	青州某热电公司	36.86	151.9	831
	临朐某能源公司	76.14	381.8	1 548
	寿光某石油化工公司	32.77	21	34.2
	潍坊某科技公司	74.9	369.2	922
	诸城某建材公司	80.06	270.09	94.53
红色预警	山东某纸业公司	22.4	450.1	124
	青州某热电公司	21.88	27.3	721

②38 家在线超常减排企业中，常规应急、超常应急期间污染物总排放量不降反升的企业分别约有 10 家、8 家。

在执行超常预警的 38 家企业中，常规预警期间（2020 年 12 月 4—11 日）烟尘、二氧化硫和氮氧化物排放量不降反升的企业分别有 13 家、9 家和 7 家，总排放量分别增加了 146 kg、707 kg 和 733 kg；日均排放量分别增加了 18 kg、88 kg 和 92 kg。超常预警期间（2020 年 12 月 12—28 日），没有起到超常减排烟尘、二氧化硫和氮氧化物作用的企业分别有 14 家、5 家和 4 家，总排放量分别增加了 1 068 kg、1 459 kg 和 2 827 kg；日均排放量分别增加了 63 kg、86 kg 和 166 kg。

常规预警和超常预警期间各种污染物排放总量均不降反升的企业如表 5-6 所示，其中潍坊某热电公司某热源厂在整个预警期间各污染物总排放量均不降反升。

表 5-6　预警期间污染物排放不降反升的企业污染物排放增量

预警等级	企业名称	预警期间总增加量/kg		
		烟尘	二氧化硫	氮氧化物
常规预警	高密某热电公司	19.2	15	92
	潍坊某热电公司	3.35	87.9	60.1
	潍坊某热电公司某热源厂	0.95	194	346.7
超常预警	潍坊某热电公司某热源厂	5.68	489.7	1 138.9

5.3.2.2　基于用电量数据分析用电量和减排量变化

基于用电量数据计算分析，1 800 余家用电量监控企业在橙色、红色预警期间分别有 27.5%、19.5%的企业用电量不降反升。1 800 余家企业日均减排量分别为 10.2%～25.0%、36.3%～42.1%。

①橙色、红色预警期间企业整体用电量下降 34%、57%左右。

对潍坊市现有用电监控企业数据进行筛选，预警期间有 1 800 余家企业用电监控数据完好。根据每日用电监控数据分析，预警启动后，用电量下降明显，其中橙色预警期间用电量均值相较于预警前，下降 34%；红色预警期间用电量均值相比预警前下降 57%左右。

从各区县用电量分布上看（表 5-7），各区县基本上用电量随着预警过程的深入而逐渐降低，尤其是红色预警期间，用电量降幅最为明显。

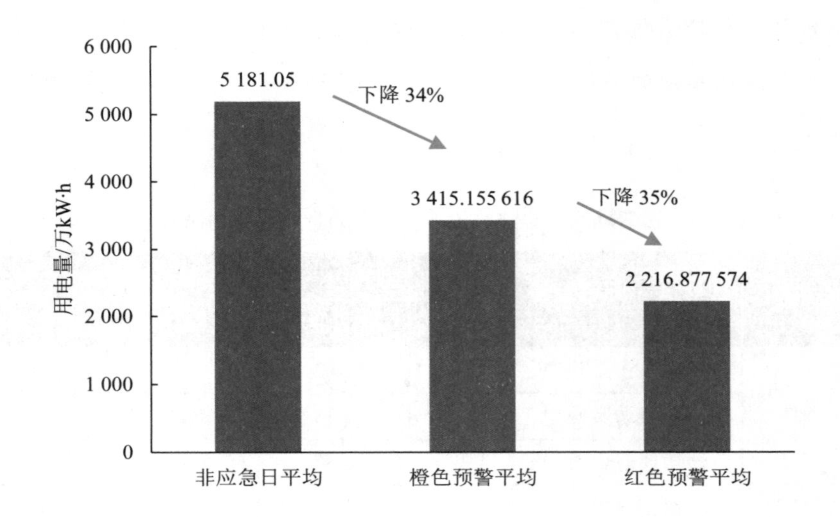

图 5-13 应急期间用电量总体变化

②橙色、红色预警期间用电量不降反升企业数量占比分别为 27.5%、19.5%，多为制药、再生铜铝铅锌行业。

潍坊市 1 818 家可以获得有效用电量数据的企业中，橙色预警期间用电量下降的企业数为 1 318 家，用电量不降反升的企业数为 500 家，用电量不降反升的企业数占全部企业数的 27.5%；红色预警中，用电量下降的企业数为 1 463 家，用电量不降反升的企业数为 354 家，用电量不降反升的企业数占全部企业数的 19.5%。相较于橙色预警，红色预警期间用电量不降反升的企业数量明显减少。

从各行业的用电量下降幅度上看，橙色预警期间，铸造、水泥、有色金属压延等行业用电量大幅下降，制药（主要是山东汉兴医药科技有限公司，昌邑市）、再生铜铝铅锌等行业用电量不降反升，橙色预警期间增加了 200 多万 kW·h。

表 5-7　2020 年应急期间各区县逐日用电量变化

单位：万 kW·h

日期	安丘市	滨海区	昌乐县	昌邑市	坊子区	高密市	高新区	寒亭区	经济区	奎文区	临朐县	青州市	寿光市	潍城区	峡山区	诸城市
12/3	118.60	984.37	356.05	657.23	142.71	309.89	470.37	42.54	37.64	51.19	716.55	410.66	459.62	92.40	6.56	324.67
12/6	97.56	904.86	257.66	481.68	52.91	266.49	412.59	23.50	30.06	52.65	446.70	301.03	357.11	28.60	3.74	235.91
12/7	95.21	760.08	235.12	383.94	62.70	253.44	405.52	30.21	27.22	33.99	452.85	256.89	185.52	21.48	2.22	235.98
12/8	116.49	772.51	259.75	410.69	67.82	293.27	453.73	36.78	29.06	21.10	557.54	274.79	187.54	27.33	1.77	250.33
12/9	107.24	699.79	241.79	367.54	71.31	280.44	619.34	33.56	31.49	21.74	531.08	224.75	187.56	23.42	2.30	222.80
12/10	101.14	672.09	235.07	374.57	84.75	271.32	684.32	31.09	29.19	20.28	479.70	217.09	185.39	24.26	2.08	228.90
12/11	99.37	682.31	245.93	389.19	85.34	283.32	691.54	31.75	23.32	21.09	472.54	214.62	190.16	22.90	2.19	232.57
12/12	99.04	698.92	246.91	373.83	88.04	279.73	650.33	27.66	17.49	19.16	423.28	201.86	183.09	22.26	1.77	202.09
12/13	92.26	714.94	243.38	374.42	75.25	285.95	642.18	28.61	15.04	13.99	429.58	194.54	187.01	24.98	1.66	173.89
12/14	91.66	694.38	217.21	410.73	81.88	299.96	576.77	31.78	19.79	6.79	435.14	198.80	188.04	21.86	1.68	211.76
12/15	91.16	684.12	229.75	408.55	85.93	309.35	456.62	31.33	20.00	14.04	428.40	185.88	186.09	21.32	1.01	231.33
12/16	91.59	681.00	256.37	366.34	84.59	284.41	440.66	30.73	25.61	18.40	339.85	173.36	174.41	15.88	1.48	229.05
12/17	82.99	657.38	257.34	367.45	86.54	299.59	424.15	31.50	21.44	12.64	337.05	180.05	179.00	16.36	1.63	217.36

日期	安丘市	滨海区	昌乐县	昌邑市	坊子区	高密市	高新区	寒亭区	经济区	奎文区	临朐县	青州市	寿光市	潍城区	峡山区	诸城市
12/18	87.85	658.35	259.89	348.90	103.71	297.79	193.03	32.88	18.29	15.97	350.98	183.46	185.70	24.09	2.24	224.55
12/19	88.39	675.14	256.16	361.39	98.22	305.13	145.25	31.22	20.84	19.94	346.23	179.54	186.73	19.82	2.12	217.28
12/20	84.86	676.16	243.57	357.84	93.15	297.60	127.00	28.10	19.13	16.42	335.47	184.80	177.79	14.67	1.85	183.95
12/21	80.72	661.04	233.67	278.08	83.63	274.91	139.25	28.32	15.90	14.32	268.45	138.63	171.90	14.14	1.68	216.16
12/22	67.96	607.60	206.61	232.26	60.32	232.06	134.91	25.88	7.71	11.71	194.64	98.65	166.90	8.59	1.13	212.38
12/23	57.70	582.41	209.07	233.33	47.54	225.86	128.44	25.61	9.54	10.70	199.62	99.15	159.51	7.54	1.34	187.53
12/24	64.96	579.59	192.77	233.00	52.15	221.82	133.14	23.17	8.85	2.98	175.65	85.56	168.54	7.44	1.19	201.46
12/25	61.44	585.75	217.06	131.29	57.83	256.42	120.59	23.15	11.43	17.72	170.83	116.17	157.11	6.96	1.30	176.18
12/26	60.89	565.71	214.60	199.76	47.84	244.73	124.67	24.10	11.32	15.81	162.21	114.10	160.07	7.37	1.43	178.26
12/27	61.36	597.79	211.19	169.03	60.01	250.64	108.13	24.17	867	17.97	157.16	112.66	149.61	7.41	1.37	150.68
12/28	62.08	621.29	200.29	192.95	53.30	258.13	113.37	24.94	11.57	16.90	171.95	119.41	153.29	8.36	1.06	166.89

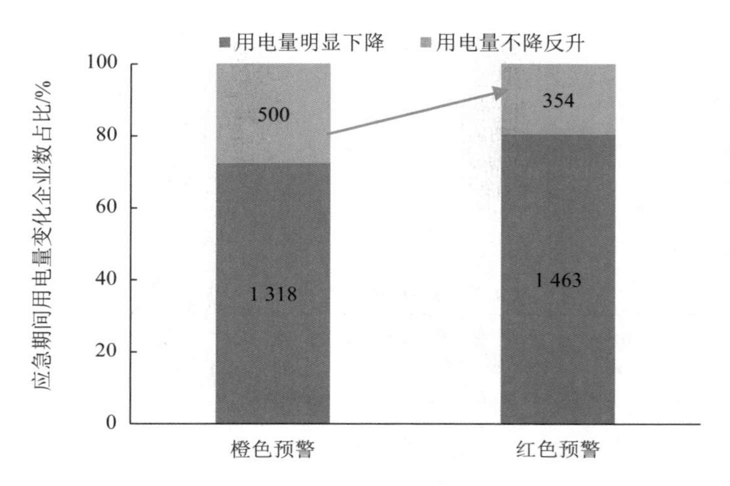

图 5-14　应急期间用电量变化企业数分析

红色预警期间，各行业用电量基本上呈现下降趋势，从行业总体上看，除再生铜铝铅锌行业上升 500 kW·h 左右外，其他行业均下降。其中，铸造、水泥、有色金属压延依然为下降幅度最大的三个行业。

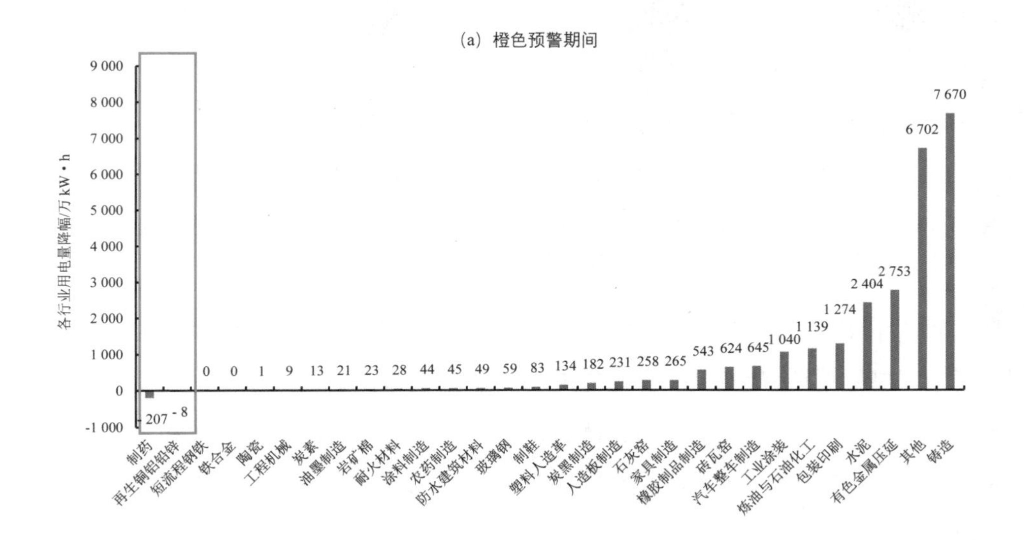

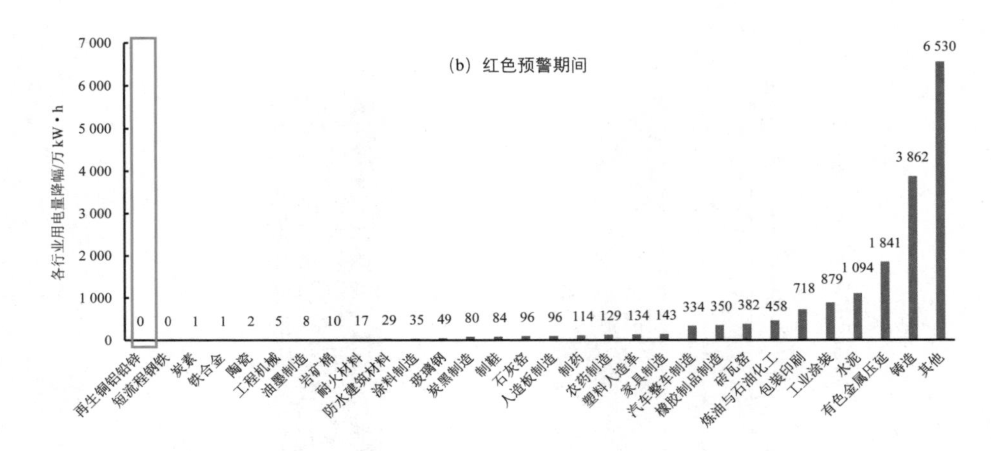

图 5-15 应急期间各行业用电最降幅（下降数值为正，上升数值为负）

③预警期间各区县用电量不降反升企业行业类型各不相同，其中工业涂装、铸造、包装印刷是多个区县用电量不降反升主要行业。

橙色预警期间，根据用电量统计计算，可以看出各区县用电量不降反升企业占比集中在 15%～42%，其中奎文区、高密市用电量不降反升企业占区县所有用电监控企业数量的 40%以上，诸城市、安丘市、寒亭区、高新区和经济区占比超过 30%。奎文区、高密市、诸城市、安丘市、寒亭区、高新区、经济区和临朐县这 8 个区县不降反升企业占比超过了潍坊市均值（27.5%）。

红色预警期间，根据用电量统计计算，各区县用电量不降反升企业占比集中在 8%～31%，诸城市、高新区、安丘市、高密市和寒亭区超过潍坊市平均水平（19.5%）。其中诸城市占比超过 30%。

综合橙色预警和红色预警两个过程，从用电量不降反升企业所属行业上看，高密市主要不降反升的企业行业类型为制鞋和人造板制造；奎文区主要为包装印刷；诸城市主要为包装印刷和铸造；安丘市主要为玻璃钢、涂装和水泥；寒亭区主要为工业涂装和铸造；经济区主要为工业涂装；高新区主要为工业涂装；临朐县主要为工业涂装、铸造和家具制造。

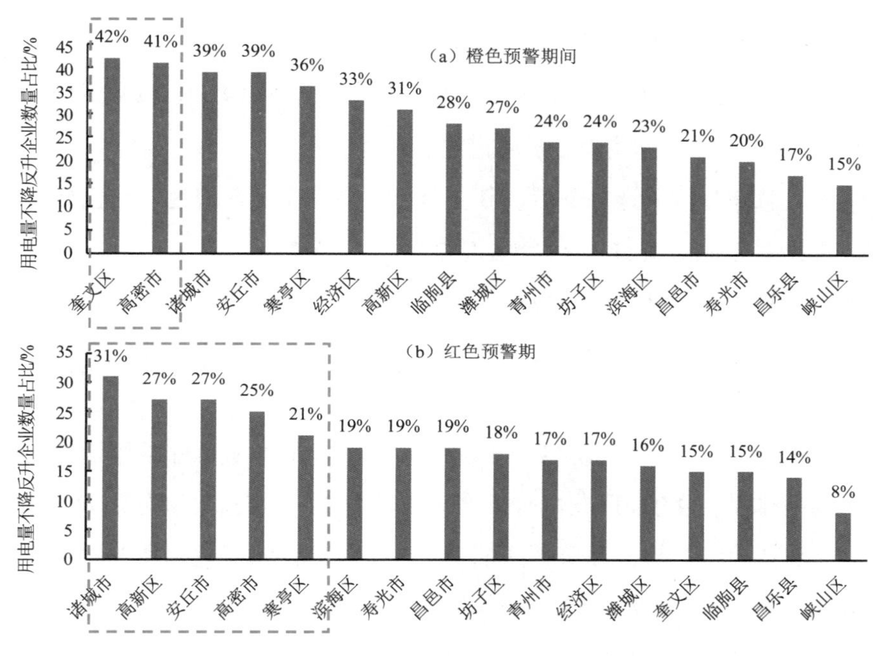

图 5-16　2020 年应急期间用电量不降反升企业区县分布

④基于用电量数据计算分析，1 800 余家用电量监控企业在橙色、红色预警期间各项污染物日均减排比例分别为 10.2%～25.0%、36.3%～42.1%。

计算方法：假设企业污染物排放量与用电量呈正比关系，以企业应急前 3 d 用电量的平均值为基准，根据应急期间用电量的变化和企业基础排放量，计算各企业应急期间各种污染物排放量。

用电监控企业排放量与减排量：根据上述计算方法，橙色预警期间，涉气企业烟粉尘日均减排量为 1.7 t，二氧化硫日均减排量为 0.67 t，氮氧化物日均减排量为 2.8 t，挥发性有机物日均减排量为 2.5 t，减排比例分别为 25.0%、10.2% 和 15.8%。预警期间烟尘、二氧化硫和氮氧化物的总减排量分别为 28.8 t、11.3 t 和 47.4 t。

红色预警期间，涉气企业烟粉尘日均减排量为 2.5 t，二氧化硫日均减排量为 2.4 t，氮氧化物日均减排量为 7.4 t，减排比例分别为 36.3%、36.9%和 42.1%。预警期间烟尘、二氧化硫和氮氧化物的总减排量分别为 19.7 t、19.3 t 和 59.5 t。

5.3.2.3 基于应急减排清单分析减排量变化

基于应急减排清单计算分析，其余 4 000 多家企业在橙色、红色预警期间日均减排比例分别为 35.5%～47.8%、52.9%～72.5%。

根据现有的应急减排清单数据，去除上文涉及的在线监测企业和用电量监控企业，对清单中其他企业排放量变化状况进行分析（假设企业完全执行应急减排清单停限产要求）。

在橙色预警下，涉气企业烟尘日均减排量为 5.4 t，二氧化硫减排量为 2.5 t，氮氧化物减排量为 4.9 t，挥发性有机物减排量为 3.6 t，减排比例分别为 47.8%、40.0%、35.5%和 39.7%。预警期间烟尘、二氧化硫、氮氧化物和 VOCs 的总减排量分别为 91.4 t、42.9 t、83.6 t 和 60.8 t。

在红色预警下，涉气企业烟尘日均减排量为 8.2 t，二氧化硫减排量为 3.5 t，氮氧化物减排量为 7.4 t，挥发性有机物减排量为 6.3 t，减排比例分别为 72.5%、57.6%、52.9%和 69.4%。烟尘、二氧化硫、氮氧化物和 VOCs 的总减排量分别为 65.3 t、27.8 t、58.8 t 和 50.0 t。

5.3.3 应急期间整体排放量和减排量

①应急期间企业烟尘、SO_2、NO_x 总体减排比例分别为 41.9%、34.0%、27.4%。

根据在线监控、用电监控和应急清单减排量计算，2020 年 12 月 4—28 日预警期间，应急企业烟尘总体排放量为 298.7 t，SO_2 总体排放量为 347.3 t，NO_x 总体排放量为 1 343.5 t，VOCs 总体排放量为 326.5 t，应急期间企业逐日污染物排放量见表 5-8。经过与基础排放量比较，本次预警期间，应急企业烟尘总减排量为 216.1 t（41.9%），SO_2 总减排量为 224.4 t（34.0%），NO_x 总减排量为 506.8 t（27.4%），VOCs 总减排量为 189.7 t（37.0%）。

表 5-8　2020 年应急期间企业逐日污染物排放量　　单位：t/d

日期	烟尘	SO_2	NO_x	VOCs
基准排放量	20.6	26.4	74.0	20.5
12 月 4 日	13.4	20.1	60.1	14.4
12 月 5 日	12.9	19.4	58.2	13.9
12 月 6 日	13.4	19.3	58.5	15.2
12 月 7 日	12.9	17.8	55.7	14.4
12 月 8 日	13.5	19.4	59.5	13.9
12 月 9 日	13.1	19.7	61.1	15.2
12 月 10 日	12.9	19.8	61.0	15.1
12 月 11 日	13.3	20.4	61.4	15.6
12 月 12 日	13.2	20.3	62.0	15.7
12 月 13 日	13.0	19.2	58.6	14.1
12 月 14 日	13.1	18.8	57.8	13.3
12 月 15 日	13.2	18.2	56.9	14.3
12 月 16 日	13.1	17.6	55.1	14.8
12 月 17 日	13.2	18.8	59.0	14.5
12 月 18 日	13.2	17.1	52.8	14.6
12 月 19 日	13.5	16.9	53.4	14.1
12 月 20 日	13.1	16.2	52.0	14.8
12 月 21 日	9.7	15.0	46.6	11.0
12 月 22 日	9.2	13.9	42.2	11.1
12 月 23 日	8.9	14.5	43.7	10.1
12 月 24 日	9.1	15.0	46.8	9.3
12 月 25 日	9.5	14.6	45.4	9.3
12 月 26 日	9.3	14.2	45.0	9.7
12 月 27 日	9.5	14.9	46.2	9.4
12 月 28 日	9.6	14.9	44.4	8.9

②移动源在预警期间颗粒物、NO_x减排比例分别为27.2%、40.1%。

根据应急减排清单核算，潍坊市施工工地颗粒物日排放量为18.2 t；减排量为18.2 t，减排比例为100%。

移动源颗粒物日排放量为9.9 t，NO_x日排放量为217.8 t，VOCs日排放量为31.3 t。预警期间，颗粒物日排放量为7.2 t，NO_x日排放量为130.5 t，VOCs日排放量为17.1 t。颗粒物日减排量为2.7 t，NO_x日减排量为87.3 t，VOCs日减排量为14.1 t，减排比例分别为27.17%、40.10%和45.13%。

5.4 应急减排效果模拟

运用WRF-CMAQ数值模型，对潍坊市2020年12月污染期间应急减排效果分4种情景进行了模拟评估，分别是情景1（本地无减排措施假设情景）、情景2（常规应急措施情景）、情景3（常规和超常应急措施情景）、情景4（本地企业零排放假设情景），4种情景均考虑了气象条件影响。

5.4.1 常规和超常应急减排效果评估

应急期间常规减排措施使污染浓度降幅在5.1%～20.9%，平均降幅为12.5%。从四个污染阶段看，常规应急措施在第二、第三污染阶段使$PM_{2.5}$浓度降幅最大，分别降低了33 μg/m^3、19 μg/m^3，降幅分别为13.9%、13.3%。

常规和超常减排措施使污染浓度降幅在8.4%～37.2%，平均降幅为21.9%。同样在第二、第三污染阶段降幅最大，浓度分别降低了58 μg/m^3、40 μg/m^3，降幅分别为27.0%、27.0%，起到了较好的削峰作用。

5.4.2 企业排放对空气质量的影响

假设应急期间本地企业零排放，即潍坊市所有涉气企业停产，模拟得出

$PM_{2.5}$ 浓度降幅在 44.7%～67.4%，整体平均降低幅度约为 53.9%。其中，在污染最重的第二污染阶段，$PM_{2.5}$ 可以降低 118 μg/m³，降幅在 50.2%左右；在第四污染阶段，$PM_{2.5}$ 可以降低 104 μg/m³，降幅约为 61.3%，说明企业排放对空气质量影响较大，急需加快企业提标改造进度，减少企业排放影响。污染期间各阶段应急减排 $PM_{2.5}$ 浓度模拟见表 5-9。

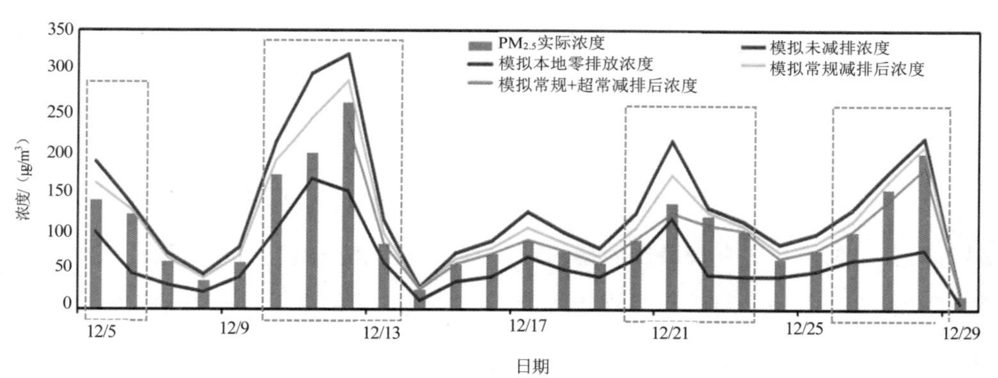

图 5-17 2020 年 12 月 5—29 日应急减排 $PM_{2.5}$ 浓度模拟

表 5-9 污染期间各阶段应急减排 $PM_{2.5}$ 浓度模拟

时间段	情景 1：本地无减排措施情景	情景 2：常规减排措施情景		情景 3：常规和超常减排措施情景		情景 4：本地零排放假设情景	
	浓度/（μg/m³）	浓度/（μg/m³）	降幅/%	浓度/（μg/m³）	降幅/%	浓度/（μg/m³）	降幅/%
阶段 1	158	141	10.9	—	—	70	55.7
阶段 2	234	201	13.9	157	27.0	116	50.2
阶段 3	142	123	13.3	102	27.9	64	54.9
阶段 4	170	157	7.4	136	19.9	66	61.3
5—29 日	128	112	12.5	100	21.9	59	53.9

第6章 夏季臭氧污染成因分析与精准帮扶

潍坊市 O_3 综合治理工作以石化、化工、工业涂装、包装印刷以及油品储运销为重点，深入开展有机液体储罐治理、有机液体装卸废气治理、敞开液面逸散废气治理、提升泄漏检测与修复质量、提升废气收集率、综合整治有机废气旁路、治理设施提质增效、提升加油站油气治理效果、强化非正常工况 VOCs 管控、提升含 VOCs 产品质量等 VOCs 治理专项行动。

6.1 臭氧污染成因分析

6.1.1 臭氧污染概况

6.1.1.1 臭氧浓度及污染水平

2021 年夏季加强观测期间潍坊市臭氧超标天数为 21 d，其中，轻度污染 20 d，中度污染 1 d；臭氧日最大 8 小时平均浓度（以下简称 $O_{3\text{-}8h}$）最大值为 231 μg/m^3，出现在 6 月 8 日，最小值为 57 μg/m^3，见图 6-1。

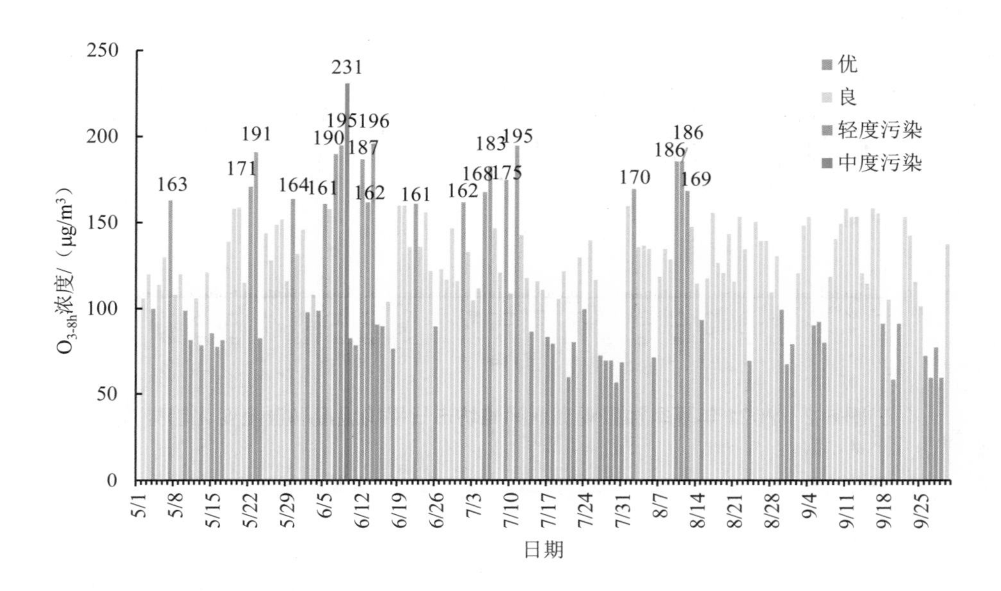

图 6-1　2021 年 5—9 月潍坊市 $O_{3\text{-}8h}$ 浓度变化趋势

6.1.1.2　污染期间气象特征

图 6-2 为加强观测期间潍坊市日平均温度和湿度变化趋势。2021 年夏季加强观测期间，潍坊市日平均气温在 13～32℃，相对湿度在 30%～98%。臭氧污染日多出现在高温低湿的气象条件下，统计潍坊市臭氧污染日气温、湿度情况可见，当潍坊市日平均温度维持在 23～32℃，同时相对湿度在 32%～74% 时，容易出现臭氧超标情况。在臭氧连续超标期间，高温低湿的气象特征更加明显。

潍坊市 2021 年夏季加强观测期间，主导风向以东南风为主，其次是南风、西南风、东北风，见图 6-3。臭氧超标日在不同风向下的分布情况如下：东南风向下臭氧超标天数最多，为 7 d，其次是西南风和南风，分别超标 6 d，东北风向下仅超标 2 d，见图 6-4。

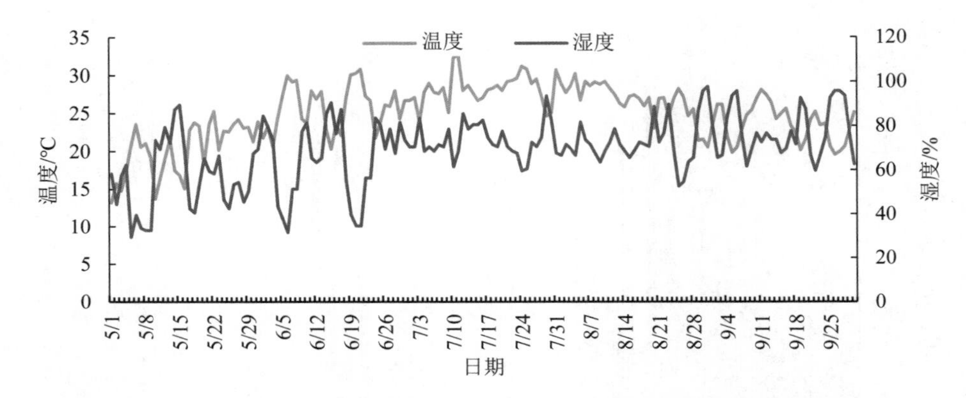

图 6-2　2021 年夏季加强观测期间潍坊市日平均温度和湿度变化趋势

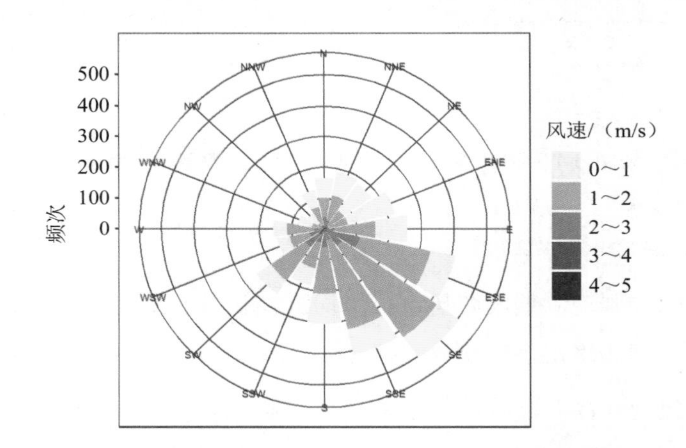

图 6-3　2021 年夏季加强观测期间潍坊市风频图

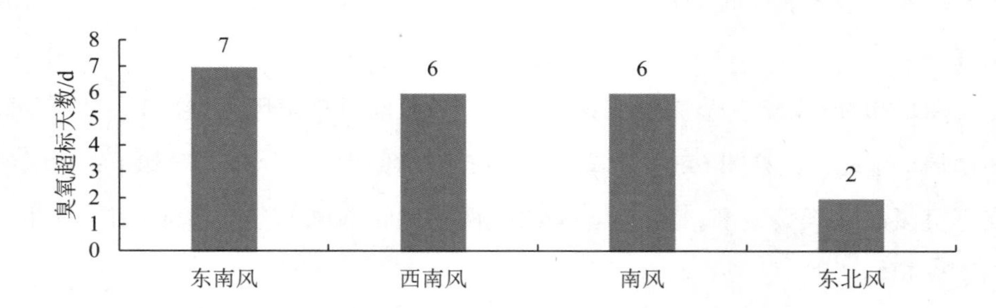

图 6-4　2021 年夏季加强观测期间不同风向下臭氧超标天数

6.1.1.3　臭氧典型污染过程分析

以 2021 年 8 月 9—11 日臭氧连续轻度污染为案例，对潍坊市臭氧污染的典型过程进行分析如下：

①省内多个城市出现臭氧污染，区域污染特征显著。2021 年 8 月 9—11 日，潍坊市连续出现 3 d 臭氧轻度污染，其中山东省内淄博、滨州、东营等多个城市均出现臭氧连续性污染过程，可见此次臭氧污染具有明显区域特征。

②污染期间潍坊市气团来源发生转折，午间边界层高度低，扩散条件较差，污染易累积。从图 6-5 可以看出，2021 年 8 月 9—11 日潍坊市风向南北风切变频繁，风速较低，扩散条件不利，污染易累积。9 日气团轨迹来源由北部沿海转为西南内陆区域，风向转变，同时伴随气团回流现象出现，途经昌乐、安丘等地进入潍坊，10—11 日气团轨迹均主要来源西南内陆地区，11 日污染气团发生转折，一类气团由西北方向途经昌乐、寿光、昌邑等地进入潍坊，另一类气团途经高密、平度等地由东面进入潍坊。水平方向气团发生转折，有利于污染物堆积；垂直方向气团轨迹高度均在 100 m 以下，气团高度较低，垂直扩散条件较差；另外结合潍坊市 8—11 日边界层高度（图 6-6）也可以看出，9—11 日午间边界层高度较 8 日明显降低，垂直扩散条件变差，不利的扩散条件是潍坊市发生臭氧污染的重要原因。

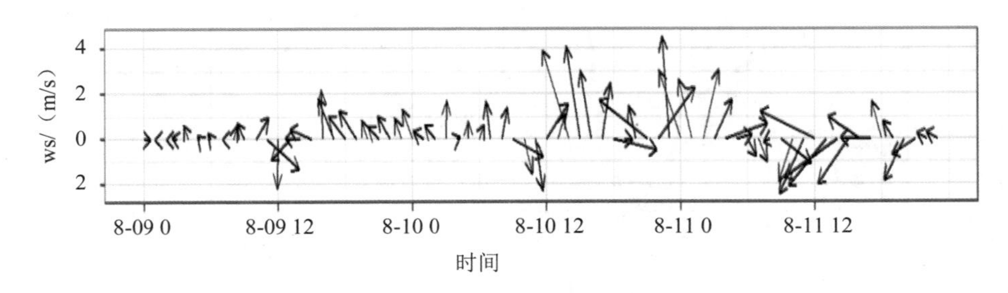

图 6-5　2021 年 8 月 9—11 日潍坊市风箭头序列图

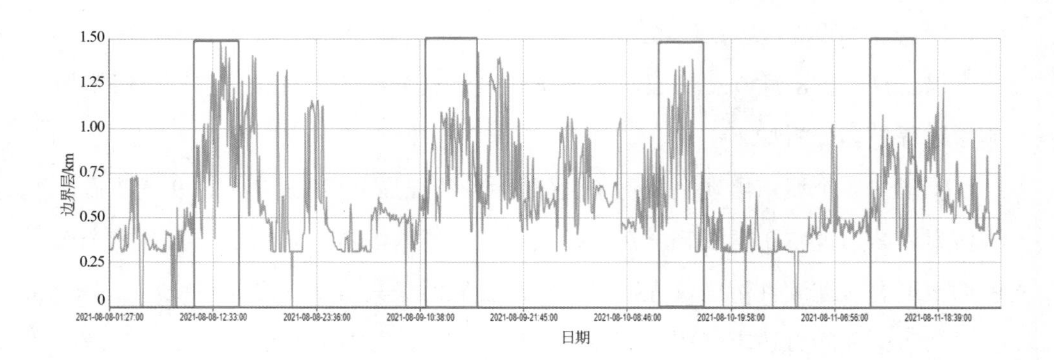

图 6-6 2021 年 8 月 8—11 日潍坊市边界层高度

污染日臭氧日间浓度迅速上升，臭氧以本地生成为主。从图 6-7 可以看出，各国控点 O_3 小时浓度变化趋势基本一致，自 8 月 9 日 8 时起，各国控点 O_3 浓度快速上升，各站点日间均持续 6 h 以上 $O_{3\text{-}1h}$ 浓度超过 170 μg/m³，同时各站点在夜间均维持较高浓度，导致 10 日臭氧起始浓度较高，10 时各站点臭氧浓度便达到 150 μg/m³ 及以上，潍坊市均值超过 160 μg/m³，日间各国控点持续 6～8 h $O_{3\text{-}1h}$ 浓度在 160 μg/m³ 以上，22 时受雷阵雨影响，$O_{3\text{-}1h}$ 浓度小幅上升，出

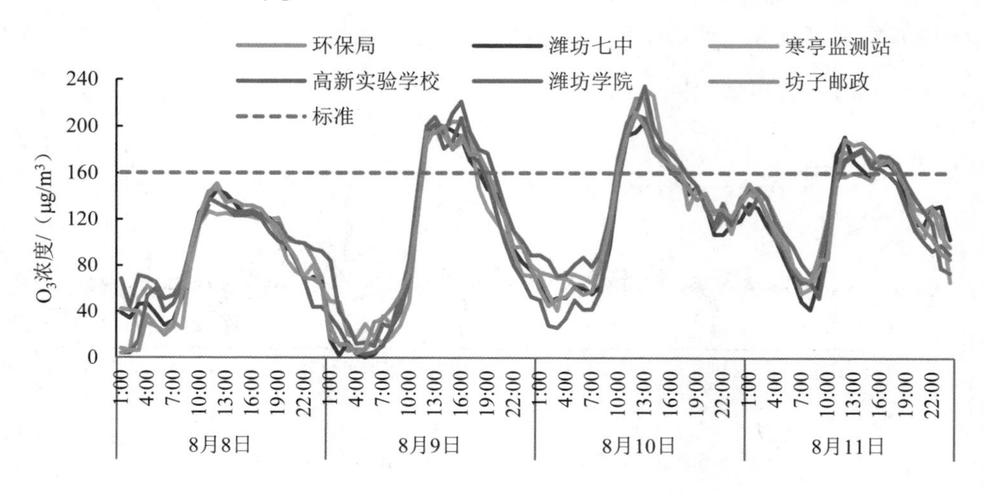

图 6-7 2021 年 8 月 8—11 日潍坊市国控点 O_3 浓度变化趋势

现双峰现象。11 日受凌晨较高臭氧残留影响，7 时各站点浓度均在 65 μg/m³ 左右，加之午间高温及转风影响，使臭氧出现连续超标现象。结合臭氧和水平风速雷达观测图分析（图 6-8 和图 6-9），9—11 日近地面风速较低，O_3 输送迹象不明显，结合日间臭氧浓度迅速上升，判断本次臭氧污染过程以本地生成为主。

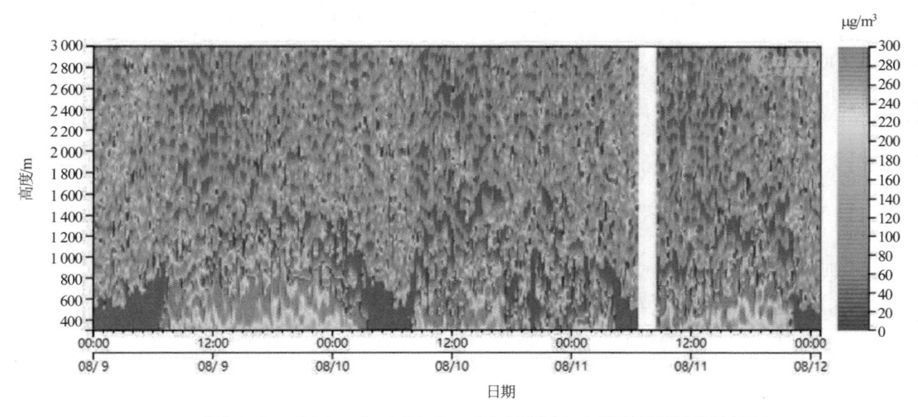

图 6-8　2021 年 8 月 9—11 日潍坊市臭氧雷达观测图

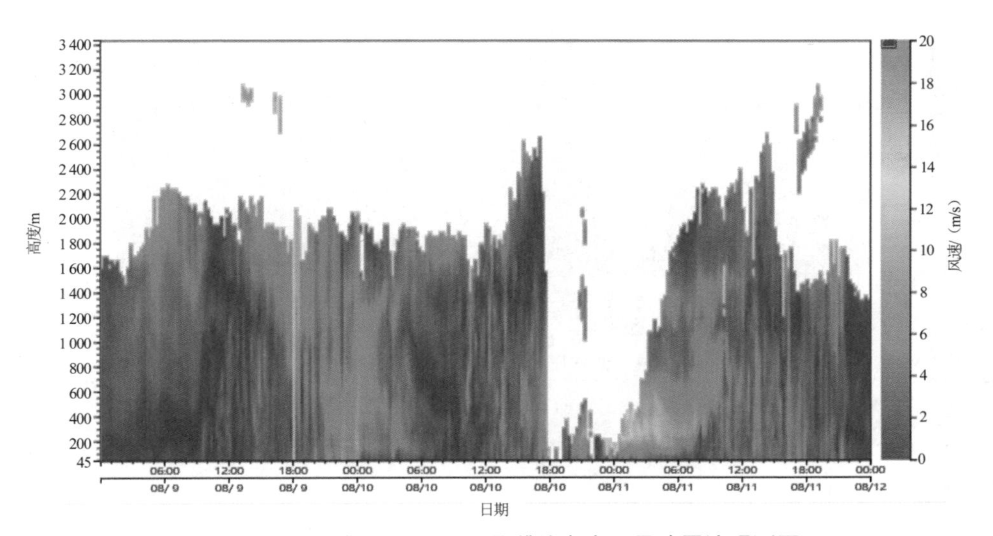

图 6-9　2021 年 8 月 9—11 日潍坊市水平风速雷达观测图

污染日夜间累积加上早高峰期间排放导致臭氧前体物浓度较高，为光化学反应提供充足原料，加之午间升温影响，导致臭氧连续超标。从图 6-10 和图 6-11 可以看出，2021 年 8 月 9—11 日 O_3 污染过程 NO_2、TVOCs 等前体物变化特征基本一致，9 日臭氧前体物在凌晨和早高峰时段均出现明显峰值，且高于前一日。10—11 日 8 时前体物 NO_2 浓度较 9 日分别降低 11 μg/m³ 和 21 μg/m³，前体物 VOCs 浓度较 9 日分别降低 1.82 ppbv 和 9.52 ppbv，但 10—11 日臭氧起始浓度较高，8 时 $O_{3\text{-}1h}$ 浓度分别较 9 日升高 46 μg/m³ 和 34 μg/m³，加上臭氧前体物夜间累积以及早高峰时段机动车尾气排放，为光化学反应提供充足原料。同时 9—11 日潍坊市持续受高温气象条件影响，午间温度一直维持在 30℃以上，10 日最高温达 34.9℃，有利的光化学反应条件使午间臭氧生成迅速，加之水平和垂直扩散条件不利，导致臭氧连续超标。

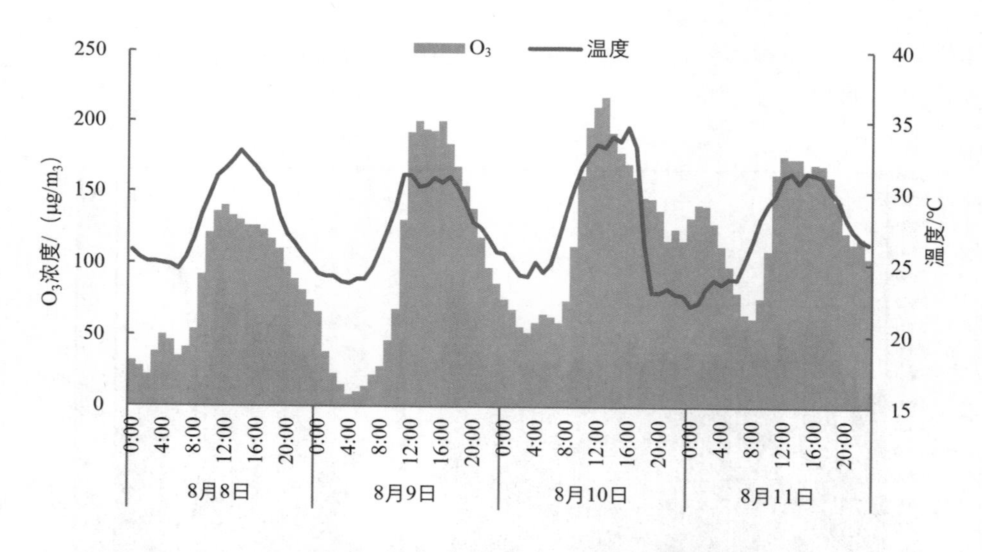

图 6-10　潍坊市 8 月 8—11 日臭氧小时浓度和温度变化趋势

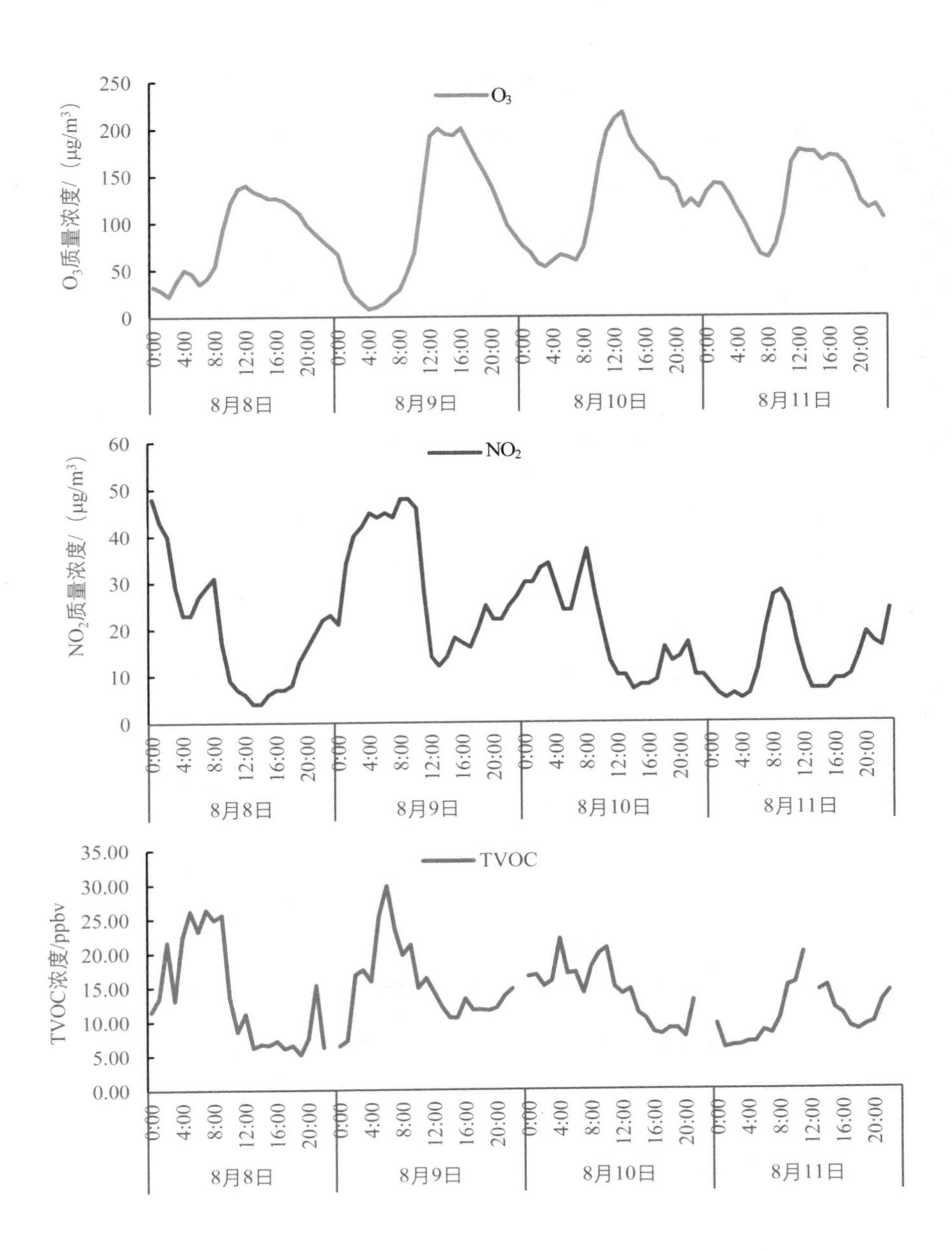

图 6-11　2021 年 8 月 8—11 日潍坊市臭氧及前体物浓度变化

污染日 VOCs 主要来自石油化工生产、移动源、溶剂使用及植物源的排放。通过 VOCs 物种对臭氧生成潜势的比较可见，污染日与非污染日关键物种一致，见图 6-12 和图 6-13。其主要来源为石油化工生产源排放的乙烯、丙烯，移动源排放相关的丙烷、正丁烷、异戊烷、异丁烷，工业、溶剂涂料使用行业相关的甲苯、间/对-二甲苯、邻-二甲苯，植物源异戊二烯等。8 月 9—11 日平均相较前一日，除异戊二烯、正丁烷、甲苯和异丁烷外，其余主要物种浓度均有所上升，

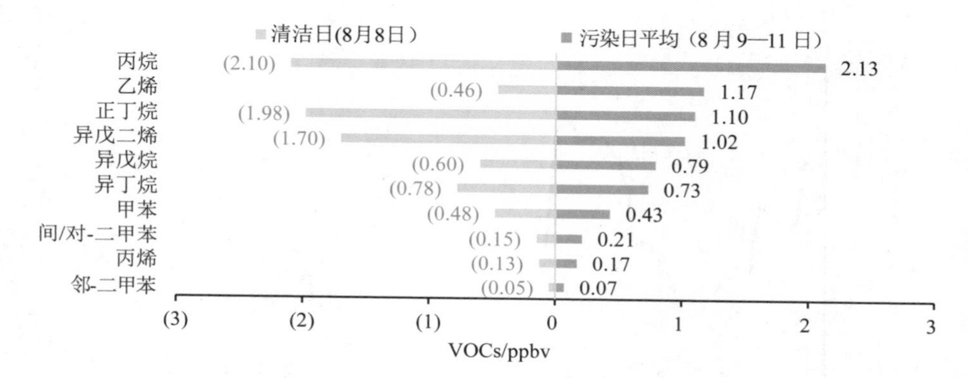

图 6-12 潍坊市污染日与非污染日 OFP 前 10 物种对应 VOCs 浓度对比

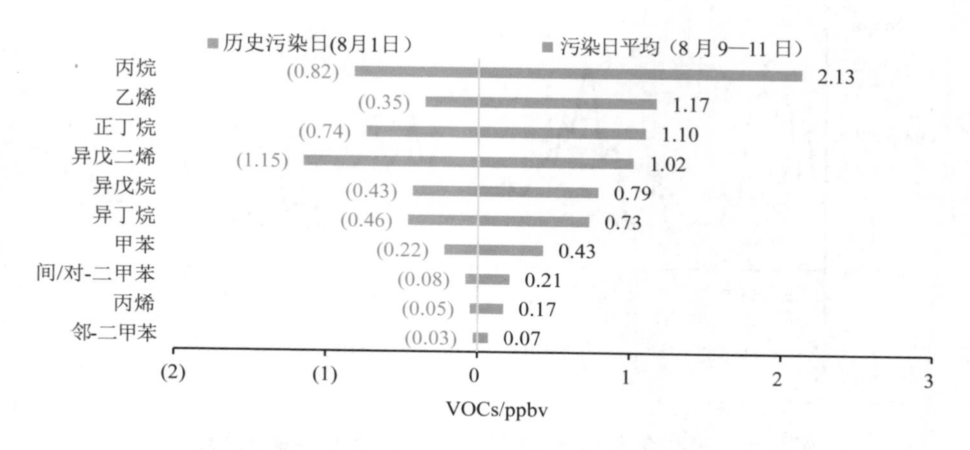

图 6-13 潍坊市污染日 OFP 前 10 物种对应 VOCs 浓度对比

其中乙烯、异戊烷、间/对-二甲苯、丙烯、邻-二甲苯分别升高了 154%、32%、40%、31%和 40%；8 月 9—11 日平均相较 8 月 1 日污染过程，前 10 种关键物种浓度除异戊二烯外均有一定程度升高，其中丙烷、乙烯、正丁烷、异戊烷分别升高了 160%、234%、49%、84%。由此可见，污染日石油化工生产源排放相关的烯烃浓度及移动源排放相关的烷烃浓度上升最为显著，需着重关注污染日对石油化工生产与移动源的管控。

6.1.2　污染日臭氧及其前体物污染特征

6.1.2.1　O_3及其前体物 VOCs 和 NO_2的浓度日变化特征

图 6-14 为 2021 年夏季加强观测期间污染日与非污染日 O_3、VOCs 和 NO_2 的浓度日变化。可见，污染日的前体物 NO_2 浓度和臭氧峰值浓度显著高于非污染日，前体物 VOCs 浓度在夜间及凌晨时段显著高于非污染日。相较于非污染日，污染日的前体物 NO_2 浓度主要在夜间及早高峰（6：00—9：00）明显升高，VOCs 浓度主要在夜间时段累积较高，在其他时段差异较小。一般情况下，O_3 的峰值浓度主要受凌晨残留的 O_3 浓度、日出后前体物的光化学反应的强度和传输过程的影响。观察图中光化学反应前 O_3 的初始浓度可见，污染日略高于

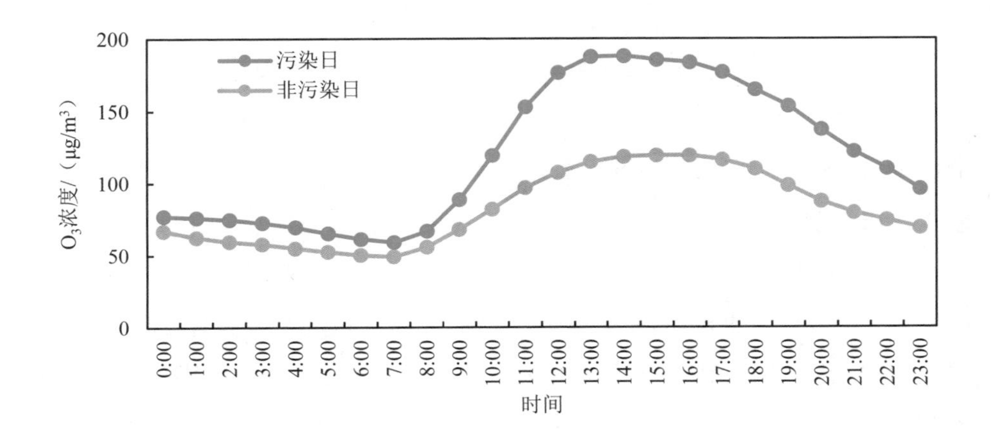

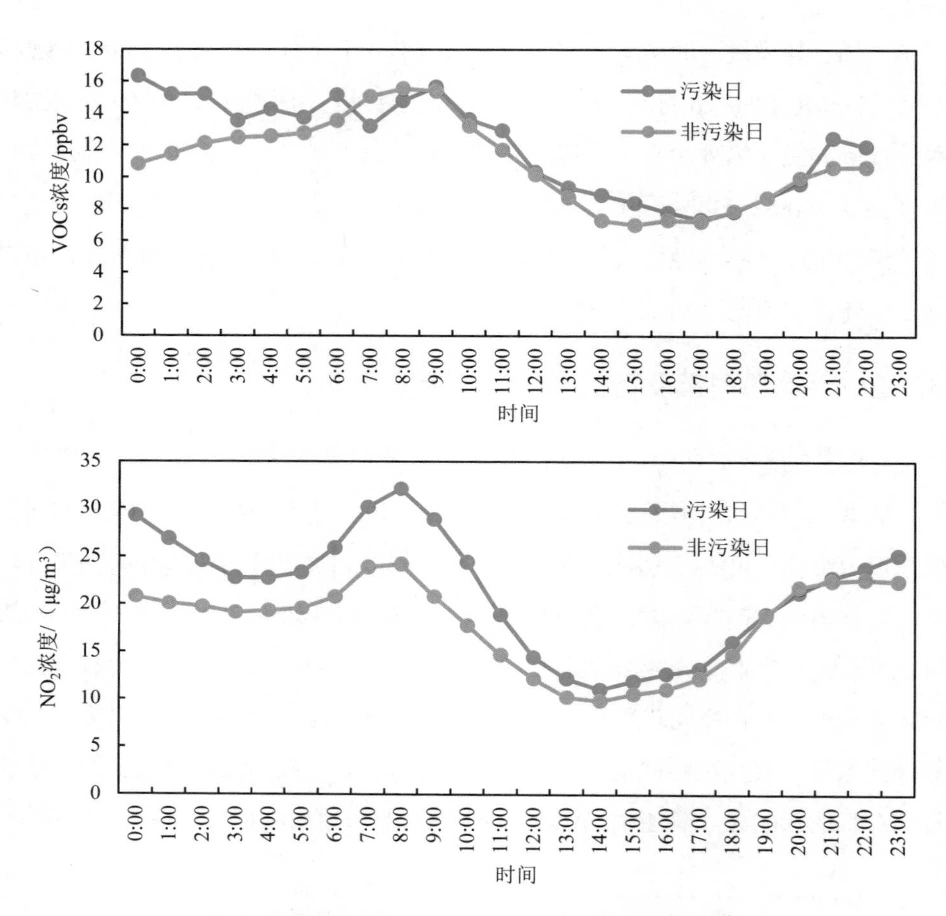

图 6-14　污染日与非污染日臭氧及其前体物浓度日变化

非污染日，依此推测污染日的臭氧除了受到一部分凌晨残留的影响外，主要受到来自白天增强的光化学反应和区域输送过程的影响。

根据 2021 年夏季加强观测期间 VOCs 各组分浓度在污染日与非污染日的日变化趋势分析（图 6-15），污染日 TVOC 浓度在夜间及凌晨时段高于非污染日，同时各组分的峰值均推迟了 1 h，反映污染日气象条件明显区别于非污染日。不利的气象条件延长了早晨时段 VOCs 的积累过程，推迟了峰值的抵达时间。

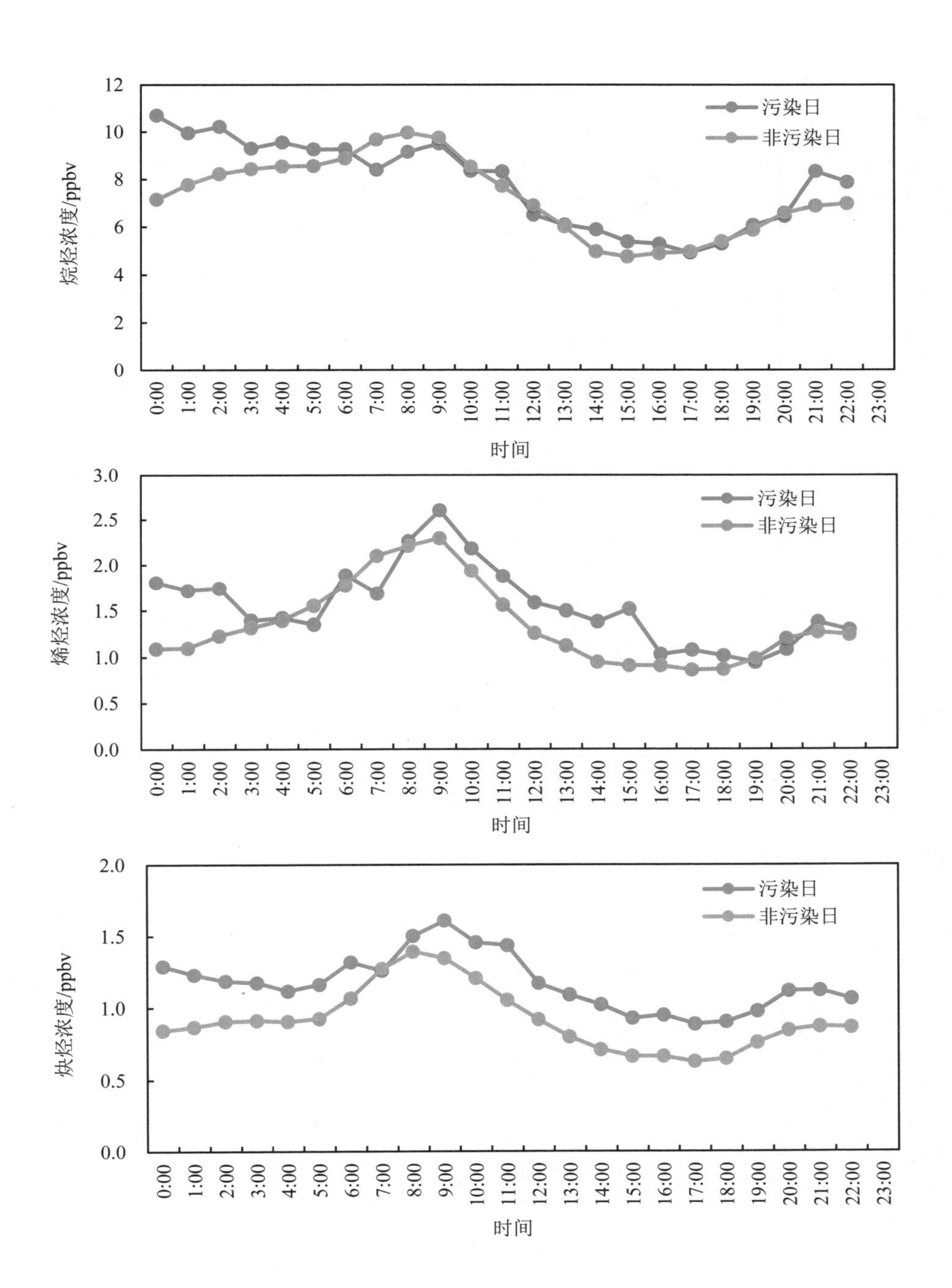

12
10
8
6
4
2
0
烷烃浓度/ppbv
污染日
非污染日
0:00
1:00
2:00
3:00
4:00
5:00
6:00
7:00
8:00
9:00
10:00
11:00
12:00
13:00
14:00
15:00
16:00
17:00
18:00
19:00
20:00
21:00
22:00
23:00
时间
3.0
2.5
2.0
1.5
1.0
0.5
0.0
烯烃浓度/ppbv
污染日
非污染日
时间
2.0
1.5
1.0
0.5
0.0
炔烃浓度/ppbv
污染日
非污染日
时间

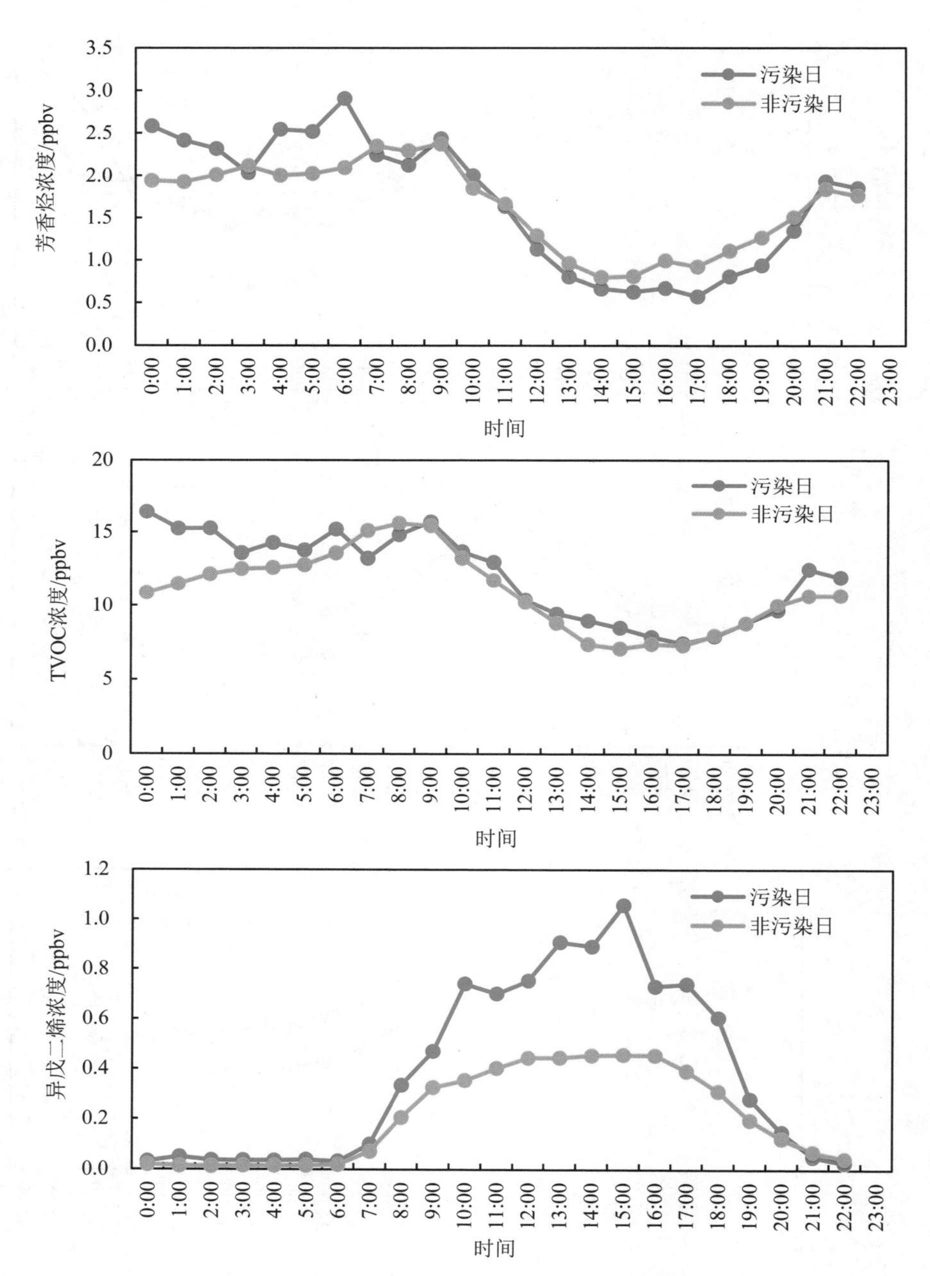

图 6-15　污染日与非污染日 TVOC 及其组分日变化

从峰值浓度上看，污染日炔烃、烯烃、芳香烃的峰值高于非污染日，而烷烃的峰值则无显著变化，反映污染日上午各源的排放强度的变化差异：移动源排放的变化幅度显著小于工业活动。随后，由于光照增强，光化学反应变得活跃，加上边界层升高带来的稀释作用，VOCs 浓度开始下降，在 15：00—17：00 达到低值。

6.1.2.2　VOCs 主要物种的浓度变化

从图 6-16 可以看出，2021 年夏季加强观测期间污染日和非污染日 VOCs 浓度贡献的前 10 物种基本一致，但是在排名和浓度水平上有所区别，污染日各物种浓度均较非污染日有不同程度的升高，其中二者的前两位物种均为乙烷和丙烷，乙烷、丙烷污染日浓度较非污染日分别升高了 17.0%、7.7%。

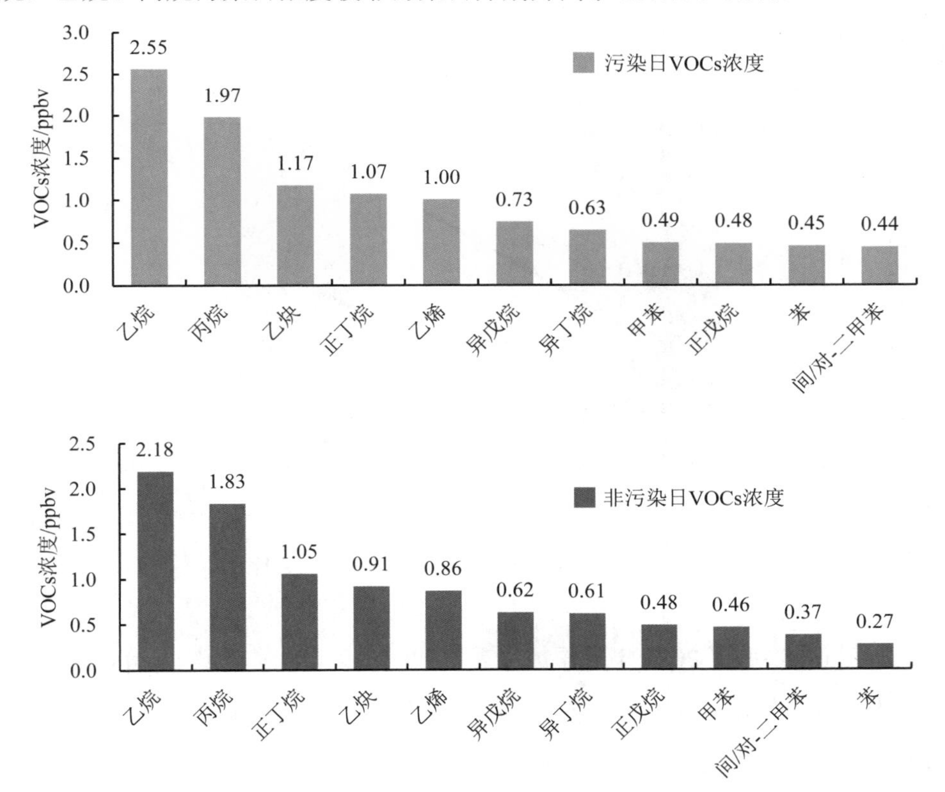

图 6-16　污染日与非污染日 VOCs 物种浓度排名

6.1.3 关键活性物种分析

如图 6-17 所示，2021 年夏季加强观测期间污染日 OFP 日间平均浓度为 37.77 ppbv，较非污染日高出 2.27 ppbv，均以芳香烃和烯烃对 OFP 贡献最大。污染日组分中烯烃 OFP 浓度为 16.79 ppbv，占总 OFP 浓度的 45.34%；其次为芳香烃和烷烃，浓度分别为 13.00 ppbv 和 6.63 ppbv，分别占总 OFP 浓度的 35.11%和 17.90%，炔烃 OFP 浓度最低，为 0.61 ppbv，占总 OFP 浓度的 1.65%。相较于非污染日，污染日芳香烃 OFP 占比下降 6.42 个百分点，烯烃占比升高 8.06 个百分点，表明污染日烯烃对臭氧贡献占比上升，应着重控制相关污染源的排放。

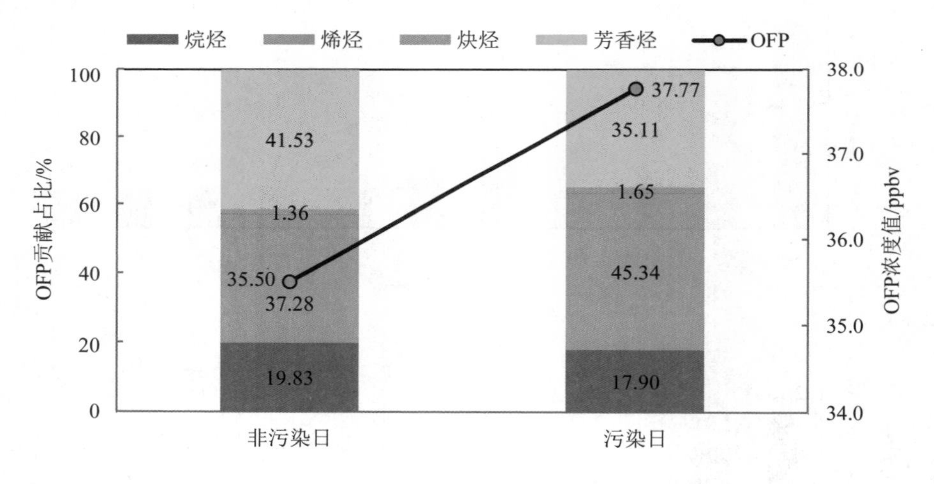

图 6-17 污染日与非污染日 OFP 贡献占比

如图 6-18 所示，2021 年夏季加强观测期间污染日和非污染日 OFP 前 10 物种基本相同，均以间/对-二甲苯、乙烯和甲苯等物种 OFP 浓度值较高，反映了污染日和非污染日的关键活性物种存在一致性，需要持续重点关注和控制溶剂使用源、石油化工源的排放。

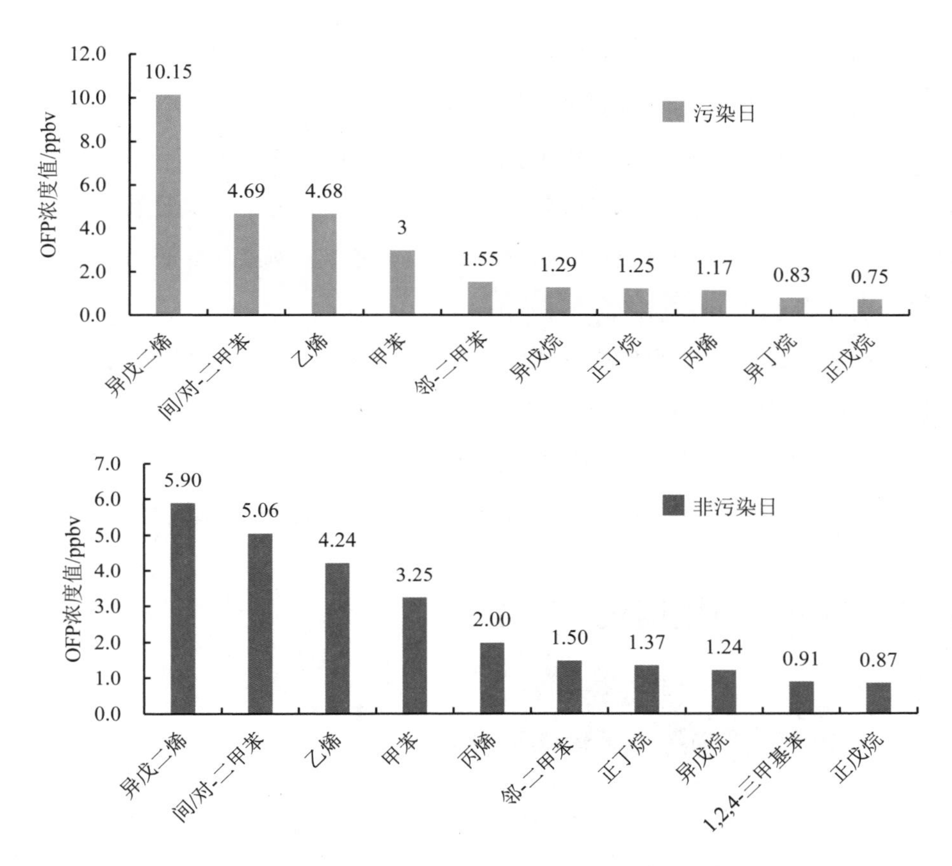

图 6-18　污染日和非污染日 OFP 前 10 物种浓度

6.1.4　小结

①2021 年夏季加强观测期间潍坊市共出现了 21 d 的臭氧污染，污染日多出现在高温低湿的气象条件下，统计不同风向下臭氧超标天数，东南风向下臭氧超标天数最多，为 7 d，其次是西南风和南风，分别超标 6 d，东北风向下仅超标 2 d。

②臭氧污染日的前体物 NO_2 浓度和臭氧峰值浓度显著高于非污染日，前体物 VOCs 浓度在夜间及凌晨时段显著高于非污染日。相较于非污染日，污染日

的前体物 NO_2 浓度主要在夜间及早高峰（6:00—9:00）明显升高，VOCs 浓度主要在夜间时段累积较高，在其他时段差异较小。

③臭氧污染日和非污染日 VOCs 浓度贡献的前 10 物种基本一致，但是在排名和浓度水平上有所区别，同时污染日各物种浓度均较非污染日有不同程度的升高，其中二者前两位物种均为乙烷和丙烷，乙烷、丙烷污染日浓度较非污染日分别升高了 17.0%、7.7%。

④臭氧污染日 OFP 日间平均浓度为 37.77 ppbv，较非污染日高 2.27 ppbv，均以芳香烃和烯烃对 OFP 贡献最大。OFP 前 10 物种基本相同，均以间/对-二甲苯、乙烯和甲苯等物种 OFP 浓度值较高，反映了污染日和非污染日的关键活性物种存在一致性，需要持续重点关注和控制溶剂使用源、石油化工源的排放。

6.2 卫星遥感监测技术应用

6.2.1 臭氧前体物高值区精细化溯源

2020 年 5—9 月和 2021 年 5—9 月，基于 Sentinel-5P 卫星遥感数据，对臭氧前体物 NO_2 和 HCHO 柱浓度进行观测，每周分析对流层 HCHO 柱浓度、对流层 NO_2 柱浓度和臭氧前体物指示值（HCHO/NO_2）变化。结合生境类型分类数据和高分辨率卫星遥感影像，识别 VOCs 重点关注区域，利用每周遥感监测数据，筛选出 HCHO 高值重点关注区域，定期形成周报，推送至生态环境部门，用于臭氧污染高值区排查和溯源。以下是潍坊市某期臭氧前体物卫星遥感监测报告主要内容。

6.2.1.1 对流层 HCHO 柱浓度分析

2021 年 9 月 20—26 日，潍坊市各县（市、区）对流层 HCHO 柱浓度均值图如图 6-19 所示，潍坊青州市北部、寿光市南部、昌邑市南部等地 HCHO 浓度较高，其余地区 HCHO 浓度相对较低。潍坊市各县（市、区）HCHO 浓度均值及排名如图 6-20 所示，经济区 HCHO 浓度均值最高，排名第一，浓度为 1.52×10^{16} molec/cm²，滨海区 HCHO 浓度最低，浓度为 0.94×10^{16} molec/cm²。

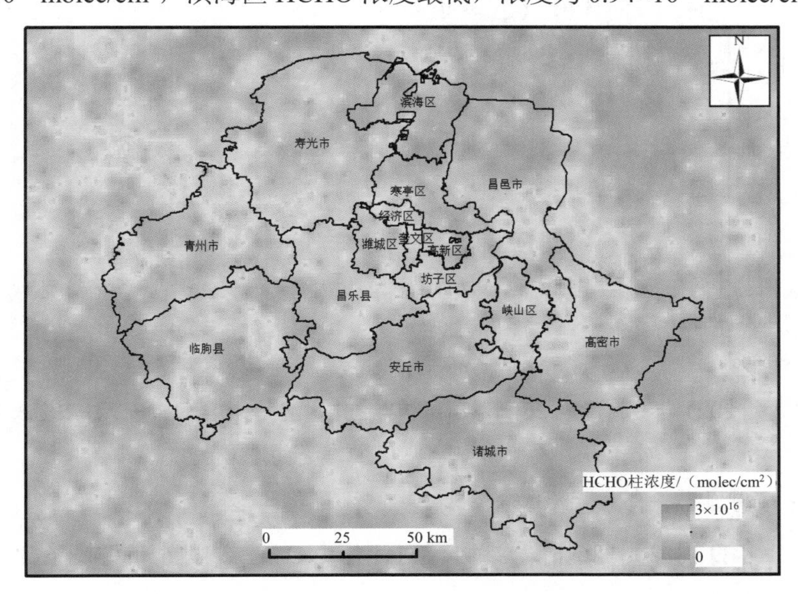

图 6-19　2021 年 9 月 20—26 日潍坊市各县（市、区）对流层 HCHO 柱浓度遥感监测图

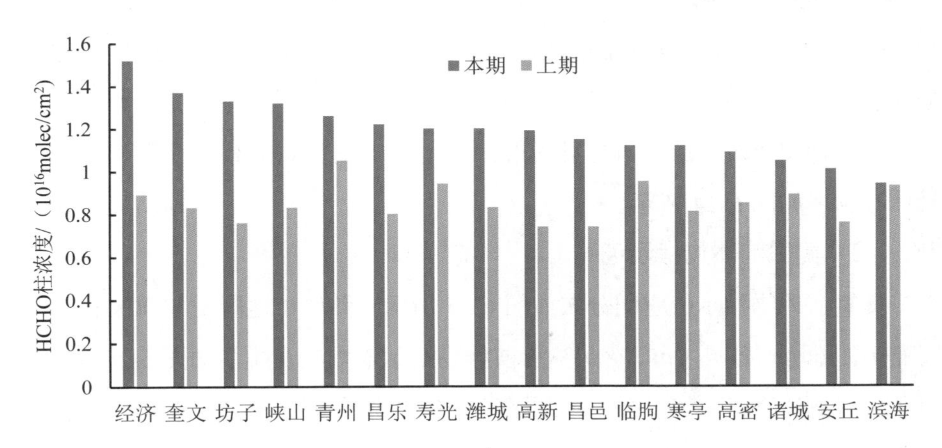

图 6-20　2021 年 9 月 20—26 日潍坊市各县（市、区）区对流层 HCHO 柱浓度

与上期相比，潍坊市各县（市、区）HCHO 浓度均无改善，具体排名如图 6-21 所示。

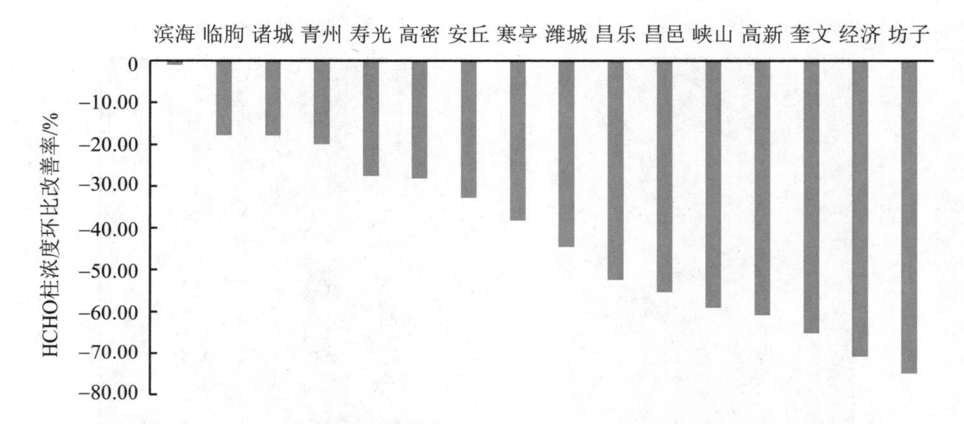

图 6-21　2021 年 9 月 20—26 日潍坊市各县（市、区）对流层 HCHO 柱浓度改善率

6.2.1.2　对流层柱浓度 NO_2 分析

2021 年 9 月 20—26 日，潍坊市对流层 NO_2 柱浓度分布如图 6-22 所示，昌乐县北部、青州市北部、寿光市南部、奎文区、高新区等地 NO_2 浓度较高，其余地区 NO_2 浓度较低。潍坊市各县（市、区）NO_2 浓度均值及排名如图 6-23 所示，奎文区 NO_2 浓度最高为 5.84×10^{15} molec/cm^2，昌邑市均值浓度最低为 3.25×10^{15} molec/cm^2。

与上期相比较，潍坊市各县（市、区）NO_2 浓度仅有 1 个市县区有所改善，具体改善率如图 6-24 所示。

6.2.1.3　臭氧前体物指示值

臭氧前体物指示值空间分布如图 6-25 所示，潍坊市地区受 VOCs 和 NO_x 共同控制。潍坊市各县（市、区）臭氧前体物指示值均值及排名如图 6-26 所示，峡山区臭氧前体物指示值最高，高新区臭氧前体物指示值最低。

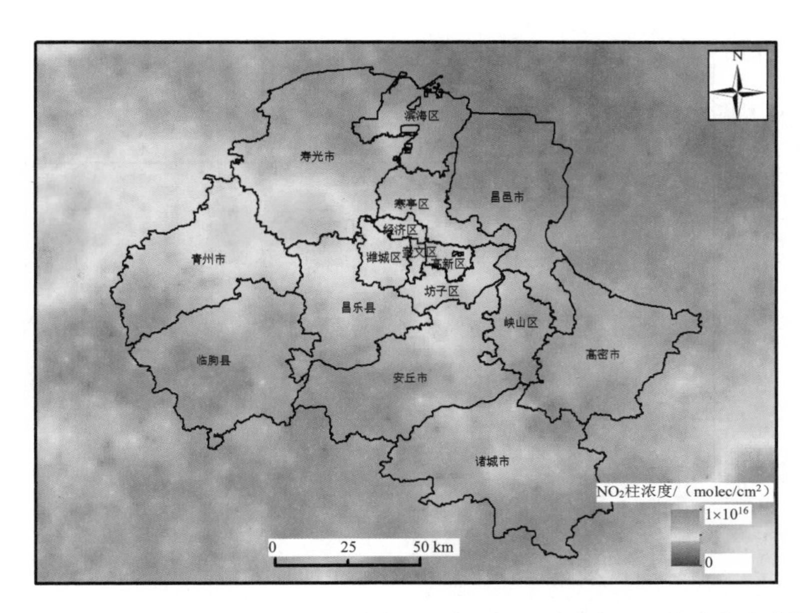

图 6-22　2021 年 9 月 20—26 日潍坊市各县（市、区）对流层 NO_2 柱浓度遥感监测图

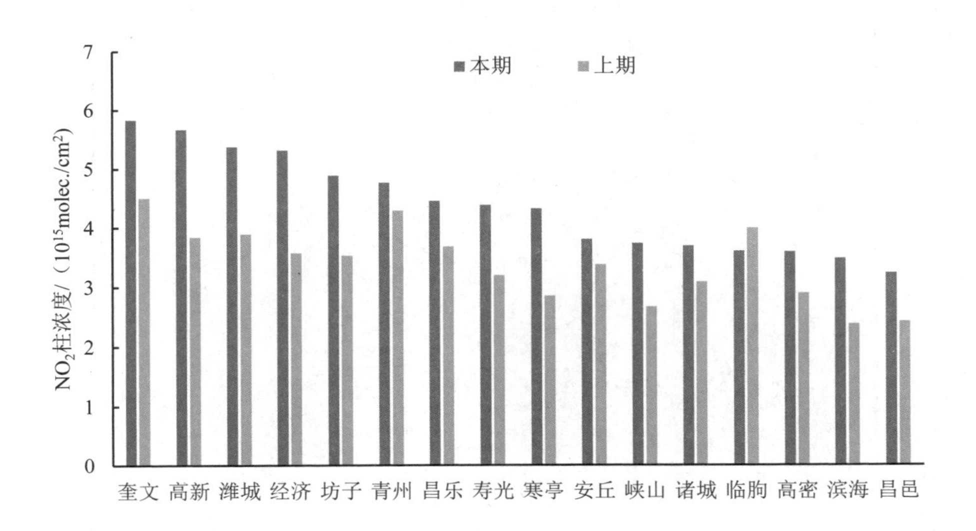

图 6-23　各县（市、区）对流层 NO_2 柱浓度均值

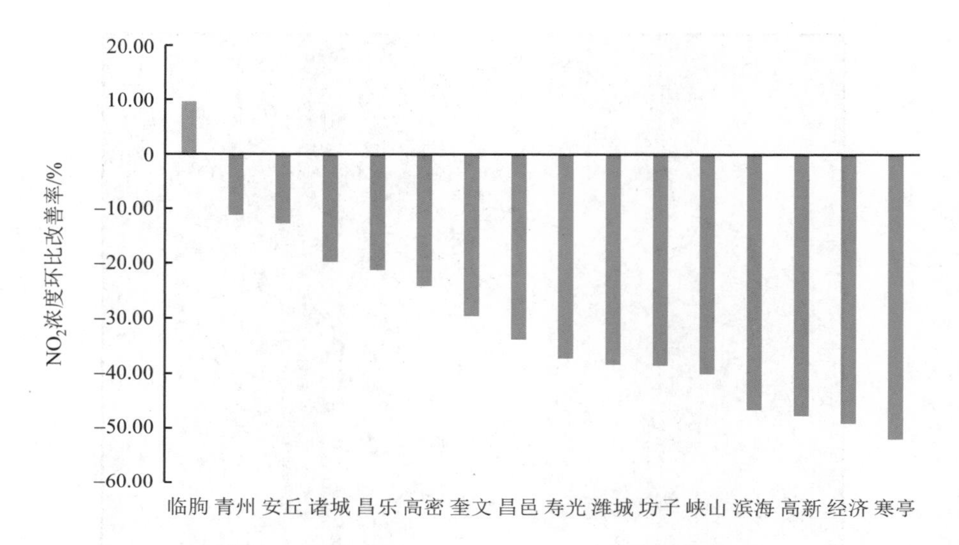

图 6-24 潍坊市各县（市、区）NO_2 环比改善率

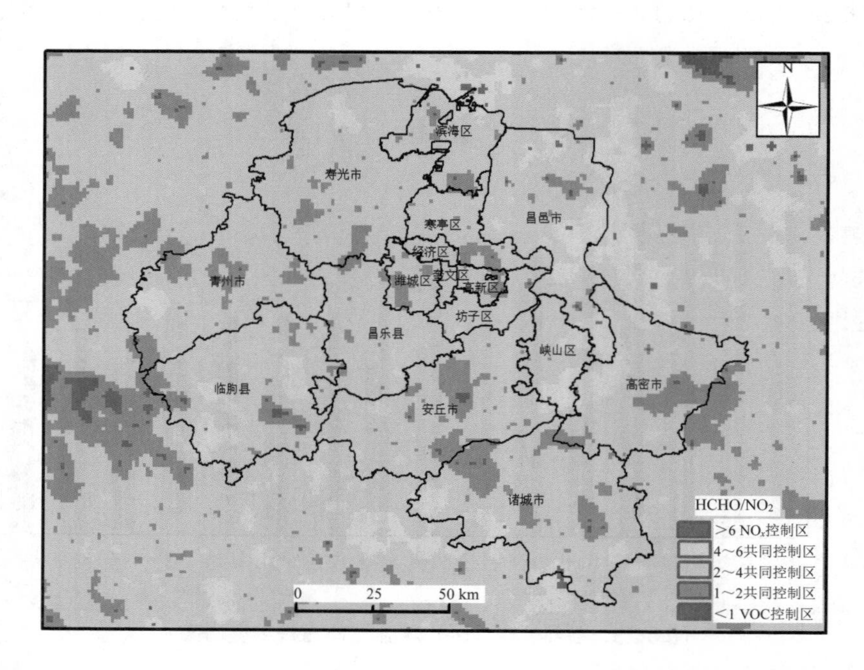

图 6-25 2021 年 9 月 20—26 日潍坊市各县（市、区）臭氧前体物指示值遥感监测图

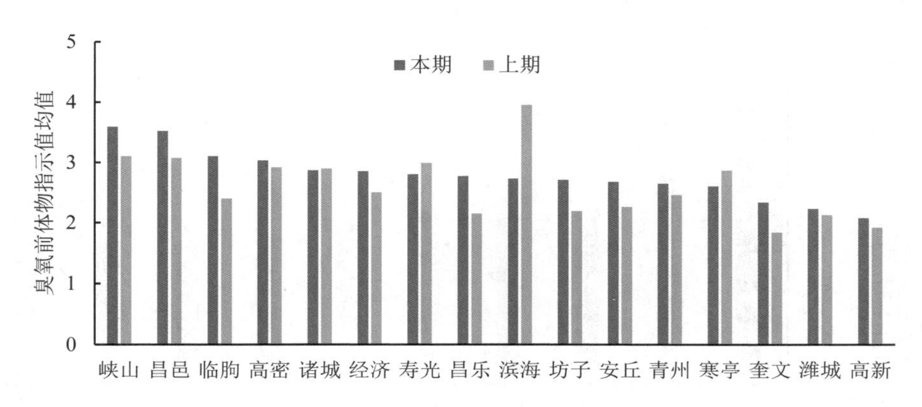

图 6-26　臭氧前体物指示值均值

6.2.1.4　NO_x重点关注区域

NO_x 排放重点关注区域位置如图 6-27 所示，NO_2 排放重点关注区网格浓度排名如图 6-28 所示，NO_x 排放重点关注区域高清影像如图 6-29 所示，选取 NO_2 浓度较高的遥感单元作为 NO_x 重点关注区域。

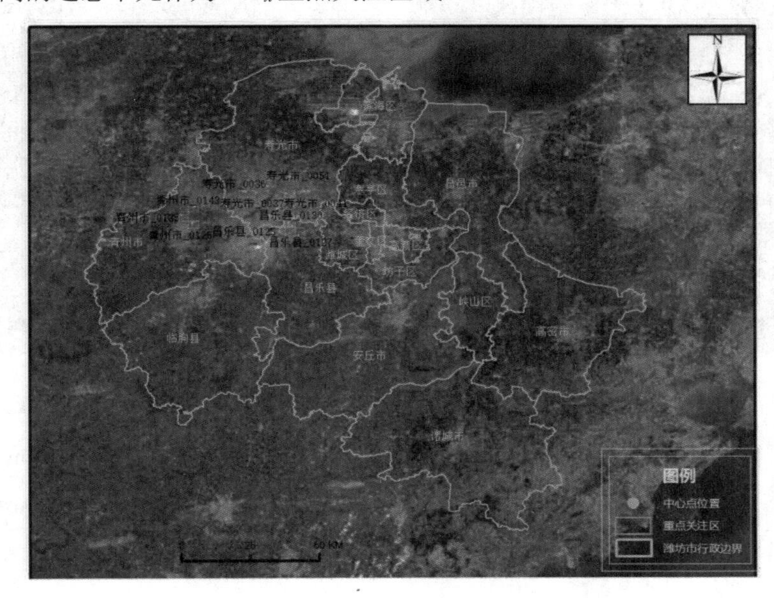

图 6-27　2021 年 9 月 20—26 日潍坊市部分 NO_x 排放重点关注区域位置

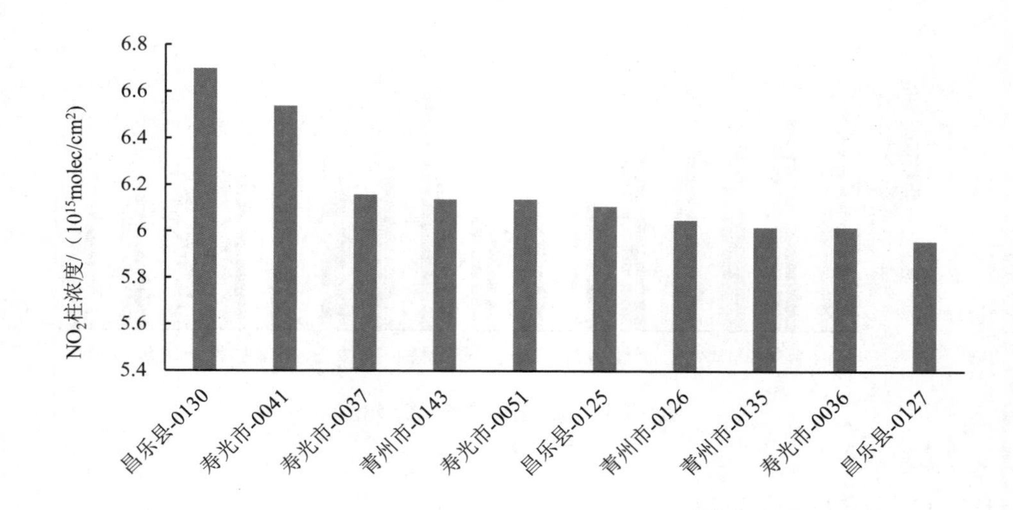

图 6-28　2021 年 9 月 20—26 日潍坊市部分 NO_x 排放重点关注区域浓度排名

（a）昌乐县石埠村附近

区域浓度：6.70×10^{15} molec/cm^2

中心经纬度：118.850°E，36.738°N

（b）寿光市汽车行业协会附近

区域浓度：6.54×10^{15} molec/cm^2

中心经纬度：118.833°E，36.850°N

（c）寿光市铁路花园附近

区域浓度：6.16×10^{15} molec/cm^2

中心经纬度：118.734°E，36.854°N

（d）青州市刘河村民委员会附近

区域浓度：6.14×10^{15} molec/cm^2

中心经纬度：118.532E，36.807N

（e）寿光市全兴宾馆附近

区域浓度：6.14×10^{15} molec/cm^2

中心经纬度：118.771°E，36.877°N

（f）昌乐县西田家庄村附近

区域浓度：6.11×10^{15} molec/cm^2

中心经纬度：118.809°E，36.721°N

（g）青州市菜园辛庄附近

区域浓度：6.05×10^{15} molec/cm^2

中心经纬度：118.523°E，36.750°N

（h）青州市范王村附近

区域浓度：6.02×10^{15} molec/cm^2

中心经纬度：118.486°E，36.778N

（i）寿光市西公孙村附近

区域浓度：6.02×10^{15} molec/cm^2

中心经纬度：118.699°E，36.858°N

（j）昌乐县中冶大厦附近

区域浓度：5.96×10^{15} molec/cm^2

中心经纬度：118.871°E，36.706°N

图 6-29　2021 年 9 月 20—26 日潍坊市部分 NO_x 排放重点关注区域高清影像

6.2.1.5　VOCs 重点关注区域

VOCs 排放重点关注区域位置如图 6-30 所示，VOCs 排放重点关注区域网格浓度排名如图 6-31 所示，VOCs 重点关注区域高清影像如图 6-32 所示，选取臭氧生成受 VOCs 或 NO_x 和 VOCs 共同控制区域，以及 HCHO 浓度较高的遥感单元作为 VOCs 排放的重点关注区域。

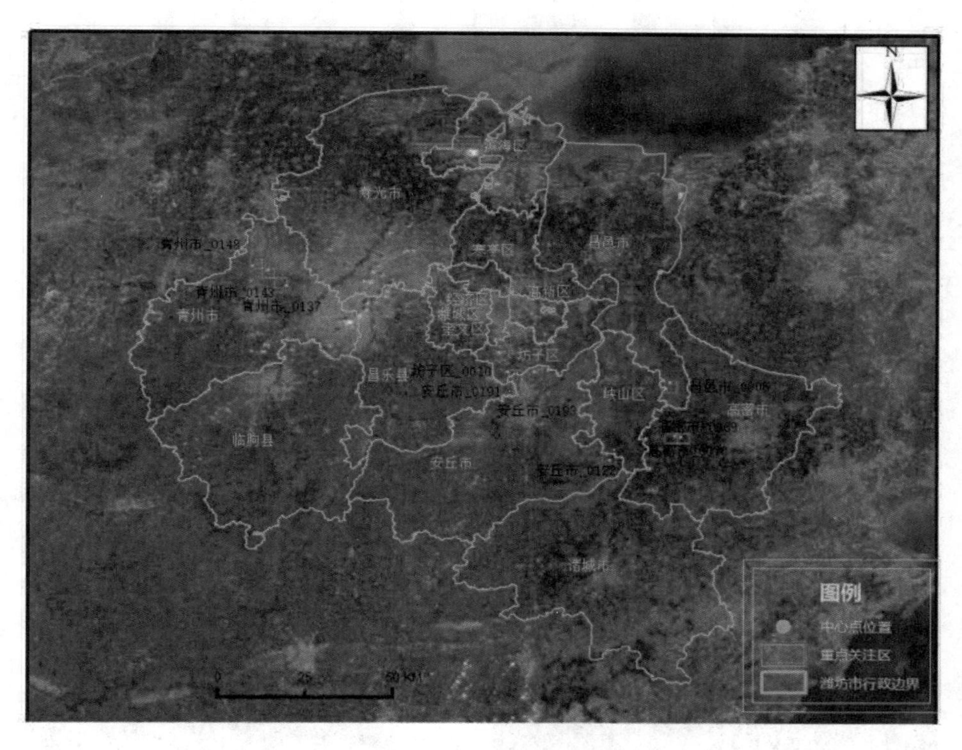

图 6-30　2021 年 9 月 20—26 日潍坊市部分 VOCs 排放重点关注区域位置

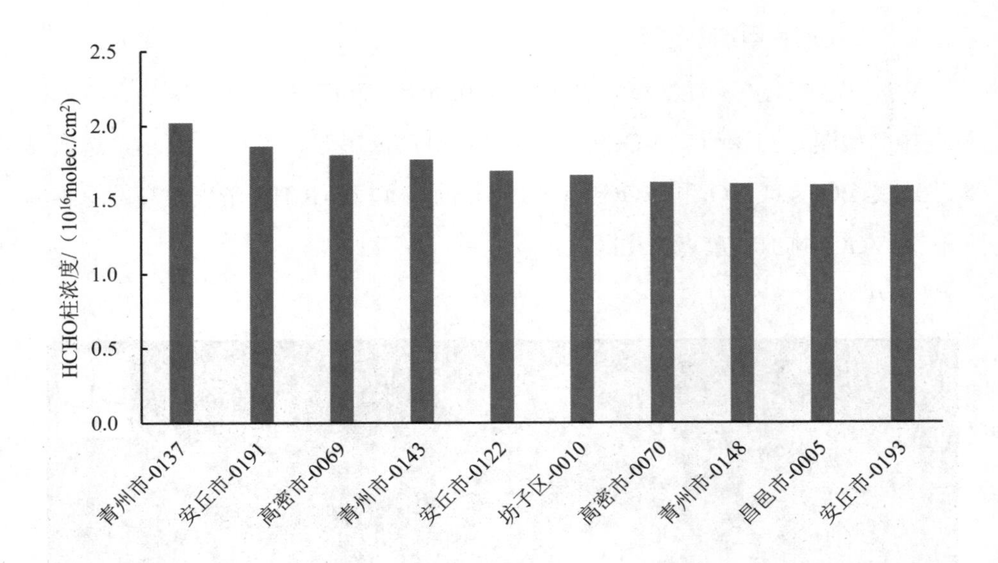

图 6-31　2021 年 9 月 20—26 日潍坊市部分 VOCs 排放重点关注区域比值排名

（a）青州市李集村附近

区域浓度：2.02×10^{16} molec/cm^2

中心经纬度：118.578°E，36.763°N

（b）安丘市程家营附近

区域浓度：1.86×10^{16} molec/cm^2

中心经纬度：119.148°E，36.538°N

（c）高密市凤凰西街和阚兴大道交界处

区域浓度：1.8×10^{16} molec/cm^2

中心经纬度：119.580°E，36.372°N

（d）青州市青银高速和长深高速交界处

区域浓度：1.77×10^{16} molec/cm^2

中心经纬度：118.532°E，36.807°N

（e）安丘市景酒大道和园区一路交界处

区域浓度：1.69×10^{16} molec/cm^2

中心经纬度：119.411°E，36.307°N

（f）坊子区潍州南路和乐街山交界处

区域浓度：1.66×10^{16} molec/cm^2

中心经纬度：119.127°E，36.589°N

（g）高密市狄家屯村附近

区域浓度：1.61×10^{16} molec/cm^2

中心经纬度：119.593°E，36.370°N

（h）青州市青银高速和玲珑山北路交界处

区域浓度：1.6×10^{16} molec/cm^2

中心经纬度：118.488°E，36.815°N

（i）昌邑市金李埠村附近

区域浓度：1.59×10^{16} molec/cm^2

中心经纬度：119.567°E，36.511°N

（j）安丘市桑家尧村交界处

区域浓度：1.58×10^{16} molec/cm^2

中心经纬度：119.215°E，36.538°N

图 6-32　2021 年 9 月 20—26 日潍坊市部分 VOCs 排放重点关注区域高清影像

6.2.2　VOCs 排放源储油罐精准识别

利用高分辨率卫星遥感数据对能够直接排放的 VOCs 储油罐进行监测，掌握储油罐的分布情况及所属企业信息，从源头解决 VOCs 的排放问题。根据 2018—2020 年覆盖山东省潍坊市及其周边地区的高分辨率卫星遥感影像数据，并对影片进行正射、融合等处理，结合遥感影像提取监测范围内储油罐的分布情况，统计相关数量和位置信息，为生态环境部门提供数据支撑。

6.2.2.1　技术路线

利用高分辨率遥感影像，依据油罐的特殊纹理特征，采用人机交互式解译方法提取潍坊市油罐信息，油罐解译标志见图 6-33。

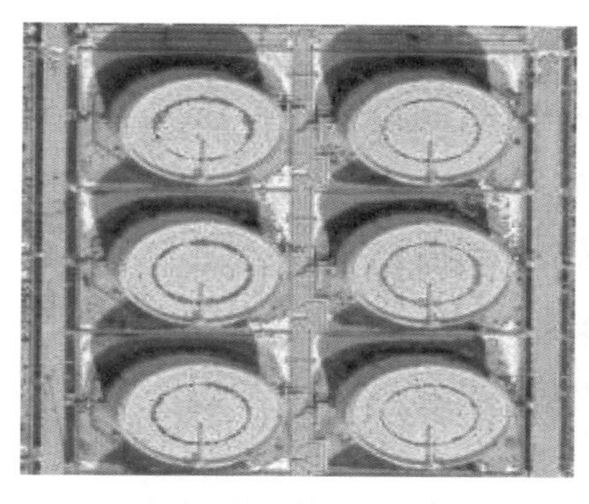

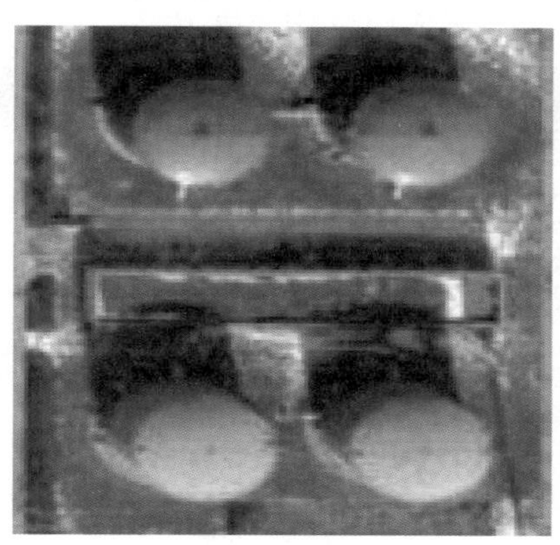

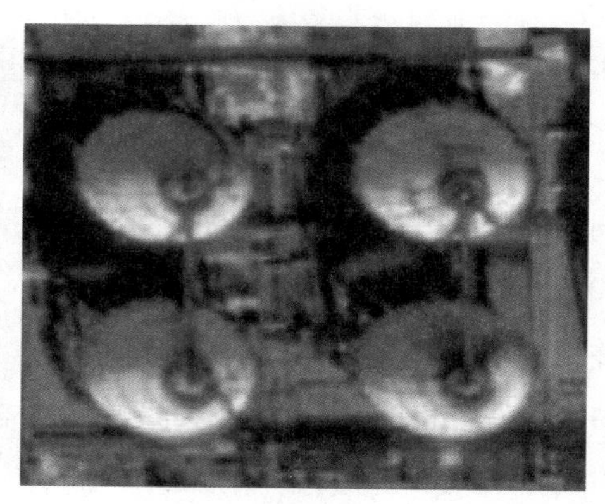

图 6-33 油罐解译标志

6.2.2.2 储油罐分布情况

监测发现，潍坊市及其周边地区共有 10 328 个储油罐，其中寒亭区、寿光市、昌乐县最多，分别为 3 115 个、2 720 个、1 176 个，其余区县次之，分别为青州市 900 个、昌邑市 824 个、高密市 467 个、诸城区 350 个、临朐县 241 个、坊子区 162 个、安丘市 151 个、潍城区 123 个、奎文区 99 个。各县（市、区）储油罐统计结果见表 6-1，储油罐位置清单样例见表 6-2。

表 6-1 潍坊市各县（市、区）储油罐遥感监测统计结果

序号	县（市、区）名称	数量/个
1	寒亭区	3 115
2	寿光市	2 720
3	昌乐县	1 176
4	青州市	900
5	昌邑市	824
6	高密市	467
7	诸城区	350

序号	县（市、区）名称	数量/个
8	临朐县	241
9	坊子区	162
10	安丘市	151
11	潍城区	123
12	奎文区	99
合计		10 328

表 6-2　潍坊市卫星遥感监测储油罐位置清单（样例）

序号	区县名称	企业名称	油罐经度/（°）	油罐纬度/（°）	油罐个数	企业经度/（°）	企业纬度/（°）
1	安丘	山东某包装公司	118.823 854	36.287 672	8	118.827 778	36.264 133
2	安丘	潍坊市某环保科技股份公司	119.174 506	36.363 281	9	119.187 649	36.370 829
3	安丘	山东某重工机械公司	119.385 552	36.294 65	6	119.384 34	36.299 482
4	安丘	山东某玻璃钢公司	119.160 221	36.450 911	3	119.164 008	36.455 175
5	安丘	山东某玻璃钢公司	119.194 426	36.484 842	6	119.191 791	36.483 302
6	安丘	安丘市某玻璃钢公司	119.170 278	36.450 745	4	119.170 086	36.449 283
7	安丘	山东某玻璃钢公司	119.164 079	36.451 163	2	119.165 503	36.454 186
8	安丘	山东某玻璃钢公司	119.164 208	36.451 841	5	119.165 503	36.454 186
9	安丘	安丘市某玻璃钢厂	119.197 936	36.486 941	7	119.197 244	36.487 81
10	安丘	安丘市某玻璃钢厂	119.195 464	36.484 912	15	119.197 244	36.487 81
11	安丘	安丘市某玻璃钢厂	119.197 878	36.488 655	2	119.197 244	36.487 81
12	安丘	安丘市某玻璃钢厂	119.196 973	36.488 678	12	119.197 244	36.487 81
13	安丘	山东某石化公司	119.222 068	36.539 166	2	119.230 466	36.542 768
14	安丘	某公司安丘分公司	119.199 472	36.489 862	2	119.200 237	36.491 698
15	安丘	某公司安丘分公司	119.200 914	36.490 283	32	119.200 237	36.491 698
16	安丘	某公司安丘分公司	119.201 279	36.489 718	10	119.200 237	36.491 698
17	安丘	山东某机械公司	119.218 689	36.544 215	3	119.211 584	36.541 948

序号	区县名称	企业名称	油罐经度/(°)	油罐纬度/(°)	油罐个数	企业经度/(°)	企业纬度/(°)
18	安丘	山东某机械公司	119.218 477	36.544 372	5	119.211 584	36.541 948
19	安丘	山东某机械公司	119.216 022	36.538 967	1	119.211 584	36.541 948
20	安丘	潍坊市坊子区某机械厂	119.213 558	36.372 078	10	119.206 248	36.397 428

6.2.2.3 储油罐排查整治

挥发性有机液体储罐无组织排放是VOCs重要来源之一。为全面推进潍坊市夏季臭氧前体物VOCs综合治理，利用卫星遥感技术识别并统计了潍坊市内储油罐数量和位置信息等。基于卫星遥感监测结果，与潍坊市生态环境局联合提出以下工业企业储油罐排查与整治建议。

一是建立完善台账。对照卫星遥感筛查结果，对储油罐储存物料、容积、采取措施等逐一进行排查核实，结合源清单储油罐信息调查情况，摸清挥发性有机液体储罐底数，建立工作台账。

二是明确整改要求。严格按照《挥发性有机物无组织排放控制标准》（GB 37822—2019）和石油炼制、石油化工、制药等行业标准要求，内浮顶罐的浮顶与罐壁之间采用浸液式密封、机械式鞋形密封等高效密封方式；外浮顶罐的浮顶与罐壁之间采用双重密封，且一次密封采用浸液式密封、机械式鞋形密封等高效密封方式；固定顶罐排放的废气应收集处理并满足相关行业排放标准的要求，或处理效率不低于90%；阀门、法兰及其他连接件和其他密封设备应纳入泄漏检测与修复（LDAR）定期检测。对仓储物流、码头、港口等行业储罐有组织废气排放控制标准，参照《挥发性有机物排放标准　第6部分：有机化工行业》（DB 37/2801.6—2018）执行。

三是加强督查检测。各企业要定期对挥发性有机液体储罐密闭情况进行检查维护，可以利用红外摄像仪进行排查检测。鼓励石油炼制、石油化工等重点行业企业配备红外摄像仪、FID检测仪等检测设备，定期开展自主检测。对在排查过程中发现的问题要立行立改、边查边改，不能立即完成整改的要制订整改计划。市综合执法支队和各县（市、区）要定期开展督查，对发现的挥发性有机液体储罐泄漏问题，要加大处罚力度。

6.3　涉 VOCs 企业监督帮扶

坚持达标监管和帮扶指导统一，2020 年和 2021 年夏季开展涉 VOCs 行业重点企业帮扶行动，利用 VOCs 走航监测，结合 O_3 前体物卫星遥感监测、源排放清单，落实精准治污、科学治污，突出问题精准、时间精准、区位精准、对象精准、措施精准，全面加强 VOCs 综合治理。

6.3.1　总体调研帮扶情况

2020—2021 年夏季，组织涉 VOCs 行业专家、市生态环境局及各区县执法人员，携带 FID 检测仪、PID 检测仪、VOCs 走航车、风速仪、红外摄像仪等多种设备，在全市开展 VOCs 监督帮扶，共调研 14 个县（市、区）、13 个行业（石化、有机化工、印染、工业涂装、包装印刷、铝型材、机械制造、人造板、玻璃钢、塑料制品、橡胶制品、铸造、家具制造等），帮扶企业 300 余家，反馈问题 1 400 余条，形成帮扶简报 90 余期。

6.3.2　调研帮扶发现的问题

6.3.2.1　区县政府推进工作存在的问题

（1）区县政府未统筹把控 VOCs 管控工作，宣传力度弱，导致治理进展缓慢

一是未能从产业高质量发展的角度制定规划并有效开展同行业小微企业整合升级；二是跨部门协作机制尚未形成，调研发现潍坊市未建立含 VOCs 产品质量标准跨部门的联动监督执法机制，如涂料、油墨、胶黏剂、清洗剂 VOCs

含量限值标准出台以后，需要对生产、销售、使用有机溶剂产品的 VOCs 含量进行监督执法，这就需要市场监管、生态环境、工信、住建等相关部门建立跨部门联动机制，有效落实标准的要求；三是 VOCs 相关法规政策宣传、落实不力，相关部门、园区和企业对 VOCs 相关法规政策认识不足，导致 VOCs 管控工作进展缓慢。

（2）未对涉 VOCs 行业整体摸底，缺少企业有效规范和监管

对于辖区内涉 VOCs 排放企业底数和现状不清。清单企业问题汇总不全，企业上报信息时存在企业名称不规范、所属园区不确定、经纬度位置不准确、经纬度格式不统一等问题；个别企业排气筒、环保设施已经改变，擅自改变排污方式，未向生态环境部门备案，如化工行业的山东汉兴医药科技有限公司北厂 12 条废气进入蓄热式热力焚化炉（RTO）系统，成分较复杂，应分析、评估各废气成分之间是否发生反应，是否对 RTO 系统产生腐蚀等影响，并测算各管道风量，平衡系统风量，做到精准收集；尚未形成有效的企业有组织排放监管和无组织排放检查制度，缺乏对企业排放在线监测、厂界监测的相关要求，部分已安装在线监测的企业未采取有效的措施保障数据质量，难以达到监管目的。

（3）地方环境管理部门监管执法能力有限，亟需补齐技术短板

目前涉 VOCs 小微企业众多，涉 VOCs 关键生产工序和 VOCs 高效治污设施集中度不足，企业治污设施相关设施运维情况、活性炭更换情况等无法得到有效监管。区县生态环境管理部门监管执法能力有限，部分地区缺乏现场快速检测能力，无法做到现场执法中快速准确取证。缺少专业技术人员参与监督、执法及减排指导，无法从现场端对企业违法违规现象进行准确定位和检查，无法有效指导企业实现高效减排，尤其是工业涂装行业，如某镀膜厂、某铝业公司、某农业装备公司等多家企业烤炉废气末端处理工艺不合理，仍采用水喷淋、UV 光解等低效方法，企业治污收集率不高。

（4）未对企业针对 3 个标准做好培训并提出整改要求

本次调研帮扶过程中发现区县生态环境部门仍未对《挥发性有机物无组织排放控制标准》《制药工业大气污染物排放标准》《涂料、油墨及胶黏剂工业大气污染物排放标准》3 个标准的实施开展积极宣贯，在标准实施方面尚未开展有效工作，对 3 个标准实施紧迫性的认识不足。调研石化、化工行业时现场与企业环保部门负责人交流，大多数企业层面普遍不了解标准要求，也未针对标准实施进行收集治理设施的升级改造，涉 VOCs 排放重要节点普遍密闭收集效果差，部分企业无组织排放严重，与《挥发性有机物无组织排放控制标准》的要求尚存在较大差距。

6.3.2.2　园区治理存在的问题

（1）入园率参差不齐，已入园企业管理不规范

目前潍坊市有涉 VOCs 企业 3 672 家，其中入园的有 1 420 家，入园率 39%，各区县中，临朐县、坊子区企业入园率分别达 99%、78%，高密市和寿光市内企业数量最多，但入园率仅分别为 6%、18%。园区外企业多为小微企业，以家庭作坊式生产为主，分散在各个村落，难以实现集中管理、集中治污、集中监管。各园区设立级别不同、规模大小不等，园区环境管理理念、基础设施建设、人员专业技术能力、VOCs 专业人员配备与当前环保监管要求不匹配，导致治污水平参差不齐。

（2）园区涉 VOCs 监管系统不健全，信息化建设不足

潍坊市挥发性有机物自动监测系统仅连入企业 150 家，企业、站点数量均较少。已有的污染源监控平台普遍利用率低、维护水平差，大数据利用效率不高，仅依靠少数环保行政管理人员难以实现对监测设备、智能平台的运维，不能充分依靠自动化监测设备发现问题，不能通过大数据统计分析问题，信息化能力建设普遍不足，监管力度有待加强。

（3）未充分发挥行业协会作用，协同管理意识不足

同行业企业规模小、分布散，部分为家庭作坊式生产（如临朐县工业涂装集群），缺乏整体竞争力，未充分发挥地方行业协会的作用，不能及时组织企业学习了解先进环保技术与理念、排放标准与要求、监测要求、相关政策与规定，未及时引领企业升级生产、污染治理设备，未能实现各方面信息资源共享和协同管理，基本上是各自为政，各种资源利用效率低。

6.3.2.3 企业治理存在典型问题

（1）“三率”（收集率、运行率、去除率）不达标

VOCs 污染控制不仅需要末端治理，更需要全过程管控。调研帮扶发现，多数企业存在无组织排放严重、收集能力不足、处理设施不正常运转、末端治理设施单一低效等问题，导致 VOCs 泄漏和排放较大，如二组在 5 天调研中发现 26 家企业中只有 1 家企业末端治理设施采用处理效率较高的“活性炭吸附+CO”工艺，其余企业都是“简易的活性炭吸附+UV 光解”工艺。

在“收集率”方面，未做到“应收尽收”。企业前端收集及排风管路大多设计不合理，没有按照设计规范设计，例如青州某包装材料有限公司末端处理设施处理能力为 3 万 m^3/h，而主管径只有 300 mm；企业涉 VOCs 有组织排放废气普遍因集气罩密闭不严有孔洞、收集装置安装过高、风机功率普遍不足，导致集气罩边缘或下方风速不满足标准要求，无法实现涉 VOCs 无组织废气全部有效收集，如诸城市某有限公司硫化工序集气罩未覆盖部分涉排工位，集气罩密闭不严，有孔洞，影响收集效果；大部分企业有机原辅料仓、中间品暂存等环节没有密闭或密闭不严，特别是固化剂、促进剂、树脂原材料仓库普遍未进行废气收集处理，如潍坊某玻璃钢制品厂固化剂、促进剂、树脂原材料仓库非密闭空间，无收集装置；部分危废库无收集管道，密闭性差，无围堰，未作防渗处理，存在逸散隐患，如高密市某木制品厂危废库不密闭、下雨漏水、无围堰、无废气收集处置装置。

在“运行率”方面，存在治污设施不运行或运行不规范的问题。调研企业均有废气处理设备，但个别企业光氧催化未接线，造成光氧催化无法运行，如潍坊某玻璃钢有限公司 VOCs 治理设备有一级光氧催化未接线，造成此级光氧催化无法运行；潍坊某玻璃钢有限公司 VOCs 治理设备喷淋塔水箱无水，设备未正常投入使用，治理设备运行情况不好；某镀膜厂 UV 光氧装置未运行。

在“去除率”方面，普遍存在单级低效现象。一是小微企业 VOCs 末端治理设施普遍采用 UV 光解或低温等离子等单一低效工艺，去除效率差且易产生臭氧的二次污染，如某铝业有限公司烤炉废气末端处理工艺不合理（水喷淋+UV 光解）。部分企业在原有单一设施基础上加装活性炭箱，但大部分企业活性炭更换台账或缺失或流于形式，相关信息记录不全，致使废活性炭更换情况监管困难，如潍坊某汽车销售有限公司末端治理工艺效率不高，活性炭用量少，更换周期长，排放不达标。二是企业安装的 VOCs 治理设备治理水平参差不齐，VOCs 治理设备存在设备运行参数设置不合理等问题，如潍坊某玻璃钢制品厂安装的 VOCs 治理设备，催化炉脱附时间设定为 50 s，50 s 的脱附时间达不到脱附效果，设备虽然设有消防水喷淋设施，但消防水未接入，存在安全隐患；山东某环境科技有限公司安装的 VOCs 治理设备，催化炉加热上限设定为 120℃；山东某玻璃钢有限公司安装的 VOCs 治理设备催化炉加热区上限温度设定为 180℃，而催化剂的起燃温度为 220℃以上，这两台设备设定的温度上限根本达不到催化剂的起燃温度，起不到对活性炭的脱附作用等于直排。

（2）泄漏检测与修复（LDAR）实施质量差

调研发现，LDAR 实施质量较差，未起到应有的减排效果。第三方检测机构在开展 LDAR 过程中，存在建档点位不全或检测报告中检出的泄漏点位与现场实际生产设备不符、检测浓度失真，甚至出现检测报告疑似造假等严重问题。一是 LDAR 项目建立不规范，现场密封点建档不规范，不能通过群组描述、密封点工艺描述确定点位；检测设备仪器校准证书提供不全，如寿光市某制药有限公司检测设备仪器校准证书提供不全，且不能提供辅助设备校准证书。二是现场检测流程不规范，缺少设备校准记录、漂移记录规范，如寿光市某化工有限公司缺少设备校准记录、漂移记录规范；泄漏统计表群组及密封点描述无法找到原点；三是现场抽检存在泄漏，调研发现多个石化、化工企业抽检发现泄漏点，部分泄漏点属于严重泄漏点，如寿光某石油化工有限公司经现场抽检发现，催化裂化装置及烷基化装置约 30 个点位，抽出泄漏点 2 处，漏点属于严重泄漏及较大泄漏。

此外，企业对LDAR工作的重视程度不足，未在项目实施过程中全程监督、严把质量关口，发现泄漏点位也未及时、有效修复，导致 LDAR 整体实施质量较差，未起到应有效果。企业管理部门对 LDAR 要求和标准不清楚，选择第三方检测公司缺乏谨慎、疏于监督。

（3）污水处理管理与监测不规范，无组织废气外逸多

一是污水池、污水处理设施密闭不严，污水泵存在“跑、冒、滴、漏”现象，管线排污水沟，部分盖板损坏，如山东某能源科技有限公司管线排污水沟，部分盖板损坏，需修补并加强管理；二是污水站检测平台不规范，排气筒出口检测孔位置、喷淋塔检测平台扶梯等不符合规范，如山东寿光某化工有限公司污水站喷淋塔无围堰，监测平台不规范，排气筒出口检测孔位置不规范，喷淋塔检测平台扶梯不符合规范，喷淋塔未见出水口排污管沟；三是管理粗放，无组织废气外逸较多，地面冲洗污水较多，如昌邑市某有限公司调浆工序管理较乱，无组织废气外逸较多，地面冲洗污水较多。

（4）治理设施不合理，治污效果大打折扣

目前相当一部分的治理设施由于技术选择不当，难以实现达标排放或长期稳定运行，造成重复治理的现象比较普遍。调研发现企业存在以下 3 个问题：一是不清楚废气的排放特征（废气成分、浓度及变化情况等），盲目采购治理设施。调研发现，部分企业盲目采用的低温等离子体、光氧化以及一次性活性

炭吸附技术，其中大部分设施都不能实现达标排放。如昌邑市某印染有限公司废水处理系统采用喷淋+活性炭+光氧化工艺，现场设备密封较差；某医疗股份有限公司储罐区呼吸气收集方式不合理，末端治理工艺采用活性炭吸附，工艺不合理，净化效率低。二是对于治理设施的净化原理认识不足，在调研过程中专家发现脱附系统设备参数由厂家设定，企业甚至不清楚催化剂的起燃温度，导致治理设施未发挥作用，甚至存在着火、爆炸隐患。三是对治理设施的日常维护管理不到位。如昌乐某化工有限公司的冷凝+活性炭吸附装置未做到定期维护，活性炭未定期更换；山东某新材料有限公司光氧设备灯管未定期维护，污染物易附着在灯管上导致设备失去功能。

（5）企业管理粗放，无组织排放严重

调研发现企业管理粗放，存在以下 4 个主要问题：一是台账不规范问题突出，企业对规范内容不清楚，记录不集中，对生产、运输、储存环节未全程把控。多家企业存在台账不规范问题，主要表现在含原辅材料记录、非正常工况排放记录、循环水系统、事故排放等内容及化工行业台账未归档到环保档案中，且未见任何档案。二是未建立巡查制度及巡查记录。如寿光某精细化工有限公司、山东寿光某化工有限公司、山东某化学有限公司等化工企业的固定储罐缺少巡查制度及巡查记录。三是危废间无组织排放严重，《危险废物贮存污染控制标准》（GB 18597—2023）中明确要求，必须有泄漏液体收集装置、气体导出口及气体净化装置，调研发现很多企业的 VOCs 治理设备治理风量小，且危废间距离 VOCs 治理设备较远，收集困难。如青州市某包装有限公司危废间未设废气收集装置，废原料桶敞口存在，残留的乙酸乙酯废气直接排放。四是物料空桶露天存放，易发生泄漏。如某制药有限公司、昌邑市某纺织有限公司、潍坊某铝业公司的原料空桶露天存放，无组织排放严重。

6.3.2.4 其他配套需求问题

（1）企业压缩废气处理设施资金，未按要求更换耗材

调研中发现企业会尽可能压缩 VOCs 治理资金，采购单一低效治理设备，治理设施很难实现达标排放和稳定运行，如临朐县某铝业有限公司喷涂废气治理工艺为单一活性炭吸附；治理设施未按规范运行，治理设施耗材（如吸附材料、催化剂、蓄热体等）未按期进行更换，无法达到治理效果，如山东某化学有限公司活性炭吸附罐 1～2 年更换 1 次；个别企业为了节省治理费用，购置治理设备只为应付验收，验收完成以后随意停用，造成废气随意排放，现场调研发现临朐县某镀膜厂的 UV 光氧装置未运行。

（2）企业污染防治意识薄弱，相关政策学习严重不足

2019 年生态环境部《重点行业挥发性有机物综合治理方案》以及 3 个有关 VOCs 的标准发布以后，潍坊市组织进行学习研究，梳理地方标准和国家标准在排放限值执行方面的差异，并对部分国家标准特征污染物的要求开展了相关培训，引导企业全面落实新标准排放限值要求。但在此次调研过程中发现，企业自身对 VOCs 相关法规政策认识不足，没有做好落实工作，导致 VOCs 管控工作仍有较大差距，特别是对 3 个将要实施的标准没有引起足够重视，标准实施准备工作严重不足，缺少信息来源，未对标准进行深入解读并按照标准要求整改落实到位。

（3）第三方检测公司能力参差不齐，监测数据存疑

将现场调研与检测报告进行对比，发现个别企业 LDAR 第三方检测报告未带 CMA 标识，检测设备仪器校准证书、辅助设备校准证书提供不全，现场抽检装置环境本底值与分析报告环境五要素中的环境本底值不符。这说明第三方检测公司能力参差不齐，检测过程不能坚持科学严谨、客观公正、用数据说话的基本原则；检测数据的真实性和有效性严重存疑，无法反映真实情况；检测方式方法有错误、检测标准不清楚。

6.3.3　调研帮扶建议

6.3.3.1　地方政府统筹行业发展，深化 VOCs 管控

（1）提高思想认识，高度重视 VOCs 治理工作

地方政府需进一步提高政治站位和思想认识，高度重视全面加强 VOCs 减排工作的重要性。主动作为，加强区县、乡镇、园区层面对于国家针对优良天数考核和 VOCs 污染防治相关政策的宣贯，统一思想，协同联动，切实落实生态环境部《重点行业挥发性有机物综合治理方案》的工作部署；针对区县、园区和集群细化工作方案的制定和实施，层层压实责任，制订考核目标，定期督促检查，务求各项措施落地落实落细。

（2）积极推进涉 VOCs 行业的产业升级和集中治理

发挥政府顶层设计和组织作用，积极落实国家相关产业转型升级政策，引导行业企业合理布局、聚小为大，务实推进产业升级和集中治理。推进以区县为单位的产业升级工作。对处于工业园区外的分散企业，建议市政府统一组织各区县积极推广入园集中治理的先进经验，也可推广涉 VOCs 工艺环节集中生产和集中治污的良好做法，系统梳理，深入强化涉 VOCs 污染治理相关工作。建议利用现有的在线检测设备，选择行业典型企业进行试验，测试哪些设备适合哪类行业，给予企业指导性建议，以使企业在采购和升级设备时有一定方向。

（3）着力强化涉 VOCs 重点排放源的监测监管能力

加强涉 VOCs 重点排放企业监督管理和执法，同时对调研帮扶过程中发现的问题企业开展定时复查。提高执法装备水平，配备便携式 FID 检测仪、PID 检测仪、走航车、风速仪等检测仪器设备。强化监测数据质量控制，出现数据缺失、长时间掉线等异常情况，要及时进行核实和调查处理。对重点园区、集群和企业加强监督性监测，重点围绕 VOCs 主要排放环节、排放特征、无组织排放控制要求、监测监控技术规范、现场执法检查要点等，严格审查污染治理

设施的“三率”（收集率、运行率、去除率）。

（4）推行“一行一策”，实施分类指导

VOCs 排放有点多、面广、环节多的特点，应组织优势单位，在充分调研分析行业相关法规、政策、标准、规范等的基础上，结合行业发展水平和发展需求、行业及不同子行业的工艺流程和污染特征，从源头削减、过程控制、污染物收集、污染物治理、环境管理等方面明确要求，对行业及子行业提出分级分类管控标准，依据行业企业规模、工艺特点、原辅材料、治污水平等实施差别化管理，实施分类指导，精准管理。

6.3.3.2 实现园区集群集中治理，提高精细化管理水平

（1）优化园区布局，统一建立园区 VOCs 管理平台

加强对入园项目的涉 VOCs 排放监管，配备完备的在线监测等设备，采用分表计电、视频监控等监管方式，建立园区 VOCs 监管平台并接入地方生态环境信息管理系统。园区内企业按照生产工艺特点，合理布局生产、仓储、研发和环保等设施，建设集中式 VOCs 高效处理设施，对产排污环节排放的 VOCs 有机废气统一收集、集中处理，提高污染治理效率。同时建议园区内建设路边自动监控站、区域站、边界站等，对污染来源、特征污染物及其对园区内外的影响进行分析监测。实现园区及时预警（超标自动推送预警信息）、快速定位溯源，及时解决异味和突发性污染问题。

（2）充分发挥地方行业协会作用，引领行业企业高质量发展

充分发挥地方行业协会的组织引领作用，充分利用协会人才优势、资源优势，定期组织行业企业开展环保政策学习和技术交流活动，及时了解政策要求及先进生产、治理技术；积极组织当地行业企业赴全国同行业环保治理优秀企业考察学习；树立同行业环保标杆企业，带动本地企业主动对标，组织行业企业自主开展自查自改；推进行业协会的团体标准制定。

6.3.3.3　提高企业治污积极性，强化源头治理

（1）强化源头治污，提升“三率”，实现全过程管控

一是主动实施源头替代。治污重点不应在排放达标，首先应重视减排，从源头入手，使用低 VOCs 原辅材料，按照国家出台的新标准要求原辅材料供应商提供达标证明，企业严格落实相关环保法规、政策、规范要求，从源头减少 VOCs 产生。二是提升“三率”，逐步提升全过程控制。企业应加强涉 VOCs 原辅材料、产品、废料的生产、储存、运输、废气收集、治理设施等全过程的管理和控制，要重点关注危废暂存间、盛装过 VOCs 物料的废包装容器等易忽略环节。企业应按照相关标准规范要求，按期开展设备与管线组件密封点检测并及时予以修复。三是检测治污设施进出口数值。不仅检测治污设施出口数值，还需加测进口数值，以此排查治污设施治污效率。四是大力强化末端治理。企业应定期对 VOCs 末端治理设施运行效果进行评估，并根据评估结果及时进行整改。五是建立并规范企业环保相关台账。建议实行电子台账和书面台账并行，主动将电子台账上传当地环境管理部门的信息平台。

（2）充分发挥 LDAR 的作用，强化 LDAR

充分发挥 LDAR 的作用，加强泄漏检测能力，做好泄漏点修复，高频泄漏点应采取有效的修复措施，完善 LDAR 台账和设备维修记录。有能力或者有条件的企业，自备 2～3 台 PID 型式或 FID 型式的 VOCs 检测仪，对经常性发生泄漏的呼吸阀、安全阀、调节阀、开口管线开展泄漏检测，及时修复。大型企业建议配备红外摄像机、FID 型式的 VOCs 检测仪，与第三方 LDAR 检测公司同步开展检测，评估第三方开展 LDAR 检测的效果。

（3）提升企业管理水平，强化自我监督

企业要落实好主体责任，及时开展自查整改，加强无组织排放的收集能力，提高处理设施处理效率，特别是石化、化工、工业涂装、包装印刷等企业 VOCs 排放量大，减排效果明显，需重点加快推进。一是开展“一企一策”，加强对

企业管理水平的指导提升，对涉 VOCs 企业编制“一企一策”，在企业达标排放的基础上进一步因地制宜地开展深度治理工作；二是实现治污科学化，制定 VOCs 无组织排放控制规程，细化到具体工序和生产环节，以及启停机、检修作业等，集中建设涉 VOCs 关键生产工序、集中建设 VOCs 收集和高效治污设施，统一管理、集中监管，逐步实现同行业企业的规模提升、成本优化和治污能力升级；三是专人管理台账，建立物料管理台账，建议实行电子台账和书面台账并行，主动将电子台账上传当地生态环境管理部门信息平台，对 VOCs 的使用全过程进行精细化管理，不但可以减少 VOCs 的排放，也能提升企业的经济效益。

（4）引导企业转变思想，树立减污增效理念

企业是污染治理的责任主体，要切实履行社会责任，确保治污设施的正常、稳定运行。企业应进一步树立加强管理就是降低成本、减少 VOCs 排放就是增加企业利润的理念。企业应根据属地生态环境主管部门的要求，安装分表计电、FID 在线监测等设施，并与生态环境管理部门联网，主动向社会公开涉 VOCs 污染治理设施运行情况（包括吸附材料更换情况、达标排放等），自动监控、自行监测结果，接受政府和社会的监督。

6.3.3.4 其他建议

（1）加大资金投入，强化 VOCs 治理相关工作

加大涉 VOCs 专项治理资金统筹协调力度，积极拓展社会资金来源渠道，充分用于 VOCs 治理相关工作。一是加强基层队伍建设，为基层配备必要的监测设备，提高监管水平。建立健全 VOCs 污染治理相关配套制度，在对全市涉 VOCs 企业治理设施的“收集率、运行率、去除率”全面开展“体检式评估”工作的基础上，鼓励先进，淘汰落后。对去除效率低下、环境负效益大的技术提出改进方案或退出机制。二是从中央环保资金、产业升级资金等渠道对优级企业进行补贴，从电价政策、税收政策、土地政策、征信政策等方面对优级企业

进行激励。

（2）加大相关政策宣传力度

加大对臭氧污染防治、VOCs 减排治理宣传力度，尤其是对 3 个新标准的宣贯和实施。组织各县（市、区）企业及分局工作人员，抓紧完成三项标准实施准备的“补课”工作，系统组织实施新标准的培训和宣贯，宣贯工作务必实现县（市、区）全覆盖，并深入园区、集群和企业，向企业逐一印发执行相关标准的宣传材料，做到企业应知尽知。也可邀请专家及专业团队进行现场指导帮扶，对照标准要求结合不同行业特点开展精准帮扶。

（3）加大检查执法力度

严格执行标准，把新标准纳入日常监管执法、监测、监控和项目审批中。加大跨部门联动检查执法力度，督促企业按时落实相关标准，如涂料、油墨、胶黏剂、清洗剂。VOCs 含量限值标准出台以后，需对生产、销售、使用有机溶剂产品的 VOCs 含量进行监督执法，只有市场监管、生态环境、工信、住建等相关部门建立跨部门联动机制，才能有效落实标准的要求。针对产业集群实行网格化管理，建立由乡镇（街道）党政主要领导为“网格长”的监管制度，明确网格督查员，落实排查和整改责任。加大对违法企业的处罚力度，通过组织开展涉 VOCs 排放企业执法专项行动和日常执法，对违法企业实行“露头就打，顶格处罚”。

6.4　臭氧攻坚成效评估

6.4.1　臭氧污染改善情况

2021 年 5—9 月与 2020 年同期 $O_{3\text{-}8h\text{-}90}$ 与超标天数对比见图 6-34。2021 年 5—9 月潍坊市 $O_{3\text{-}8h\text{-}90}$ 浓度为 164 μg/m³，在山东省排名第 3 位，在 168 个全国

重点城市排名第 69 位；浓度同比降低 16.8%，改善率排山东省第 1 位，168 个全国重点城市排第 4 位。

2021 年 5—9 月臭氧共超标 21 d，同比降低 47.5%，其中轻度和中度污染天数分别减少 13 d 和 6 d，降幅分别达 39.4%、85.7%。可见 2021 年潍坊市在臭氧改善方面取得重大进步，臭氧浓度、超标天数及污染程度均有明显改善。

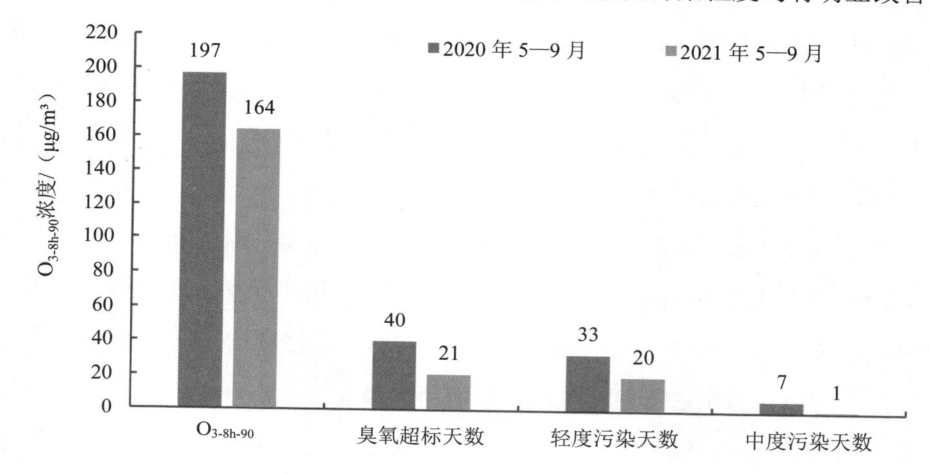

图 6-34 2021 年 5—9 月与 2020 年同期 $O_{3\text{-}8h\text{-}90}$ 与超标天数对比

6.4.2 臭氧前体物减排效果评估

6.4.2.1 地面 NO_2 浓度变化

2021 年 5—9 月潍坊市 NO_2 平均浓度为 18 μg/m³，同比下降 18.2%，其中 9 月降幅最大，达 41.9%，见图 6-35。2021 年 5—9 月与 2020 年同期各县（市、区）NO_2 浓度均以寿光南部、青州北部、寒亭南部相对较高，且 2021 年高值区域较 2020 年均明显降低，见图 6-36 和图 6-37。

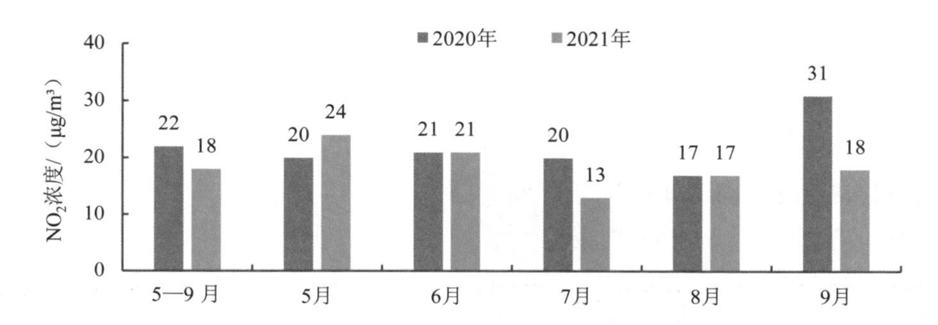

图 6-35　2021 年 5—9 月与 2020 年同期 NO_2 浓度逐月对比

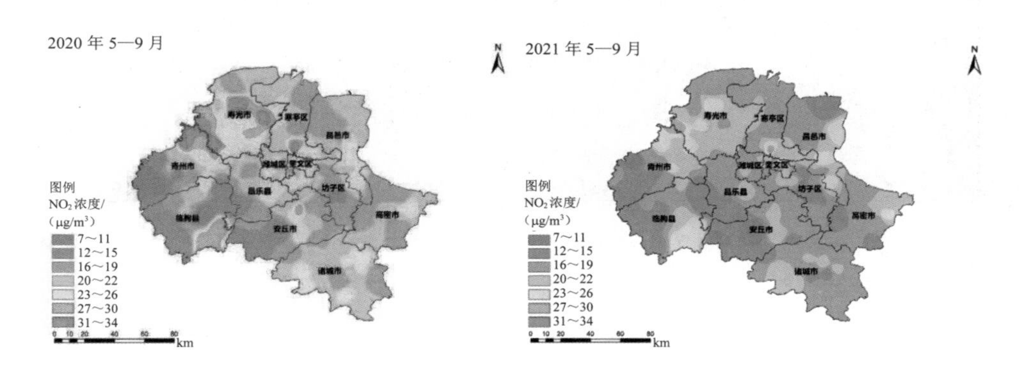

图 6-36　2021 年 5—9 月与 2020 年同期潍坊各县（市、区）地面 NO_2 浓度分布图

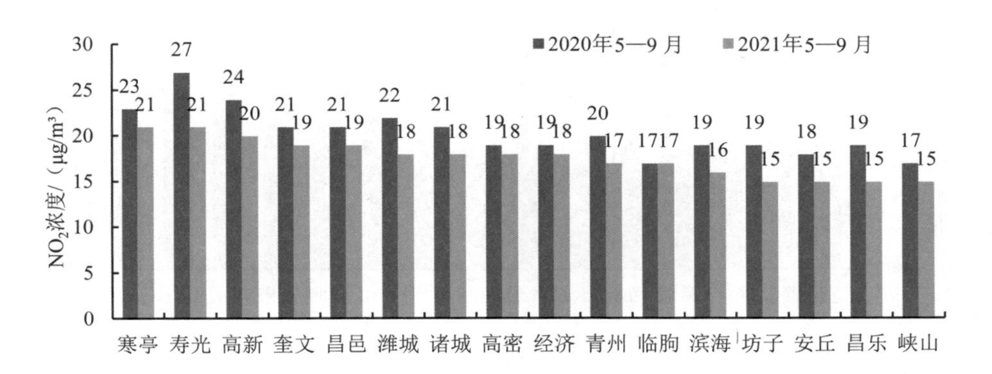

图 6-37　2021 年 5—9 月与 2020 年同期潍坊各县（市、区）NO_2 浓度均值

6.4.2.2 对流层 NO_2 柱浓度变化

根据遥感数据监测 NO_2 柱浓度分布结果（图 6-38 和图 6-39），从区域分布上来看 2021 年和 2020 年均以寿光南部、青州北部浓度相对较高，且寿光、青州柱浓度均值同比分别升高 1.1%、7.5%。

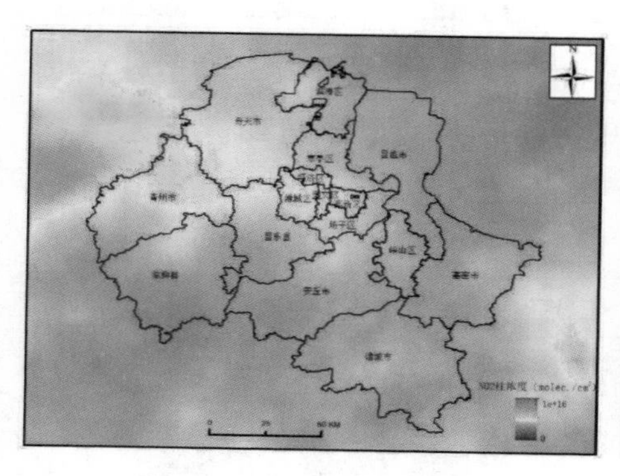

2020 年 5—9 月　　　　2021 年 5—9 月

图 6-38　2021 年 5—9 月与 2020 年同期潍坊各县（市、区）NO_2 柱浓度遥感监测图

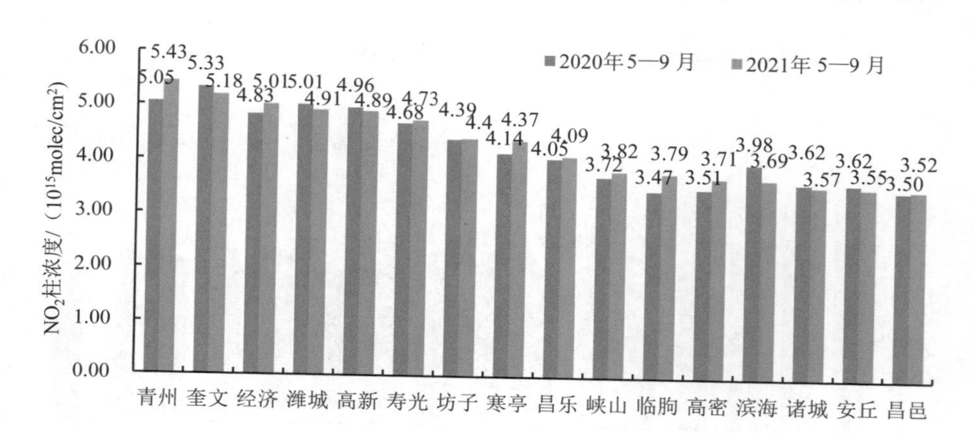

图 6-39　2021 年 5—9 月与 2020 年同期潍坊各县（市、区）对流层 NO_2 柱浓度均值

6.4.2.3　对流层 HCHO 柱浓度变化

图 6-40 和图 6-41 分别是 HCHO 柱浓度空间分布和各县（市、区）浓度均值变化，从区域分布上来看，2021 年和 2020 年均以寿光南部、青州北部浓度较高，且寿光和青州柱浓度同比也有小幅升高，分别升高 1.5%、2.4%。

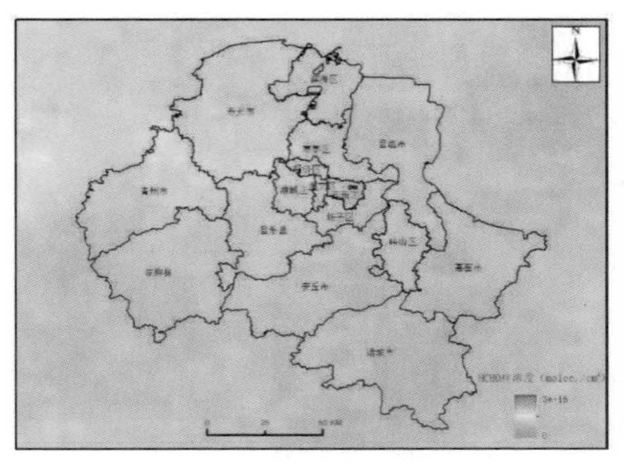

2020 年 5—9 月

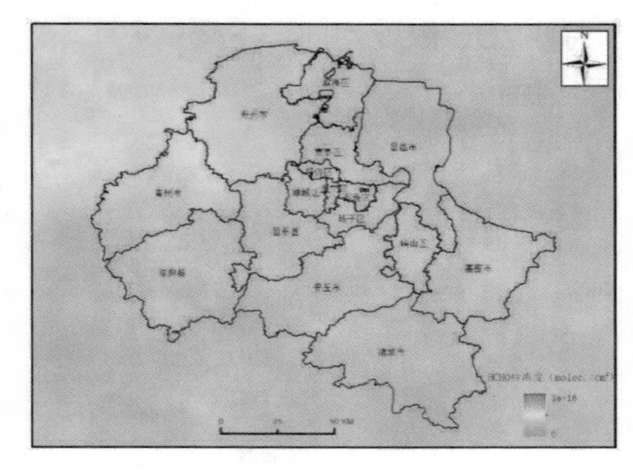

2021 年 5—9 月

图 6-40　2021 年 5—9 月与 2020 年同期潍坊各县（市、区）HCHO 柱浓度遥感监测图

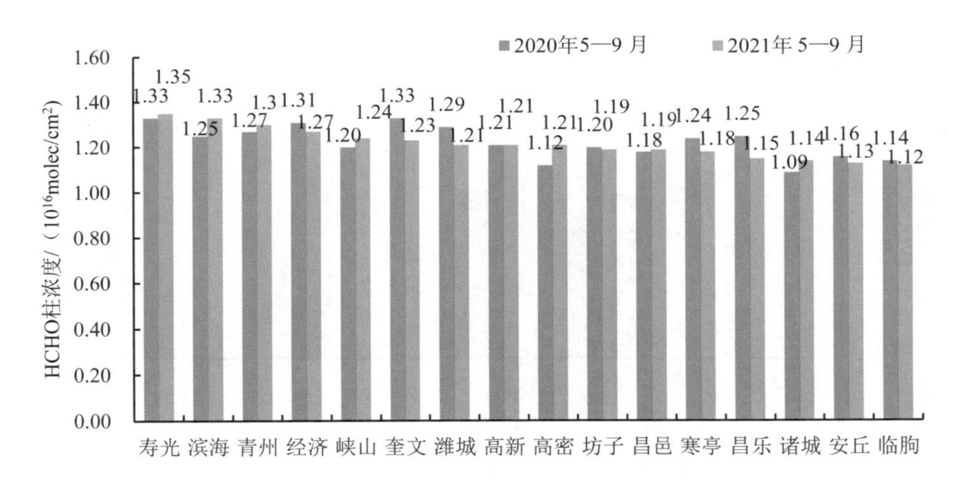

图 6-41　2021 年 5—9 月与 2020 年同期潍坊各县（市、区）对流层 HCHO 柱浓度均值

6.4.2.4 TVOC 浓度及关键物种浓度变化

图 6-42 和图 6-43 为 2021 年 5—9 月与 2020 年同期潍坊 VOCs 浓度对比图。2021 年 5—9 月潍坊市 TVOC 平均浓度为 10.96 ppbv，较 2020 年（14.29 ppbv）同期下降 23.3%，其中芳香烃和烷烃降幅最大，分别为 26.6%和 25.0%；且 6—9 月 TVOC 浓度均同比下降，9 月降幅达 36.0%。

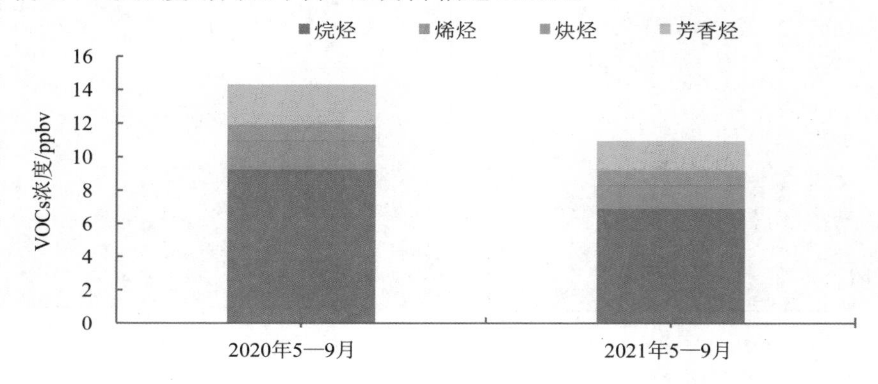

图 6-42　2021 年 5—9 月与 2020 年同期潍坊 VOCs 浓度对比

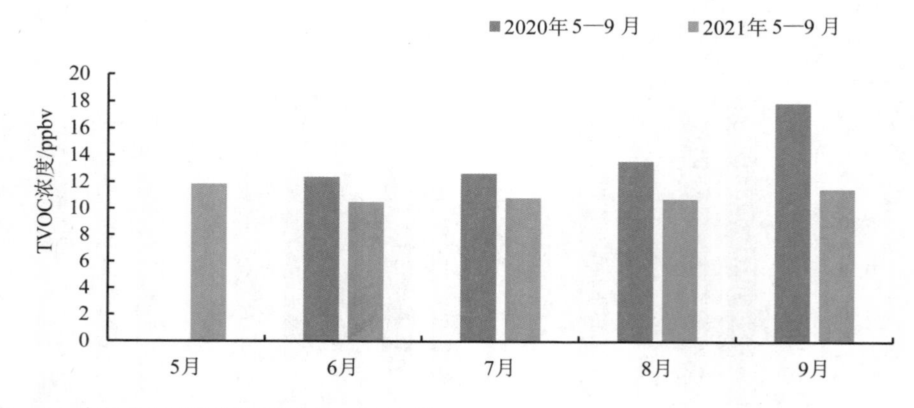

注：2020 年潍坊学院仪器开启时间为 6 月 19 日。

图 6-43　2021 年 5—9 月与 2020 年同期潍坊 TVOC 浓度逐月对比

对比发现 2021 年 5—9 月与 2020 年同期 VOCs 关键物种一致（图 6-44），其中以来源油气挥发的正丁烷、异戊烷降幅最大，分别为 29.1%、35.6%，其次为来源工业生产过程和溶剂使用的间/对-二甲苯、甲苯，分别降低 24.5%和 14.3%，可见潍坊市受油气挥发源影响 VOCs 浓度降幅最大。

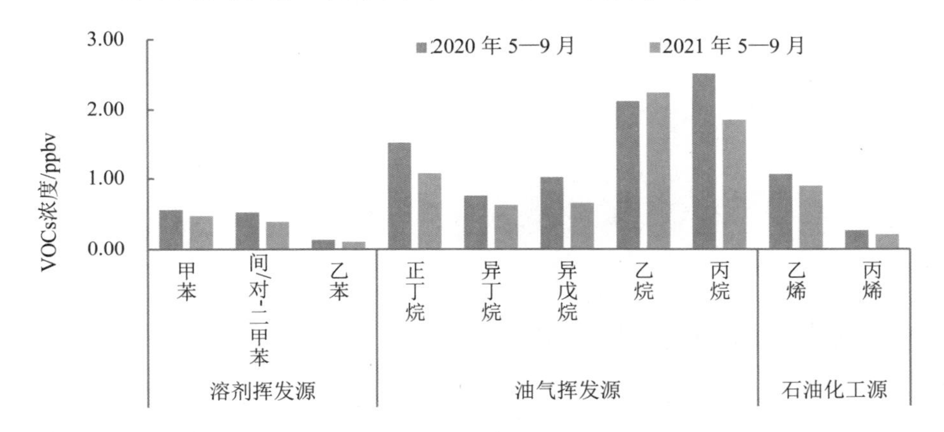

图 6-44　2021 年 5—9 月与 2020 年同期潍坊 VOCs 关键物种浓度对比

6.4.3　小结

①2021 年 5—9 月潍坊市 $O_{3\text{-}8h\text{-}90}$ 浓度为 164 μg/m^3，臭氧共超标 21 d，浓度和超标天数分别较 2020 年同比降低 16.8%和 47.5%，其中轻度和中度污染天数分别减少 13 d 和 6 d，可见 2021 年夏季潍坊市在臭氧改善方面取得重大进步，臭氧浓度、超标天数及污染程度均有明显改善。

②2021 年 5—9 月潍坊市臭氧前体物 NO_2 和 TVOC 较 2020 年分别同比下降 18.2%、23.3%，VOCs 组分中以芳香烃和烷烃降幅最大，分别降低 26.6%和 25.0%；遥感数据监测 NO_2 和 HCHO 柱浓度分布结果均以寿光南部、青州北部相对较高，且寿光、青州柱浓度均值较 2020 年同期均有小幅升高。

第 7 章
空气质量达标规划

7.1 规划目标及压力分析

7.1.1 规划范围及目标

潍坊市辖 16 个县（市、区），包括奎文区、潍城区、寒亭区、坊子区，青州市、诸城市、寿光市、安丘市、高密市、昌邑市，昌乐县、临朐县等 4 区、6 市、2 县，另有滨海经济技术开发区、峡山生态经济开发区、综合保税区、高新技术产业开发区 4 个市属开发区。

7.1.2 达标压力

将基准年（2020 年）潍坊市空气质量现状与 2025 年潍坊市设置的空气质量目标和《环境空气质量标准》（GB 3095—2012）中二级限值进行对比。具体分析如下：

①规划指标：潍坊市生态环境局确定的 2025 年环境空气质量常规 6 项污染物目标浓度分别为 $PM_{2.5}$ 35 μg/m^3、PM_{10} 70 μg/m^3、SO_2 7 μg/m^3、NO_2 29 μg/m^3、

CO_{-95} 1.0 mg/m^3、$O_{3\text{-}8h\text{-}90}$ 150 μg/m^3，见表 7-1。与各项污染物二级限值对标，2025 年潍坊市设置的目标值，均满足空气质量二级标准限值目标。

表 7-1　潍坊市 2025 年空气质量目标

指标	2020 年（基准年）	2025 年（目标年）
$PM_{2.5}$/（μg/m^3）	50	35
PM_{10}/（μg/m^3）	87	70
SO_2/（μg/m^3）	11	7
NO_2/（μg/m^3）	33	29
CO_{-95}/（mg/m^3）	1.6	1.0
$O_{3\text{-}8h\text{-}90}$/（μg/m^3）	170	150

②关键指标（$PM_{2.5}$、PM_{10}）达标压力：2020 年潍坊市 $PM_{2.5}$ 浓度为 49 μg/m^3，尚有 29%的下降空间，相较其他城市需改善程度更大。且 $PM_{2.5}$ 主要来自秋冬季，受区域传输影响未来仍有较大的达标难度；2020 年 PM_{10} 浓度为 87 μg/m^3，距离 2025 年目标值有 20%的达标压力，且沙尘天气主要受自然活动影响，对 PM_{10} 浓度影响较大，未来不确定性较大。

③SO_2、NO_2 和 CO_{-95} 达标压力：2020 年潍坊市 SO_2、NO_2 和 CO_{-95} 浓度分别为 11 μg/m^3、33 μg/m^3 和 1.6 mg/m^3，距离 2025 年目标值分别需下降 36%、12%和 38%，2020 年上述指标虽然都已达到空气质量二级标准，但对比潍坊市 2025 年空气质量改善目标，削减难度依然较大。

④$O_{3\text{-}8h\text{-}90}$ 达标压力：2020 年 $O_{3\text{-}8h\text{-}90}$ 浓度为 170 μg/m^3，距离 2025 年目标值尚有 12%的改善压力，且目前全国夏季臭氧浓度呈现逐年升高的态势，需引起注意。

7.2 大气环境形势预测及减排潜力分析

7.2.1 社会经济需求预测

经济发展、人口增长和产业结构等社会经济因素是潍坊市能源需求攀升、污染物和温室气体增加的主要驱动力，这些指标参数也是 LEAP 模型所需外生变量。本研究依据国家“十四五”规划和 2035 年远景目标要求以及潍坊市“十四五”发展规划相关要求，结合潍坊市 2011 年以来的社会经济发展情况，以 2020 年作为基准年，对潍坊市 2021—2035 年社会经济发展作如下预测。

7.2.1.1 人口

2011—2020 年，潍坊市人口年均增长率为 0.29%。考虑到国家计划生育政策调整，假设 2021—2035 年人口继续保持增长态势，到 2035 年人口年均增长率逐步提高至 0.35%。

7.2.1.2 经济增长

“十三五”期间，潍坊市的 GDP 年增长率回落至 8%以下，其中 2016—2020 年 GDP 增长率依次为 7.7%、6.9%、6.3%、3.7%和 3.6%。根据党的十九届五中全会提出的到 2035 年 GDP 在 2020 年基础上翻一番的目标以及潍坊市“十四五”规划要求，本研究假设“十四五”“十五五”“十六五”潍坊市的 GDP 年均增长率分别为 6.4%、5.3%和 4.2%，到 2035 年人均 GDP 从 2020 年的 6.25 万元增至 12.78 万元。

7.2.1.3 产业结构

最新统计数据显示，2020 年潍坊市第二产业和第三产业在 GDP 中的占比分别为 39.31%和 51.57%。在绿色低碳发展的宏观背景下，产业结构将会进一步优化调整，假定到 2025 年第二产业和第三产业的占比分别为 37%和 54%。同时，就第二产业而言，内部结构也将优化调整，化学原料及化学制品制造业，非金属矿物制品业，黑色金属冶炼和压延加工业，石油加工炼焦及核燃料加工业，电力、热力生产和供应业等高耗能行业在第二产业增加值中的占比将有所下降，其他制造业（包含战略性新兴产业）比重将上升。

7.2.2　减排潜力及情景分析

利用 LEAP 模型，通过构建基准情景、中减排情景和高减排情景，研究分析潍坊市 2021—2025 年在不同情景下能源消费水平、主要污染物排放以及二氧化碳协同减排情况，主要模拟的减排政策措施包括：固定源方面重点考虑化解过剩产能、污染物排放标准升级、万元增加值能耗强度下降目标约束、能源消费结构改善等，移动源方面主要分析老旧汽车替代、新能源汽车推广、车用替代燃料发展、燃油经济性标准和机动车污染物排放标准升级等，生活源主要考虑用能结构改善和能效提高等，电力生产方面则主要考虑光伏发电、风电、生物质发电等可再生能源发展政策等。

7.2.2.1　情景构建

基准情景主要假设在 2021—2035 年没有新的节能减排措施出台，产业结构、各行业增加值能耗强度以及能源消费结构保持在 2020 年水平，中、高减排情景详细考虑了结构减排、末端减排、能源结构优化、节能和能效改善、乡村振兴、清洁运输等不同政策与技术选项，末端减排主要通过排放标准升级，其他设置情况见表 7-2。

表 7-2 LEAP 模型情景设置

		中减排情景	高减排情景
第一产业		结构减排：无变化	结构减排：无变化
		工程减排：排放标准升级	工程减排：排放标准升级
		能效提升：2025 年能耗强度较 2020 年下降 15%	能效提升：2025 年能耗强度较 2020 年下降 20%
		结构改善：2025 年柴油占比为 11.2%，电力 24%，生物质能 15.3%	结构改善：2025 年柴油占比为 11.2%，电力 24.5%，生物质能 15.5%
		产业调整：2025 年在 GDP 中占比为 9%	产业调整：设置同中减排情景
第二产业	石油加工炼焦业	结构减排：无变化	结构减排：无变化
		工程减排：排放标准升级	工程减排：排放标准升级
		能效提升：2025 年能耗强度较 2020 年下降 15%	能效提升：2025 年能耗强度较 2020 年下降 20%
		结构改善：2025 年煤炭占比为 65%，天然气 16%，电力 10%，热力 11.6%	结构改善：2025 年煤炭占比为 60%，天然气 17%，电力 11%，热力 11.6%
		产业调整：在 2025 年二产增加值中占比为 7.2%	产业调整：设置同中减排情景
	化学工业	结构减排：无变化	结构减排：无变化
		工程减排：排放标准升级	工程减排：排放标准升级
		能效提升：2025 年能耗强度较 2020 年下降 15%	能效提升：2025 年能耗强度较 2020 年下降 20%
		结构改善：2025 年煤炭占比为 55%，天然气 7%，电力 21.7%，热力 16.1%	结构改善：2025 年煤炭占比为 54%，天然气 8%，电力 23%，热力 14.7%
		产业调整：在 2025 年二产增加值中占比为 11.1%	产业调整：设置同中减排情景
	非金属矿物制品业	结构减排：无变化	结构减排：无变化
		工程减排：排放标准升级	工程减排：排放标准升级
		能效提升：2025 年能耗强度较 2020 年下降 15%	能效提升：2025 年能耗强度较 2020 年下降 20%

		中减排情景	高减排情景
第二产业	非金属矿物制品业	结构改善：2025年煤炭占比为71%，电力8.1%，热力16.3%	结构改善：2025年煤炭占比为70%，电力9.1%，热力15.3%
		产业调整：在2025年二产增加值中占比为2.8%.	产业调整：设置同中减排情景
	黑色冶炼	结构减排：无变化	结构减排：无变化
		工程减排：排放标准升级	工程减排：排放标准升级
		能效提升：2025年能耗强度较2020年下降15%	能效提升：2025年能耗强度较2020年下降20%
		结构改善：2025年煤炭占比为30%，天然气36%，电力12.7%，热力20.3%	结构改善：2025年煤炭占比为28%，天然气37%，电力13.3%，热力20.7%
		产业调整：在2025年二产增加值中占比为0.5%	产业调整：设置同中减排情景
	有色冶炼	结构减排：2030年淘汰每小时35蒸吨以下燃煤锅炉	结构减排：2025年淘汰每小时35蒸吨以下燃煤锅炉
		工程减排：排放标准升级	工程减排：排放标准升级
		能效提升：2025年能耗强度较2020年下降15%	能效提升：2025年能耗强度较2020年下降20%
		结构改善：2025年煤炭占比为14.5%，天然气4%，电力70.2%，热力11.1%	结构改善：2025年煤炭占比为14%，天然气5%，电力70.7%，热力10.1%
		产业调整：在2025年二产增加值中占比为0.7%	产业调整：设置同中减排情景
	电气机械设备制造	结构减排：2030年淘汰每小时35蒸吨以下燃煤锅炉	结构减排：2025年淘汰每小时35蒸吨以下燃煤锅炉
		工程减排：排放标准升级	工程减排：排放标准升级
		能效提升：2025年能耗强度较2020年下降15%	能效提升：2025年能耗强度较2020年下降20%
		结构改善：2025年天然气占比为7.0%，电力60.5%	结构改善：2025年天然气占比为8.0%，电力61.7%
		产业调整：在2025年二产增加值中占比为0.7%	产业调整：设置同中减排情景

		中减排情景	高减排情景
第二产业	其他工业	结构减排：2030 年淘汰每小时 35 蒸吨以下燃煤锅炉	结构减排：2025 年淘汰每小时 35 蒸吨以下燃煤锅炉
		工程减排：排放标准升级	工程减排：排放标准升级
		能效提升：2025 年能耗强度较 2020 年下降 15%	能效提升：2025 年能耗强度较 2020 年下降 20%
		结构改善：2025 年天然气占比为 8%，电力 40.8%，生物质能 9.6%	结构改善：2025 年天然气占比为 9%，电力 41.8%，生物质能 9.6%
		产业调整：在 2025 年二产增加值中占比为 45.4%	产业调整：设置同中减排情景
	建筑业	结构减排：无变化	结构减排：无变化
		工程减排：排放标准升级	工程减排：排放标准升级
		能效提升：2025 年能耗强度较 2020 年下降 15%	能效提升：2025 年能耗强度较 2020 年下降 20%
		结构改善：2025 年柴油占比为 9%，电力 19.6%，热力 43.8%	结构改善：2025 年柴油占比为 7.5%，电力 23.6%，热力 43.8%
		产业调整：在 2025 年二产增加值中占比为 18.2%.	产业调整：设置同中减排情景
第三产业	批发零售	结构减排：2030 年淘汰每小时 35 蒸吨以下燃煤锅炉	结构减排：2025 年淘汰每小时 35 蒸吨以下燃煤锅炉
		工程减排：排放标准升级	工程减排：排放标准升级
		能效提升：2025 年能耗强度较 2020 年下降 15%	能效提升：2025 年能耗强度较 2020 年下降 20%
		结构改善：2025 年煤炭占比为 24%，天然气 7%，电力 54.2%	结构改善：2025 年煤炭占比为 22%，天然气 8%，电力 54.5%
	其他服务业	结构减排：2030 年淘汰每小时 35 蒸吨以下燃煤锅炉	结构减排：2025 年淘汰每小时 35 蒸吨以下燃煤锅炉
		工程减排：排放标准升级	工程减排：排放标准升级
		能效提升：2025 年能耗强度较 2020 年下降 15%	能效提升：2025 年能耗强度较 2020 年下降 20%
		结构改善：2025 年煤炭占比为 24%，天然气 7%，电力 53.6%	结构改善：2025 年煤炭占比为 22%，天然气 8%，电力 54.2%

		中减排情景	高减排情景
生活源	城镇生活	工程减排：排放标准升级	工程减排：排放标准升级
		能效变化：随着收入增加，到 2025 年人均能耗比 2020 年上升 13%	能效变化：随着高能效电器普及应用，2025 年人均能耗比 2020 年上升 10%
		结构改善：2025 年煤炭、天然气、电力占比分别为 6%、17.3%和 76.7%	结构改善：2025 年煤炭、天然气、电力占比分别为 5%、26.9%和 77.7%
	乡村生活	工程减排：排放标准升级	工程减排：排放标准升级
		能效变化：随着收入增加，到 2025 年人均能耗比 2020 年上升 13%	能效变化：随着高能效电器普及，到 2025 年人均能耗比 2020 年上升 10%
		美丽乡村：2025 年煤炭、天然气、电力占比分别为 8%、13.2%和 71.5%	美丽乡村：2025 年煤炭、天然气、电力占比分别为 4%、18.9%和 72%
	城镇供暖	工程减排：排放标准升级	工程减排：排放标准升级
		结构改善：2025 年集中供热、天然气、电力占比分别为 52%、10%和 8%	结构改善：2025 年集中供热、天然气、电力占比分别为 70%、10%和 10%
	乡村供暖	工程减排：排放标准升级	工程减排：排放标准升级
		美丽乡村：2025 年煤炭、电力占比分别为 10%和 60%	美丽乡村：2025 年煤炭、电力占比分别为 8%和 70%
移动源	客运	结构减排：2025 年前淘汰国二及以下排放标准汽车	结构减排：2025 年前淘汰国三及以下排放标准汽车
		工程减排：排放标准升级	工程减排：排放标准升级
		能效提升：燃油经济性标准升级，到 2025 年提高 10%	能效提升：燃油经济性标准升级，到 2025 年提高 10%
		结构改善：到 2025 年新能源车在大、中、小型客车保有量占比略有提高	结构改善：到 2025 年新能源车在大、中、小型客车保有量占比较大提高
	货运	结构减排：2023 年年底前，淘汰国三及以下排放标准柴油货车	结构减排：2025 年年底前，淘汰国四及以下标准柴油货车
		工程减排：排放标准升级	工程减排：排放标准升级
		能效提升：燃油经济性标准升级，到 2025 年提高 10%	能效提升：设置同中减排情景
		结构改善：到 2025 年新能源车在微型、轻型货车保有量占比略有提高，燃气车在重型货车中比重略有提升	结构改善：到 2025 年新能源车在微型、轻型货车保有量占比较大提高，燃气车在重型货车中比重较大提升

	中减排情景	高减排情景
发电结构	工程减排：排放标准升级	工程减排：排放标准升级
	能效改善：提高煤电机组效率，到 2025 年，现役煤电机组改造后平均供电煤耗降至 300 g 标准煤/（kW·h）以下	能效改善：提高煤电机组效率，到 2025 年，现役煤电机组改造后平均供电煤耗降至 295 g 标准煤/（kW·h）以下
	结构优化：到 2025 年，风电、光伏、生物质能和水电等可再生能源发电装机分别为 290 万 kW、1 000 万 kW、30 万 kW、1.4 万 kW	结构优化：到 2025 年，风电、光伏、生物质能和水电等可再生能源发电装机分别为 350 万 kW、1 200 万 kW、40 万 kW、1.8 万 kW

7.2.2.2 基准年模拟

基于潍坊市 2020 年大气污染物排放清单和潍坊市统计年鉴数据对基准年进行数据校准。校核结果如表 7-3 所示。

表 7-3 基准年能源消费情况 单位：10^3 t 标准煤

部门\能源	煤炭	石油	天然气	生物质能	电力	热力	合计
第一产业	144.7	282.8	—	201.8	286.3	412.1	1 327.8
第二产业	9 994.6	216.3	1 346.4	826.1	6 086.0	5 653.7	24 123.1
第三产业	1 651.2	20.3	221.2	—	549.6	2 767.2	5 209.5
移动源	—	2 046.2	234.1	—	161.3	—	2 441.6
生活源	2 647.1	105.9	299.0	159.1	814.4	832.8	4 858.2
合计	14 437.6	2 671.6	2 100.6	1 187.0	7 897.6	9 665.8	37 960.2

由于城市能源数据基础相对薄弱，所以能源部分主要对工业部门分品种能源消费量、全社会用电量进行了校核。课题组同时将 SO_2、NO_x、PM_{10}、$PM_{2.5}$ 等的相关数据与 2020 年大气污染物排放清单各种排放源数据进行了校核，本模型的污染物排放数据与清单数据基本上保持一致。

7.2.2.3　模拟结果分析

（1）能源消费

不同情景下潍坊市能源消费趋势如图 7-1 所示。在基准情景下，由于没有新的政策驱动和节能减排约束，潍坊市能源消费呈现持续快速增长态势，2025 年能源消费总量为 5 156 万 t 标准煤，相当于 2020 年能源消费的 1.36 倍。在中减排情景下，2025 年能源消费总量为 4 245 万 t 标准煤，与基准情景相比节能 911 万 t 标准煤。在高减排情景下，潍坊市能源需求增速显著放缓，2025 年能源消费总量为 4 008 万 t 标准煤，分别相当于 2020 年能源消费的 1.06 倍。

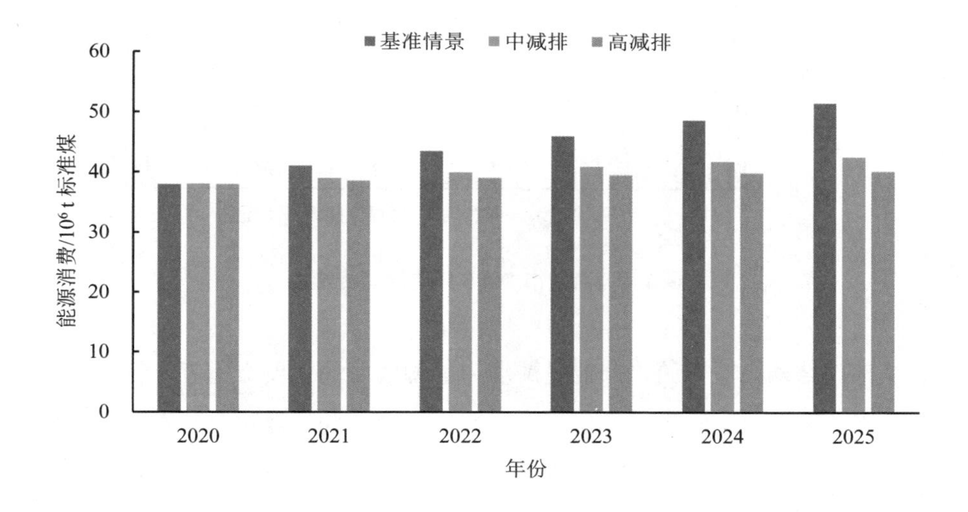

图 7-1　不同情景下潍坊市能源消费趋势

潍坊市 2025 年能源消费结构如图 7-2 所示。从终端能源消费结构看，潍坊市电力、热力行业占据主导地位，煤炭、石油和天然气等化石燃料消费也保持较高比重。2025 年，在基准情景下，电力、化石燃料消费占比分别为 20.6%和 50.7%；在中减排情景下，电力、化石燃料消费占比分别为 23.6%和 47.4%；在高减排情景下，电力、化石燃料分别占能源消费总量的 24.4%和 46.1%。

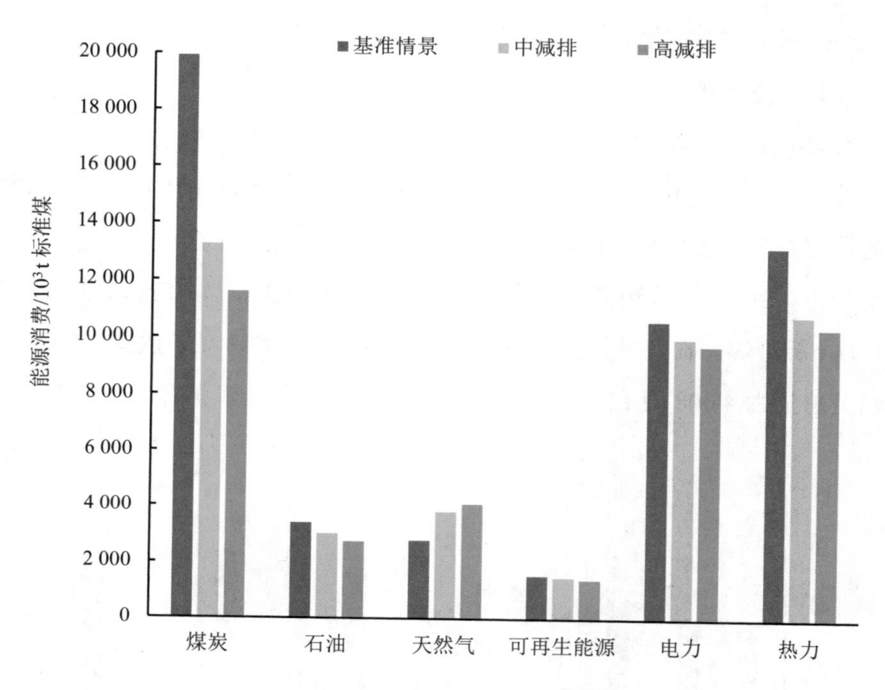

图 7-2　潍坊市 2025 年能源消费结构

从部门结构来看，第二产业是潍坊市能源消费的主要贡献者，特别是工业部门（表 7-4）。2020 年，第二产业部门能源消费约占潍坊市终端能源消费总量的 63.5%，其中化学原料和化学制品制造业，电力、热力生产和供应业，石油加工炼焦及核燃料加工业，黑色金属冶炼和压延加工业四大行业能源消耗约占第二产业能源消费的 60.5%。在基准情景下，2025 年第二产业仍是能耗大户，贡献了潍坊市终端能源消费总量的 64.9%。在两个减排情景下，由于能源结构改善、能效提升以及产业结构调整等政策驱动，第二产业内部高耗能部门的能源消费占比有所下降，其中，在高减排情景下，2025 年三大高耗能行业的能源消耗占比将减少至 59.9%。

表 7-4　潍坊市 2025 年第二产业部门能源消费

单位：10^3 t 标准煤

部门	基准情景	中减排情景	高减排情景
石油加工炼焦及核燃料加工业	3 713.0	2 897.8	2 728.4
化学工业	9 327.4	7 437.5	7 000.0
非金属矿物制品业	452.5	355.7	334.8
黑色金属冶炼和压延加工业	2 131.0	1 681.8	1 582.9
有色金属冶炼和压延加工业	96.7	69.4	65.3
电气机械设备制造	32.3	24.0	22.6
电力、热力生产和供应业	4 713.9	3 747.3	3 526.9
其他制造业	11 817.0	9 630.6	9 064.1
建筑业	603.4	475.3	447.4
合计	32 887.2	26 319.4	24 772.2

（2）$PM_{2.5}$ 排放

鉴于化石燃料在能源结构占主导，且产业结构偏重、交通运输结构倚重公路交通，潍坊市大气污染防治形势一直以来面临严峻挑战，特别是 $PM_{2.5}$、PM_{10} 和 NO_x 等主要污染物减排压力很大。不同情景下 $PM_{2.5}$ 排放趋势见图 7-3。在基准情景下，由于潍坊市能源需求持续快速增长，能源结构偏重，所以 $PM_{2.5}$ 排放增长迅速，2025 年将达到 6 961.7 t，相当于 2020 年排放量的 1.2 倍。由于潍坊市高耗能行业“散乱污”整治、工业炉窑治理、淘汰老旧汽车、散煤治理、节能和能效改善、排放标准升级等政策措施的实施，$PM_{2.5}$ 排放增长态势将在一定程度上受到抑制，所以在中减排情景下，2025 年潍坊市 $PM_{2.5}$ 排放量为 4 319.6 t，与基准情景相比减排 2 642.1 t。在高减排情景下，通过能源结构和产业结构深度调整优化、清洁运输、乡村振兴等政策措施的实施，潍坊市 2025 年 $PM_{2.5}$ 排放将下降至 3 558.5 t，即较基准情景减排 3 403.2 t。

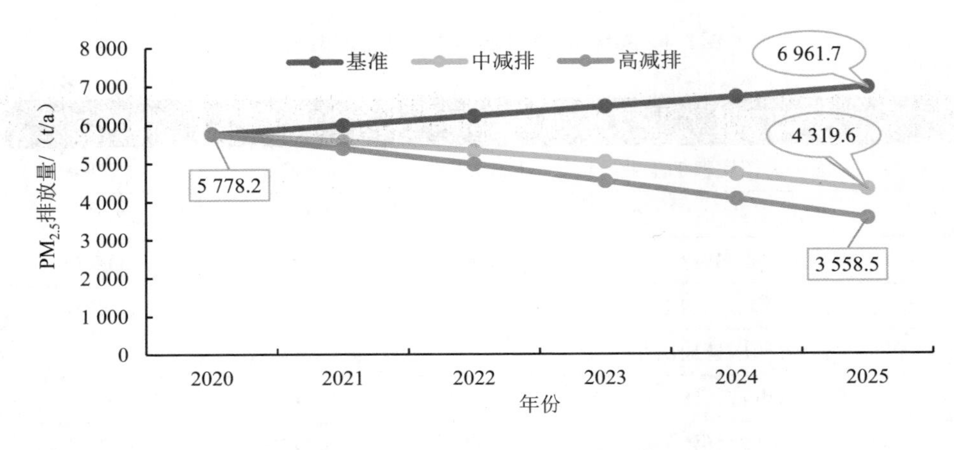

图 7-3 不同情景 $PM_{2.5}$ 排放趋势

从 $PM_{2.5}$ 排放的部门分布来看（图 7-4），生活源是 $PM_{2.5}$ 的主要排放来源。在基准情景下，2025 年生活源 $PM_{2.5}$ 排放占比从 2020 年的 82.6%降至 80.4%，同期第三产业占比从最初的 9.3%升至 10.6%。相比较而言，中减排和高减排情景下虽然 $PM_{2.5}$ 排放量大幅下降，但生活源排放占比相对较高，分别为 83.1%和 84.0%。

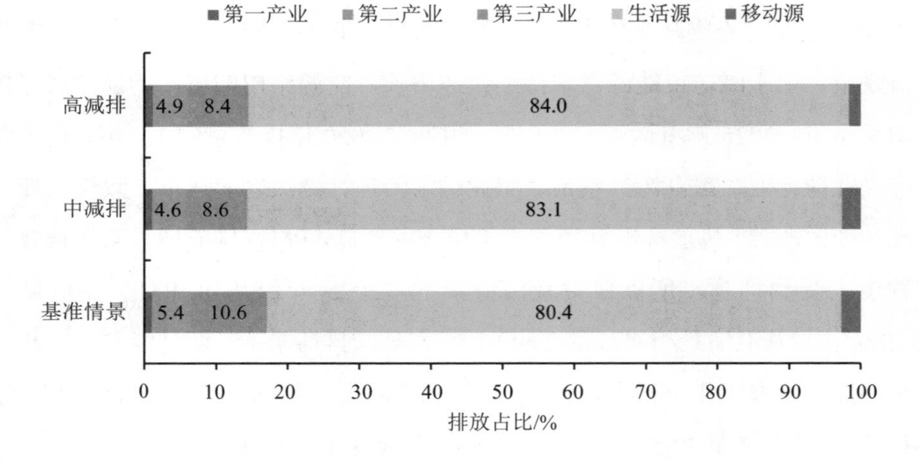

图 7-4 不同情景 2025 年 $PM_{2.5}$ 排放结构

（3）NO_x 排放

不同情景下 NO_x 排放趋势见图 7-5。在基准情景下，随着能源需求持续增长，且没有出台新的减排政策措施，所以 NO_x 排放增长迅速，2025 年潍坊市排放达到 21 702.6 t，约相当于 2020 年排放的 1.33 倍。由于工业和交通领域排放标准升级、分时限淘汰老旧汽车、清洁运输等减排措施的实施，潍坊市特别是第二产业污染物排放快速增长的态势在一定程度上受到抑制，所以在中减排情景下，2025 年潍坊市 NO_x 排放为 15 075 t，与基准情景相比减排 6 627.6 t。在高减排情景下，通过实行能源结构改善、能耗强度下降、产业结构调整以及交通运输结构优化等方面的强化政策与行动，潍坊市 NO_x 排放水平将进一步下降，2025 年 NO_x 排放量减少至 12 600.5 t。

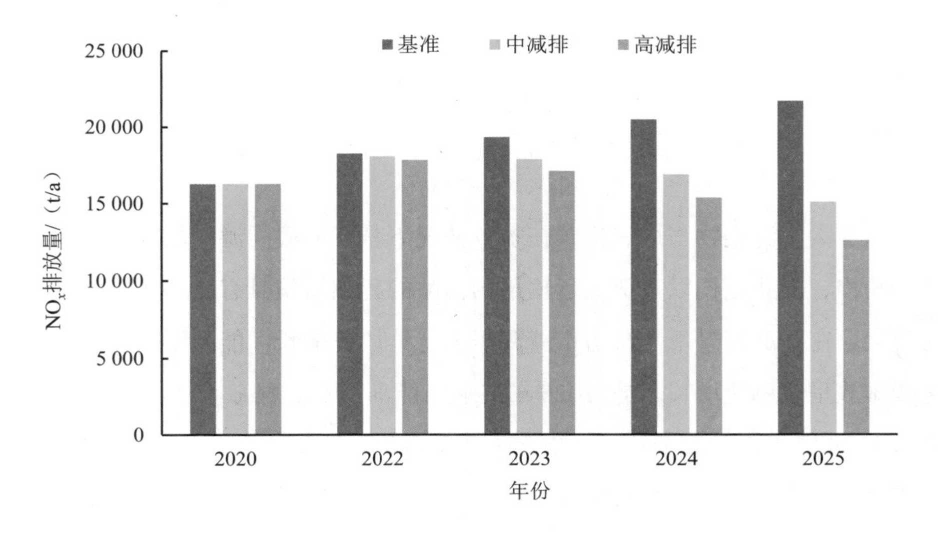

图 7-5 不同情景下 NO_x 排放趋势

从排放结构分布来看（图 7-6），第二产业和移动源是潍坊市 NO_x 主要排放来源。在基准情景下，2025 年第二产业在 NO_x 排放总量中占比从 2020 年的

58.9%升至 60.2%，同期移动源占比从 31.4%降至 30.9%。相比较而言，在中减排和高减排情景下，尽管 NO_x 排放总量大幅下降，但第二产业占比仍然较高，分别为 58.4%和 55.8%。

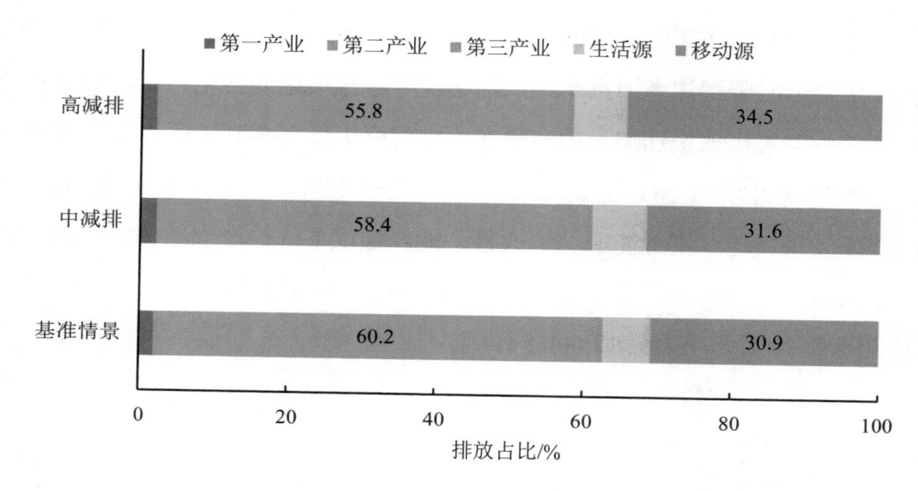

图 7-6 不同情景 2025 年 NO_x 排放结构

（4）CO_2 排放

由于大气污染物与二氧化碳在多数情况下具有同根同源排放的特征，所以能源结构、产业结构以及交通运输结构调整的各项措施具有协同减少二氧化碳的效果。在基准情景下，潍坊市能源需求持续快速增长，能源结构偏重，二氧化碳排放呈现迅速增长态势，2025 年终端用能部门 CO_2 排放将达到 6 382 万 t，相当于 2020 年排放的 1.33 倍。由于工业炉窑治理、淘汰老旧汽车、散煤治理、节能与能效改善、美丽乡村建设等政策与行动的实施，二氧化碳排放增长态势将在一定程度上受到抑制，所以在中减排情景下，2025 年潍坊市 CO_2 排放量为 4 852 万 t，与基准情景相比减排 1 530 万 t。在高减排情景下，通过能源结构、产业结构和交通运输结构等方面的深度优化调整，潍坊市 2025 年将降至 4 391 万 t，即较基准情景减排 1 991 万 t。

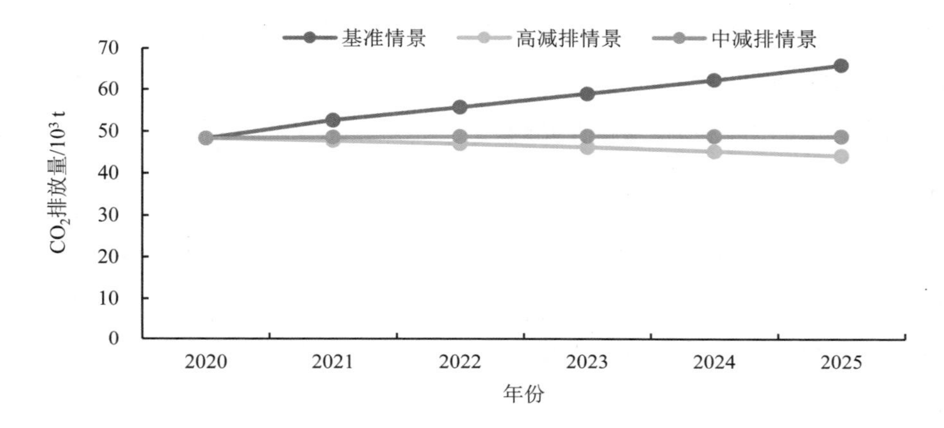

图 7-7　不同情景 CO_2 排放趋势

7.2.2.4　协同减排潜力分析

从能源节约来看（图 7-8），中减排、高减排情景与基准情景相比，节能效果明显，特别是在高减排情景下，由于综合运用能源结构、产业结构和交通运输结构等调整优化措施，以及乡村振兴、清洁运输等行动的开展，节能潜力最大，以 2025 年为例，与基准情景相比可实现 1 057.7 万 t 的节能量，相当于 2020 年潍坊市终端能源消费总量的 28%。

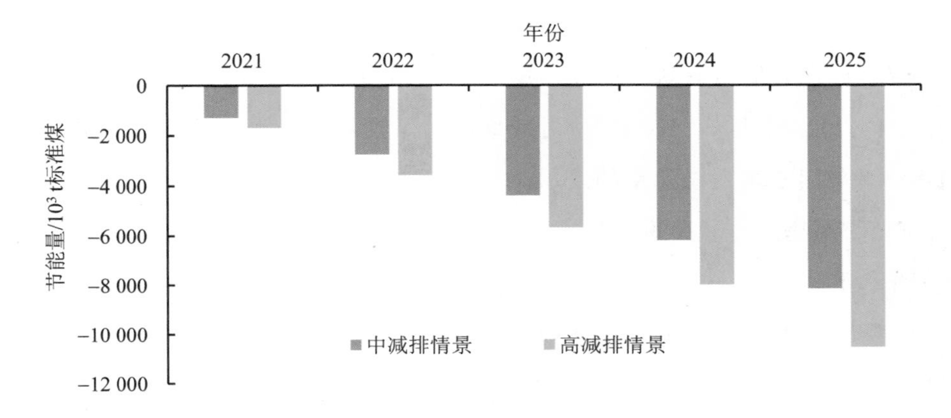

图 7-8　不同减排情景下节能潜力（与基准情景相比）

就 $PM_{2.5}$ 减排而言（图 7-9），两种减排情景与基准情景相比，减污效果明显。其中，在中减排情景下，2025 年可实现 $PM_{2.5}$ 减排 2 642 t。在高减排情景下，2025 年可实现 $PM_{2.5}$ 减排 3 403 t。

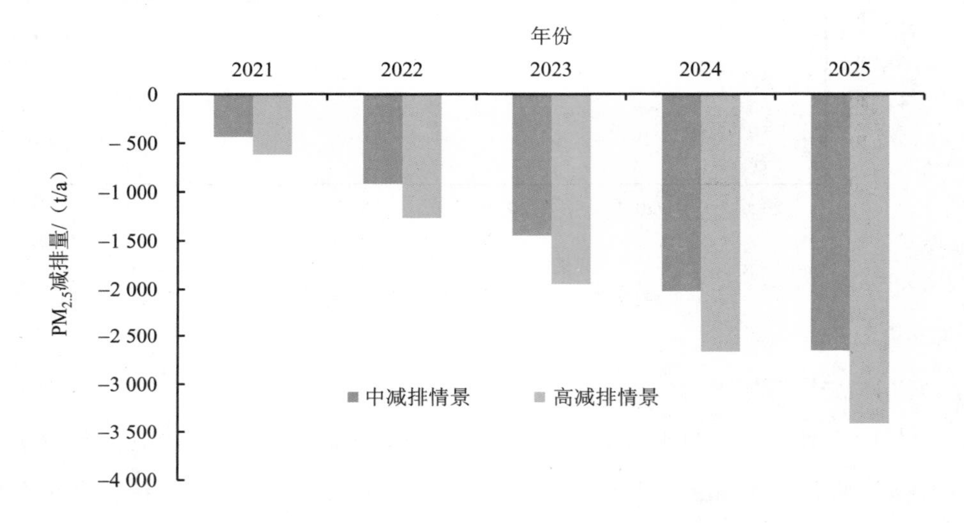

图 7-9 不同情景下 $PM_{2.5}$ 减排潜力

就 CO_2 减排而言（图 7-10），两种减排情景与基准情景相比，减污降碳减排效果明显，特别是在高减排情景下，由于能源结构优化、节能与能效改善、产业结构升级、清洁运输与乡村振兴等诸方面的措施形成合力，协同减排潜力最大，以 2025 年为例，终端部门可减少 CO_2 排放 1 991 万 t，相当于 2020 年潍坊市终端部门 CO_2 排放总量的 41%。从图 7-11 可知，第二产业是 CO_2 排放大户，其内部减排潜力最大的五个部门分别是化学原料及化学制品制造业，电力、热力生产和供应业，石油加工炼焦业，非金属矿物制品业，黑色金属冶炼和压延加工业，以 2025 年高减排情景为例，高减排情景下这五个高耗能行业分别可以贡献第二产业 CO_2 减排量的 35.8%、18.3%、18.6%、2.5%和 7.7%。

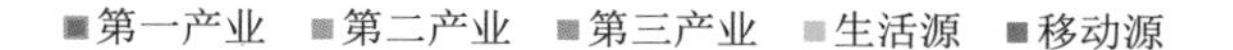

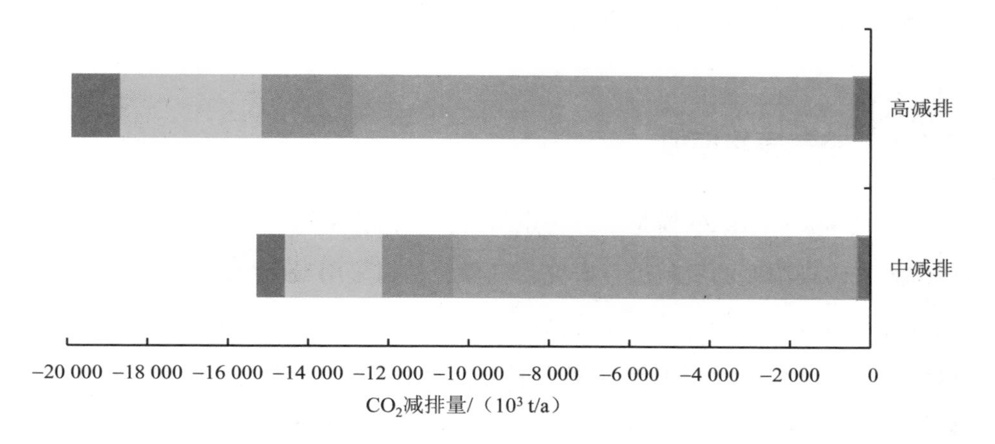

图 7-10　2025 年不同情景下 CO_2 减排潜力

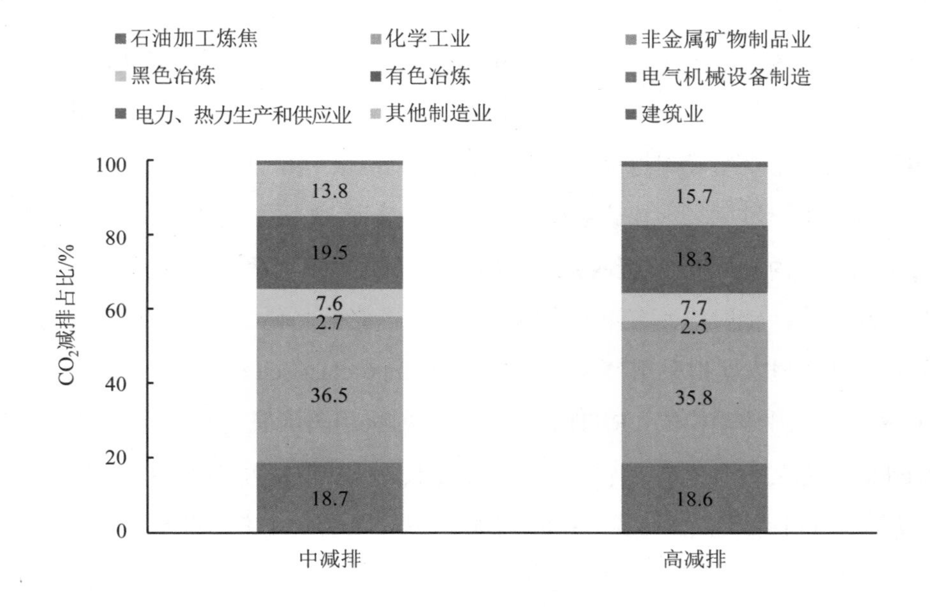

图 7-11　2025 年第二产业不同部门 CO_2 减排贡献

7.3 空气质量改善情景达标分析

7.3.1 空气质量模拟

通过 WRF-CMAQ 模型对潍坊市所有大气污染来源以及人为减排活动对潍坊市大气污染浓度的贡献进行研究。气象模型拟采用最新版的 WRF（Weather Research Forecast）模式，该模式系统是美国气象界联合开发的新一代中尺度预报模式和同化系统。WRF 模式集成了迄今为止中尺度领域最新的研究成果，适合用来进行 1～10 km 内高分辨率模拟，也可用作各种不同广泛应用的数值模式。该模式采用高度模块化、并行化和分层设计技术。模拟和实时预报试验表明，WRF 模式系统在预报各种天气中都具有较好的性能，应用前景广阔。

模拟评估区域拟采用三层嵌套，嵌套区域基本以潍坊市为中心，最外层区域覆盖中国大部分地区，分辨率为 36 km×36 km，网格数为 170×130，第二层区域覆盖中国中东部地区，分辨率为 12 km×12 km，网格数为 163×151，最内层区域覆盖潍坊市全境及周边地区，分辨率为 4 km×4 km，网格数为 82×82。为了更好地模拟三维风场，模式系统垂直分层拟分为 32 层，模式顶为 50×10^2 Pa，其中边界层内（2 km 范围内）有 14 层。模式的物理参数化方案对模拟的气象场（如温度、辐射等）有重要影响，进而也能影响光化学反应、气溶胶的形成等。云微物理方案拟采用 WRF Single-Moment 6-class scheme 方案，长波辐射拟采用快速辐射传输模式（RRTM），短波辐射采用美国航空航天局（NASA）的 Goddard 方案。边界层方案对地表气象参数的预报具有重要影响，因此，对边界层方案进行本地化设置，通过对不同边界层参数化方案的敏感性实验，选择总体效果最优的方案。随着城市的日益扩大，城市对边界层气象的影响也日益突出，从而影响城市中大气污染物的扩散和反应。

7.3.2 可达性分析

按照潍坊市“十四五”空气质量目标，依据不同减排情景进行污染物浓度模拟，提出科学、有效的减排方案，达到 2025 年污染物控制目标。

以 2020 年为基准年，通过多情景模拟分析对比，确定潍坊市未来环境质量目标作为约束条件下，潍坊市主要排放污染物排放量目标削减比例见表 7-5。

表 7-5　潍坊市 2025 年主要污染物排放量目标削减比例（基于 2020 年）

项目	$PM_{2.5}$	PM_{10}	SO_2	NO_x	CO	VOCs
减排比例/%	25.2	25.2	21.8	7.3	22.5	21.6

在中减排情景下，通过实施优化产业结构、调整能源结构、工业行业提标改造、移动源污染治理等措施并考虑新增量后，规划年污染物排放量大幅降低。此外，综合考虑扬尘源等面源等综合整治及 VOCs 深度治理等相关措施后，相较 2020 年，预计 2025 年 $PM_{2.5}$、PM_{10}、SO_2、NO_x、CO 和 VOCs 排放量分别减排 28.0%、25.3%、23.0%、7.8%、25.4%和 27.3%。

即在上述减排情景下，能达到目标削减比例要求，如减排措施按期全部实施，同时假定外来源减排比例与潍坊市减排力度相当，2025 年潍坊市环境空气质量目标可实现。

7.4 空气质量改善行动方案

7.4.1 任务选取和实施原则

7.4.1.1 任务选取原则

结合潍坊市大气环境特征和分阶段空气质量改善需求，从优化调整能源和产业结构以及深化重点污染源减排的角度出发，按照以下原则对控制措施进行筛选。

①空间敏感性原则。结合大气污染物分布特征，对位于潍坊市大气环境敏感区的污染源进行优先控制。

②污染源优先序原则。结合潍坊市大气污染物排放清单以及大气污染物排放控制现状，对污染物排放量大、排放强度高、控制水平低的污染源进行优先控制。

③多污染物协同控制原则。SO_2、NO_x、VOCs 等气态前体物的二次转化均对 $PM_{2.5}$ 浓度有重要贡献，在深化颗粒物减排的同时，需加强对 SO_2、NO_x、VOCs 等相关大气污染物的协同控制。

7.4.1.2 任务实施原则

为全面提高潍坊市环境空气质量，保障公众健康，促进潍坊市社会经济的全面可持续绿色发展，实施空气质量改善和达标战略。综合考虑潍坊市经济发展特点和大气污染现状，不断优化产业结构、能源结构、用地结构、交通结构，强化污染控制措施，实施控制工业源排放、减少挥发性有机物排放、降低移动源排放，逐步实现从末端治理向源头控制、从重点领域控制向全面综合控制、从粗放管控向精准施策转变。

在规划阶段，随着污染及控制措施的逐步升级，潍坊市的经济产业结构、空间布局不断优化，逐步实现从末端治理向源头治理，从重点领域企业控制向综合协同控制的战略转变，并强化大气污染联防联控。

7.4.2 重点任务

7.4.2.1 优化产业结构，优化产业空间布局

（1）优化产业布局，严格环境准入

推进重点污染企业退城搬迁，推动不符合城市建设规划、行业发展规划、

生态环境功能定位的重点污染企业退出城市建成区。禁止新增化工园区，加大现有化工园区整治力度。已明确的退城企业，要明确时间表，逾期不退城的予以停产。

坚持环境质量“只能更好，不能变坏”的底线，严格落实污染物排放总量和产能总量控制刚性要求。实施“四上四压”，坚持“上新压旧”“上大压小”“上高压低”“上整压散”。“两高”项目建设做到产能减量、能耗减量、煤炭减量、碳排放减量和污染物排放减量“五个减量”替代，新（改、扩）建项目要减量替代，已建项目要减量运行。提高非金属矿物制品业、农副食品加工业、橡胶和塑料制品业以及化学原料和化学制品制造业等行业的准入门槛，淘汰砖瓦等一批落后产能行业，确保按时完成，取得阶段性进展。完善生态环境准入清单，强化项目环评及“三同时”管理，国家、省绩效分级重点行业的新建、改建、扩建项目达到 B 级以上要求。

（2）加快落后产能淘汰，推动工业企业绿色发展

实施工业低碳行动，推进煤化工、水泥、铝加工、玻璃、耐火材料制品、煤电等产业绿色、减量、提质发展，开展全流程清洁化、循环化、低碳化改造，加快建设绿色制造体系。严格执行对钢铁、地炼、焦化、煤电、水泥、轮胎、平板玻璃、氮肥等重点行业产能置换要求，确保产能总量只减不增。严禁新增水泥熟料、粉磨产能。

推进重点行业绿色化改造。提高铸造、化工、砖瓦、玻璃、耐火材料、印染、陶瓷、制革等行业的园区集聚水平，深入推进园区循环化改造。推动钢铁、建材、石化等原材料产业布局优化和结构调整。推动重点行业加快实施限制类产能装备的升级改造，在完成钢铁行业超低排放改造的基础上，有序开展水泥、焦化等行业超低排放改造。提升钢铁行业高端钢铁产品供给水平和电炉短流程炼钢能力，鼓励高炉—转炉长流程钢铁企业转型为电炉短流程企业。

（3）大力推进清洁生产

严格执行产品能效、水效、能耗限额、碳排放、污染物排放等标准，加强项目建设和产品设计阶段清洁生产。新（改、扩）建项目进行环境影响评价时，应分析论证原辅材料使用、资源能源消耗、资源综合利用、厂内外运输方式以及污染物产生与处置等，对使用的清洁生产技术、工艺和设备进行说明，相关情况作为环境影响评价的重要内容。鼓励企业在产品和包装物设计时充分考虑其在生命周期中对人类健康和环境的影响，优先选择无毒、无害、易于降解或者便于回收利用的方案。依法在重点行业实施强制性清洁生产审核，鼓励其他企业开展自愿性清洁生产审核。强化重点用能单位节能管理，实施能量系统优化、节能技术改造等重点工程。探索开展行业、工业园区和企业集群整体审核模式。开展重点行业和重点产品资源效率对标提升行动，实施能效、水效“领跑者”制度。实施企业清洁生产领跑行动，研究将碳排放绩效纳入清洁生产审核，发挥清洁生产对促进碳达峰、碳中和的贡献作用。

构建绿色产业链供应链。推动建立以资源节约、环境友好为导向的采购、生产、营销、回收及物流体系。积极应用物联网、大数据和云计算等信息技术，建立绿色供应链管理体系，加快推进工业产品生态设计和绿色制造研发应用，实现产品全周期的绿色管理，在化工、汽车制造等重点行业推广先进、适用的绿色生产技术和装备。坚持高端化、差异化、特色化发展，放大高端石化产业基地的示范引领和虹吸效应，发挥中化弘润石化、山东海化、鲁清石化、大地盐化等优势企业带动作用，建成以油盐化工产品接续利用为特色的绿色化工产业集聚区。选树绿色示范企业、绿色工厂、绿色园区。

（4）优化企业空间布局，逐步推进企业绿色循环发展

优化企业空间布局。针对砖瓦、水泥制品等资源利用量大、企业布局松散、存在严重资源浪费和环境污染的企业集约化发展，推动企业总体减量，扶持生产效益好、管理水平高、生产设施和污控设施完备的企业规模性发展。

根据企业生产原辅材料、能源使用情况，全面梳理企业上下游能源流向和原辅材料生产流向，推动具有上下游产业链、能源链关系的企业聚集发展，形成高效联动的产业集群。逐步形成以水泥熟料、焦化等基础性“两高”企业为中心，聚集砖瓦、水泥制品、水泥粉磨、发电供热、精细化工、岩矿棉等行业企业为周边产业。形成周边企业帮中心企业消纳环境副产品，提高能源利用率；中心企业为周边企业提供尾气、工业余热等能源，减少周边企业生产过程中化石能源消耗和环境污染的绿色循环产业网。

7.4.2.2　能源结构优化，发展清洁低碳体系

优化能源供给结构。严格落实国家、省相关要求，加速能源体系清洁低碳发展，推动非化石能源成为能源消费增量的主体。严控化石能源消费总量，推动煤炭等化石能源清洁高效利用。实施可再生能源替代行动，结合各县（市、区）特点，因地制宜推进新能源产业发展，加快推进光伏发电多场景融合发展，积极推动整县分布式光伏开发利用，有序开发利用风电资源，实施“百乡千村”绿色能源发展行动，稳妥开展核能小堆选址，适时启动示范工程建设，科学推动生物质燃料应用、地热能循环利用，大力发展生物质能、地热能等清洁能源。利用北部盐碱滩涂地资源禀赋，集中打造千万千瓦级盐碱滩涂地风光储一体化智慧能源基地，积极试点源网荷储、多能互补一体化项目。大力实施“气化潍坊”战略，进一步完善天然气输配网络、调峰储备站和加气站等基础设施。稳步加强智能电网建设，强化特高压骨干网络建设，提高“外电入潍”中清洁电力比例。深入实施“氢进万家”科技示范工程。

压减煤炭消费总量。持续推进煤炭减量替代，按照省下达目标要求，制订“十四五”煤炭消费压减方案和年度计划，2025 年煤炭消费总量压减 10%左右。严控新增耗煤项目建设，合理控制煤电建设规模和发展节奏，不新增燃煤自备电厂，新增用电需求主要由非化石能源发电和外输电满足。煤电发电量、清洁能源发电量、市外电量占全社会用电量的比重由 50∶11∶39 优化到 36∶29∶

35，完成省分配的控制目标。

（1）电厂

基本完成30万kW及以上热电联产电厂30 km供热半径范围内低效小热电机组（含自备电厂）关停整合，严格按照减容量“上大压小”政策规划建设清洁高效煤电机组。到2022年，有序关停淘汰中温中压及以下参数、年平均供电煤耗高于304 g标准煤/（kW·h）或未达到超低排放标准的低效燃煤机组，对于确因热力无法接续不能关停的，改造升级为高温高压及以上参数，5万kW等级以上机组改造为采暖季高背压运行，5万kW等级及以下抽凝机组改造为背压机组，1个热电厂原则上最多保留1台抽凝机组。提高煤电使用效率，到2025年，现役煤电机组改造后平均供电煤耗降至300 g标准煤/（kW·h）以下，电力总装机量达到2 000万kW左右。

严格生物质发电和垃圾焚烧发电的审批准入力度，严控技术落后、管理不达标的生物质发电厂和垃圾发电厂建成落地。针对生物质产量大且分散、能源基础薄弱的镇村，鼓励推广采用生物质沼气发电新型技术（安丘大盛镇有规模化使用），实现“废物处理+清洁能源+有机肥料”三位一体秸秆资源化利用路径，提高经济效益。

（2）锅炉

禁止新建每小时35蒸吨及以下燃煤锅炉，对新建每小时35蒸吨以上的燃煤锅炉严格执行煤炭等量或减量替代。新建、改建生物质锅炉不得掺烧煤炭、重油、渣油等化石燃料。对污染物排放不能稳定达到锅炉排放标准和重点区域特别排放限值要求的生物质锅炉进行整改或淘汰。实施终端用能清洁化替代。大力推广终端用能清洁化，加快工业、建筑、交通等各用能领域电气化、智能化发展，推行清洁能源替代。对以煤、石焦油、渣油、重油等为燃料的锅炉和工业炉窑，加快使用清洁低碳能源以及工厂余热、电力热力等进行替代。重点削减小型燃煤锅炉、民用散煤与农业用煤消费量，促进煤炭集中使用、清洁利用。实施乡村清洁能源建设工程。

（3）民用散煤

①持续推进散煤污染治理工作，强化散煤源头管控。开展煤炭经营网点整治，合理布局规划，坚决取缔非法散煤经营网点。实行镇街煤炭经营网点规划总量控制和定点管理制度，经营网点名录定期向社会公开，实现分类动态监管。对全市经营性储煤场地布点规划范围外的散煤销售网点依法依规予以取缔。对高污染燃料禁燃区和实施“气代煤”“电代煤”的区域，一律取消散煤经营网点，禁止向其范围内的单位或个人销售煤炭，严禁散煤流入。为实现煤炭质量全面达标，加大煤质抽检频次和范围，做到加工、流通、使用等各环节全覆盖，确保全市散煤经营、燃用的煤炭符合煤炭质量标准。对抽检中发现不符合质量标准要求的煤炭，及时将检测报告、影像资料等有关材料移送当地市场监管等部门立案处理。联合市场监管等部门在全市范围内开展打击整治销售劣质散煤专项行动，严厉查处、依法打击掺杂使假、以次充好、非法流动售煤、非法散煤点，销售和使用劣质散煤等违法违规行为。

②设立城市高污染燃料禁燃区，加强禁燃区监管。2025 年，将已全面完成集中供暖和“双替代”改造的区域划定为“高污染燃料禁燃区”，禁燃区内禁止使用煤炭等高污染燃料，逐步实现无煤化。在“高污染燃料禁燃区”范围内，“双替代”改造到位或实施集中供热后，实现除煤电、集中供热和原料用煤外燃煤“清零”，其他单位和个人禁止销售、储存、运输、使用散煤（含洁净型煤）。以已完成改造区域的临街商铺、城中村和集贸市场为重点，建立定期排查制度，完善燃煤使用台账管理，有效保证清洁区域的燃煤清零。建立散煤禁烧长效监管机制，纳入网格化管理，严肃查处违法行为。拉网式排查并依法查处禁燃区销售使用燃煤行为。实施种植业、畜禽养殖业和烤烟房的散煤管控。

③积极推进清洁取暖。在集中供热管网无法覆盖区域和使用炊事散煤领域，按照“宜气则气”“宜电则电”的原则，全面推进电代煤、气代煤，农村“双

替代”及其他清洁能源取暖改造。2021—2023 年，全市计划完成农村清洁取暖 40 万户，其中 2021 年计划完成农村清洁取暖 20 万户。2023 年，城区既有建筑清洁取暖率达到 97%，供暖面积的清洁取暖率已经达到 99%，对于剩余部分零散散煤燃烧用户，采取热电联产工程进行改造，清洁取暖率达到 100%，集中供热比例力争达到 88%。县城通过进行清洁取暖改造，完成集中供热管网普及工程、热电联产集中供热工程、工业余热利用工程，清洁取暖率达到 100%，具备集中热源的边远县城集中供热比例力争达到 80%。农村地区是潍坊市清洁取暖改造的重点区域，采用空气源热泵、燃气壁挂炉、生物质集中锅炉、工业余热、水地源热泵工程等完成清洁取暖改造，实现农村清洁取暖率达到 85%。农村地区以乡镇为单元整体推进，清洁能源改造与市场散煤销售监管双管齐下，确保不返煤。2025 年，实现潍坊市城区清洁取暖普及率达到 100%，县城清洁取暖普及率达到 100%，逐步实现农村地区 100%清洁取暖，农业种养殖业及农副产品加工业燃煤设施清洁能源替代。

7.4.2.3 运输结构调整，构建绿色交通体系

优化交通运输结构。加大运输结构调整力度，减少公路周转量，基本形成大宗货物和集装箱中长距离运输以铁路和水路运输为主的格局。深入推进铁路专用线建设，实施潍坊申易物流专用线、大莱龙铁路昌邑物流园专用线、胸沂铁路卧龙物流园专用线、胜星铁路物流园专用线等项目规划建设。支持砂石、煤炭、钢铁、电力、焦化、水泥等大宗货物年运输量 150 万 t 以上的大型工矿企业以及大型物流园区新（改、扩）建铁路专用线，具有铁路专用线的，大宗货物原则上由铁路运输。新（改、扩）建涉及大宗物料运输的建设项目，原则上不得采用公路运输。积极对接国家、省级油气管道工程，加快推动黄潍管道复线建设，鼓励企业建设油气管道基础设施。建设集疏港铁路网络，2023 年潍坊港疏港铁路建成通车。开展西港区寿光作业区疏港铁路的规划研究，力争到“十四五”期末，各港区全面接入疏港铁路。加快中港区铁路专用线、铁路装卸

场站及配套设施规划建设，打通铁路进港“最后一公里”。到 2025 年，铁路和水路大宗货物运输量占比较 2020 年提升 3 个百分点。

推动车船升级优化。全面实施国六排放标准，鼓励将老旧车辆和非道路移动机械替换为新能源车辆，持续推进清洁柴油车（机）行动。加强国六重型柴油货车环保达标监管，自 2021 年 7 月 1 日，严禁生产、进口、销售和注册登记不符合国家第六阶段排放标准要求的重型柴油车。严格落实国家、省要求，加速淘汰高排放、老旧柴油货车，2023 年年底前，淘汰国三及以下排放标准柴油货车，2025 年年底前，完成淘汰国四及以下排放标准营运柴油货车省级下达任务。加快全市车用液化天然气（LNG）加气站、内河船舶 LNG 加注站、加氢站、充电桩布局，在交通枢纽、批发市场、快递转运中心、物流园区等建设充电基础设施。推进新能源汽车使用，2025 年年底前，新能源汽车新车销量占比达 20% 左右，其中燃料电池汽车推广 1 200 辆以上。积极争取全省港口、铁路货场、物流园区等重点场所非道路移动机械零排放或近零排放示范应用试点。

构建高效集约的绿色流通体系。深入实施多式联运示范工程，发展高铁快运等铁路快捷货运产品，探索开展集装箱运输、全程冷链运输、电商快递班列等多式联运试点示范创建。严格执行商贸流通标准、规范，加强绿色发展。积极参与黄河流域省会和胶东经济圈“9+5”地市陆海联动开放合作倡议。加快推进潍坊北站高铁物流基地建设，建成国家高铁快运中心城市。推进城市绿色货运配送示范工程建设。发展绿色仓储，鼓励和支持在物流园区、大型仓储设施应用绿色建筑材料、节能技术与装备以及能源合同管理等节能管理模式。完善仓储配送体系，建设智能云仓，鼓励生产企业商贸流通共享共用仓储基础设施。大力发展海河联运。推动潍坊至旅顺客货滚装航线建设。

加强机动车全流程污染管控。加强新车源头管控，严格执行国家新生产机动车排放标准，配合省级开展机动车、发动机新生产、销售及注册登记环节监督检查。国家要求和鼓励淘汰的柴油车，公安机关交通管理部门不予办理迁入手续。实施柴油货车排放常态化执法检查，在主要物流通道、集中停放地、物流园区等区域开展尾气排放日常执法检查，定期开展专项行动，依法查处尾气超标排放、治理设施不正常运行、破坏篡改车载诊断系统（OBD）等违法行为。逐步扩大车辆高排放控制区范围，将城市规划区、高新区、开发区、各类工业园区和工业集中区划定为高排放车辆禁行区。

推进非道路移动机械监管治理。生态环境、自然资源、住房和城乡建设、交通运输、水利等部门在各自职责范围内对非道路移动机械排气污染防治实施监管。开展销售端前置编码登记工作，加强源头监管。采用自动监控和人工抽检模式，加大在用非道路移动机械排气达标监管力度。淘汰或更新升级老旧工程机械，到 2025 年，基本淘汰国一及以下排放标准或使用 15 年以上的非道路移动机械，具备条件的允许更换国三及以上排放标准的发动机，鼓励有条件的地区提前实施非道路移动机械第四阶段排放标准。按照山东省有关部署，开展非道路移动机械编码登记、定位管控，消除未登记、未监管现象。实施船舶发动机第二阶段标准和油船油气回收标准。加快船舶受电装置改造，推进岸电使用常态化。建立常态化油品监督检查机制。

严格执行汽柴油质量标准，强化油品生产、运输、销售、储存、使用全链条监管，加大执法力度，严厉打击黑加油站点和不达标油品生产企业。开展生产、销售环节车用油品质量日常监督抽查抽测，每年组织开展非标油联合执法行动，集中打击劣质油品存储销售集散地和生产加工企业，清理取缔黑加油站、流动加油车，切实保障车用油品质量。按照省级要求，开展在用车用油品的溯源工作，从源头上遏制劣质油品流入。

7.4.2.4 用地结构优化，严控面源污染

（1）加强城市绿化和矿山修复

实施矿山全过程扬尘污染防治，在基建、开采、修复等环节实施严格有效的抑尘措施。新建矿山按照绿色矿山建设规范要求建设和运营，生产矿山加快

绿色化升级改造。推进露天矿山生态保护和修复，利用卫星遥感对露天矿山生态环境实施动态监测。推动矿石采选企业全面开展装备升级及深度治理，针对原料运输、贮存、装卸、破碎、转运、筛分、出料等各个生产环节存在的无组织排放污染问题，进行全流程控制、收集、净化处理，并同步安装视频监控和相应的污染物排放监测设备，优化运输方式，减少污染物排放。

（2）加强扬尘综合管控

建立规范化长效管理机制，实施扬尘规范化管理。制定施工扬尘、堆场扬尘、道路扬尘等各类扬尘治理工作导则，明确治理目标、治理措施和责任主体，在辖区范围内建立统一、规范的扬尘污染控制标准，落实扬尘治理和监管责任。结合城市扬尘源排放清单编制工作，建立扬尘污染源管理数据库，建设城市扬尘视频监控平台，对城区施工工地、工业堆场、矿山开采等重要扬尘污染源实行动态管控，切实有效提高城市扬尘污染防治水平。全面加强各类施工工地、道路、工业企业料场堆场、露天矿山和港口码头扬尘精细化管控。严格降尘监测考核，全市平均降尘量不得高于 7 t/（月·km^2），细化各区县降尘控制要求，实施区县降尘量逐月监测排名。

1）加强施工扬尘精细化管控

建立并动态更新施工工地清单。规模以上工地安装在线监测和视频监控设施，并接入当地监管平台。2025 年，建设完成智慧工地建设平台，在中心城区主要施工工地出口、起重机、料堆等位置安装监控监测设施，并建立扬尘控制工作台账，实现施工工地重点环节和部位的精细化管理。严格落实施工工地扬尘管控责任，制订施工扬尘污染防治实施方案。将施工工地扬尘污染防治纳入文明施工管理范畴，建立扬尘控制责任制度，将扬尘治理费用纳入工程造价。合理规划施工时间和施工程序，尽量避免春季进行大规模土方作业。采暖季期间城市建成区停止各类工地土石方作业，优先保障重点项目施工。市政建设应分段施工，避免大规模的同时施工导致的扬尘排放。

全面推行绿色施工，将绿色施工纳入企业资质评价、信用评价。严格落实建筑工地扬尘防治“六个百分百”，继续推进道路施工、水利施工等线性工程“散尘”治理，强化监督监管，实行全方位管控。加强监管执法，对问题严重的，采取通报、限制招投标、降级资质等方式实施惩戒。加大巡查和抽查力度，对落实扬尘管控措施不力的施工工地，在建筑市场监管与诚信信息平台曝光，记入企业不良信用记录。督导所有建筑施工工地做到“围挡、覆盖、洒水、硬化、清洗、密闭”“六个百分百”防尘措施。施工工地“门前三包”，对施工工地门口路面及时清理、打扫。

积极推进绿色建筑发展，其中，政府投资或者以政府投资为主的公共建筑、建筑面积大于 2 万 m^2 的大型公共建筑、建筑面积大于 10 万 m^2 的住宅小区，按照二星级以上绿色建筑标准进行建设。2020 年城镇新建绿色建筑占新建建筑面积比例达到 60%及以上。2025 年，城镇新建绿色建筑占新建建筑面积比例达到 100%。

大力发展装配式建筑。推动城镇民用建筑规划、建设条件明确装配式建筑有关要求。政府投资或国有资金投资建筑工程按规定采用装配式建筑，其他项目装配式建筑占比不低于 30%，并逐步提高比例要求。2025 年，新开工装配式建筑占城镇新建民用建筑比例达到 40%及以上。

2）强化道路扬尘综合治理

推广道路深度保洁模式，不断提高全市主次道路深度保洁水平。结合季节特征和路况环境等，制定道路定期冲洗和定时洒水制度，明确城市路段的清扫模式（湿式清扫、机械化清扫）及洒水、冲洗的次数，做到全方位、全时段路面保洁，切实降低道路积尘负荷。按照人工清扫和机械化清扫相结合、地面清扫和空中雾炮降尘除霾相结合的作业方式，实现城区道路清扫保洁全覆盖。严格道路保洁作业标准，实行机械化清扫、精细化保洁、地毯式吸尘、定时段清洗、全方位洒水的“五位一体”作业模式，从源头上防止道路扬尘。

强化重点路段道路扬尘治理，加大城市出入口、城乡接合部、支路街巷等道路冲洗保洁力度，提高机械化清扫率和洒水率，扩大主次干道深度保洁覆盖范围，实施道路分类保洁分级作业方式。加强城市道路耐久性路面建设，及时修复破损道路。对城区及城郊接合部的所有土街土路、乡镇主要道路全部进行硬化和清扫扬尘整治活动。

大力推进道路清扫保洁机械化作业，提升作业装备水平，不断提高道路机械化清扫率，到 2025 年，城市建成区机械化清扫率达到 100%，县城建成区机械化清扫率达到 90%及以上，道路路面及便道无卫生死角，无积存垃圾，灰尘肉眼可见度为零。扩大清扫范围，对扬尘进行治理。2025 年，加大潍坊市所有国、省、县道重要路段（过村镇路段）清扫保洁力度，清扫保洁效果达到无浮土、无扬尘。乡村道路增加扬尘控制措施，扩展农村机械化保洁范围，达到 35%乡村道路进行机械化清扫。通过增加机械化保洁率，城市道路道路积尘负荷降低 35%、公路道路积尘负荷降低 20%；县乡主要道路进行道路硬化、铺装、进行机械化清扫，加大洒水频次，整体降低积尘负荷。

3）加强堆场料场管理

大型煤炭、矿石码头、干散货码头物料堆场，全面完成抑尘设施建设和物料输送系统封闭改造，有条件的码头堆场实施全密闭改造。开展水泥、火电、铸造、耐火材料、有色冶炼、砖瓦窑等企业完成物料运输和堆场等环节的无组织排放深度治理。

工业企业煤场等散状物料、固废堆场进行全封闭改造。无法完成全封闭改造的，必须建设防风抑尘网，抑尘网的高度应超过料堆 3 m 以上，并设置覆盖料堆的自动喷头，采取喷洒水、喷洒抑尘剂等防尘措施，或采取覆盖、铺装等抑尘设施。物料实现密闭输送，转运物料尽量采取封闭式皮带输送；物料装卸处配备吸尘、喷淋等防尘设施。堆场场坪、路面实施硬化处理，并定期进行机械化保洁清扫。堆场进出口设置车辆冲洗设施，运输车辆实施密闭或全覆盖，及时收集清理堆场外道路上撒落的物料。厂区主要运输通道实施硬化并定时冲洗或湿式清扫，堆场进出口设置车辆冲洗设施，运输车辆实施密闭或全覆盖。2025 年年底前，全市工业企业料堆场全部实现规范管理，建设城市工业企业堆场数据库，工业堆场全部安装视频监控设施，并与城市扬尘视频监控平台联网，实现工业企业堆场扬尘动态管理。对重点区域的大型煤炭、矿石码头、干散货码头物料堆场，实现 100%在线监控和视频监控覆盖。

4）加强裸地扬尘污染控制

加大城区裸土治理力度，开展城区裸露土地覆盖行动。对城市公共区域、长期未开发的建设裸地，以及废旧厂区、闲置空地、院落、物流园、大型停车场等进行排查建档，并采取绿化、硬化、苫盖、清扫等措施减少扬尘，强化绿化用地扬尘治理。2025 年年底前全面实现城区裸露土地规范管理，形成动态管理清单，建立裸土台账。应用卫星遥感等手段，对辖区裸地进行全面排查，建立台账并动态更新。定期检查覆盖情况，实施植绿、硬化、铺装等降尘措施，市区内除农田及绿化用地外基本实现无裸露地面。按照“宜林则林、宜绿则绿、宜覆则覆”的原则，采取绿化、生物覆盖、硬化等措施，分类施策，动态整治。加大主城区和县城建成区道路两侧和中间带绿化、裸露地段和地块的硬化和绿化，防止绿化带土壤造成二次扬尘污染。2025 年年底前，持续开展裸露土地治理，推广保护性耕地，抑制季节性裸地、农田扬尘，实现裸地“清零”。

5）实行渣土运输车标准化管理

严格规范渣土运输车辆管理，实施渣土运输车辆全覆盖，进出工地必须冲洗，严禁“滴、撒、漏”和带泥上路，及时淘汰违规、落后的渣土运输车辆。严格落实禁止夜间（22:00 至次日 6:00）施工和渣土车夜间上路规定（抢修、抢险作业和因生产工艺上要求或者特殊需要必须连续作业的除外）。制定易产生扬尘运输车辆密闭性检测标准，建立垃圾运输车辆、沙石运输车辆等易产生扬尘运输车辆的车辆密闭性检测机制，至少每季度检测 1 次，防止运输过程中抛、撒、滴、漏及扬尘问题。2025 年年底前完成全市全部渣土车 GPS 卫星定位系统安装，保证渣土车密闭洁净运输，不符合要求上路行驶的渣土车一经查处依规取消渣土运输资格。对全市渣土运输车实施全过程智能监管，公安、城管、建设等部门在渣土运输车集中通行路段设置检查点开展联合执法，重点查处未经审批私自运输、擅自更改运输线路、超高超载、漏抛撒及污染路面等违规行为，依法取消营运资格并追究建设施工单位的责任。

规范渣土车运输管理，渣土车必须按照规定的时间和路线通行，落实全密闭运输，实行信用等级管理，信用等级低的要及时清退渣土运输市场。推进渣土车车轮、底盘和车身高效冲洗，保持行驶途中全密闭，通过视频监控、车牌号识别、定位跟踪等手段，实行全过程监督。

（3）加强农业面源及秸秆焚烧治理

推进农药化肥减量增效。深入实施农药化肥减量增效行动，全面实施节水、减肥、控药一体推进、综合治理工程。加强农业投入品规范化管理，健全投入品追溯体系，严格执行化肥、农药等农业投入品质量标准。在粮食主产区、果菜茶优势产区等重点区域大力普及测土配方施肥技术、推广应用配方肥。大力推广缓控释肥、生物肥等新型肥料。推广水肥一体化、机械深耕、种肥同播等施肥技术。推广农艺防治、生物防治、物理防治等绿色防控技术，择优争创国家级果菜茶病虫全程绿色防控示范县。推广植保无人机等先进施药机械。大力扶持社会化服务组织开展专业化统防统治，择优争创国家级农作物病虫害专业化统防统治与绿色防控融合推进示范县。2025 年年底前，在农业病虫害发生平稳农作物种植面积不变的情况下，农药使用量较 2020 年下降 10%左右，化肥施用量较 2020 年下降 6%左右。

大力推广应用有机肥。加快发展绿色种养循环农业，推广畜禽粪污全量收集还田利用等技术模式。提升有机肥规模化生产能力，在用地、贷款、税收等方面给予优惠，支持引导社会力量兴办有机肥企业。引导农民积极施用有机肥，鼓励规模以下畜禽养殖户通过配建粪污处理设施、委托协议处理、堆积发酵就地就近还田等不同方式，促进畜禽粪污低成本还田利用，推动种养循环，改善土壤地力。到 2025 年，商品有机肥使用量达到 52 万 t。着力构建“收集—转化—应用”三级网络体系，提高农业农村生产生活有机废弃物资源化、能源化利用水平，推动畜牧大县争创国家绿色种养循环农业试点，积极创建省级农业绿色发展先行区。

加强秸秆综合利用。全市范围内禁止露天焚烧农作物秸秆，实行源头防控、以禁促用，综合施策、以用促禁。实行农作物秸秆禁烧网格化监管机制，引入无人机、遥感技术等加强对农作物秸秆露天焚烧的监管。加大对遥感观测起火点、高速公路沿线、铁路重要干线等重点区域的执法检查力度；切实加强秸秆禁烧管控，强化地方各级政府秸秆禁烧主体责任。建立网格化监管制度，在夏收和秋收阶段开展秸秆禁烧专项巡查。严防因秸秆露天焚烧造成区域性重污染天气，加强农村及城市周边垃圾无害化处理及综合利用，禁止露天焚烧生活垃圾、落叶等。到 2025 年，秸秆综合利用率达 95%以上。

（4）强化餐饮油烟治理

深入推进餐饮油烟污染治理。严格居民楼附近餐饮服务单位布局管理。拟开设餐饮服务的建筑应设计建设专用烟道。城市建成区产生油烟的餐饮服务单位全部安装油烟净化装置并保持正常运行和定期维护，餐饮油烟达标检测接入全市大气环境监测平台。加大对油烟超标排放等行为的监管执法力度，超过排放标准排放油烟的，依法责令改正并处以罚款；拒不改正的，责令停业整治。

（5）严格烟花爆竹禁放管理

严格烟花爆竹禁放管理。持续加强烟花爆竹禁售禁放监督管理，深入开展烟花爆竹“打非”专项行动，抓紧抓实重点人员、重点部位、重点时段、重点事项，推动宣传教育、销售清零、巡回检查、技防监控、严格执法等各项禁售禁放措施落实，巩固烟花爆竹禁放成效。

7.4.2.5　重点行业治理，推进末端技术改造

实施重点行业 NO_x 等污染物深度治理，推进玻璃、陶瓷、铸造、有色等行业污染深度治理，确保各类大气污染物稳定达标排放。全面加强无组织排放管控，严格控制铸造、焦化、水泥、砖瓦、石灰、耐火材料、有色金属冶炼等行业物料储存、输送及生产工艺过程无组织排放，实现“有组织排放稳定达标、无组织排放全流程收集处理、物料运输清洁化”。重点涉气排放企业取消烟气旁路，因安全生产无法取消的，安装在线监管系统及备用处置设施。

（1）推动重点行业污染物深度治理

推进重点行业污染治理升级改造。提升重点行业企业工艺水平及污染处理设备净化水平，实现污染物源头治理和末端治理。全面推动鲁丽钢铁、巨能特钢和潍坊特钢等钢铁企业超低排放改造，根据统一部署完成水泥熟料、水泥粉磨站、焦化企业超低排放改造。

（2）推进工业炉窑深度治理和替代

根据潍坊市工业炉窑综合治理实施方案，对照《产业结构调整指导目录（2019 年本）》，完成落后工业窑炉淘汰工作，对热效率低下、敞开未封闭，装备简易落后、自动化程度低、无组织排放突出，以及无治理设施或治理设施工艺落后等严重污染环境的工业炉窑，依法责令停业关闭。对以煤、石油焦、渣油、重油等为燃料的工业炉窑，加快使用清洁低碳能源或利用工厂余热、电厂热力等进行替代。加快行业工业炉窑深度治理进度，推进玻璃、陶瓷、石灰、铸造、有色等行业企业工业炉窑采用石灰石-石膏法、双碱法、低氮燃烧、布袋除尘或电袋复合除尘等高效末端治理工艺。

对于砖瓦等窑炉提升上限低、污控技术匮乏的企业，逐步淘汰砖瓦烧成轮窑、隧道窑，逐步淘汰经济效益差、生产过程跑冒滴漏严重、污染控制效果不佳的烧结砖瓦生产线，鼓励发展附加值高、生产高效清洁、污控效果良好的非烧结砖瓦生产线。

（3）推进企业提标改造，加强企业无组织管控

推进企业提标改造工作，在先前铸造企业 C 及以下全面提标改造基础上，增加 A、B 和绩效引领性企业数量。通过排查等手段，建立低标准企业管理台账；根据企业现有标准和提标改造难度，列出企业提标改造计划，制定企业提标改造任务；强化提标改造企业日常管理，对不满足标准、改造后死灰复燃的企业责令整改，整改后依然不满足要求者，剔除高标准企业行列。争取在 2025 年，80%以上的企业提标至 A、B 和绩效引领性。

全面加强无组织排放管控，严格控制铸造、焦化、水泥、砖瓦、石灰、耐火 材料、有色金属冶炼等行业物料储存、输送及生产工艺过程无组织排放，实现无组织排放全流程收集整理。

（4）强化企业监管，保证企业达标稳定排放

加强企业监管，钢铁、焦化、石化等重点污染源均安装污染物在线监控系统，加强对在线监控系统的运维力度，确保系统能正常使用；对提标改造、深度治理企业，通过在线监控、用电监控等技术手段进行实时日常监管，确保企业污染物排放浓度不超标，不出现突发高值等异常工况。

7.4.2.6 推进专项行动，严格 VOCs 排放治理

实施 VOCs 全过程污染防治。建立完善石化、化工、包装印刷、工业涂装等重点行业源头替代、过程管控和末端治理的全过程控制体系。开展原油、成品油、有机化学品等涉 VOCs 物质储罐排查。组织开展有机废气排放系统旁路摸底排查，逐步取消炼油、石化、煤化工、制药、农药、化工、工业涂装、包装印刷等非必要的 VOCs 废气排放系统旁路，因安全生产无法取消的，安装有效监控装置纳入监管。因地制宜推进工业园区、企业集群 VOCs“绿岛”项目建设，统筹规划、分类建设集中涂装中心、活性炭集中处理中心、溶剂回收中心。严格执行 VOCs 行业和产品标准。全面推进低 VOCs 含量涂料、油墨、胶黏剂、清洗剂等原辅料使用。到 2025 年，溶剂型工业涂料、溶剂型油墨使用比例分别

降低 20 个百分点、15 个百分点，溶剂型胶黏剂使用量下降 20%。2021 年年底前，完成现有 VOCs 废气收集率、治理设施同步运行率和去除率的排查，对达不到要求的收集、治理设施进行更换或升级改造，确保稳定达标排放；2025 年年底前，炼化企业基本完成延迟焦化装置密闭除焦改造。2025 年年底前，储油库和年销售汽油量大于 3 000 t 的加油站，安装油气回收自动监控设备并与生态环境部门联网。持续推行加油站、油库夜间加油、卸油措施。推动企业持续、规范开展泄漏检测与修复（LDAR），鼓励石化、有机化工等大型企业自行开展 LDAR。重点加强搅拌器、泵、压缩机等动密封点，以及低点导淋、取样口、高点放空、液位计、仪表连接件等静密封点的泄漏管理。加强监督检查，每年臭氧污染高发季前，对 LDAR 开展情况进行抽测和检查。加强汽修行业 VOCs 综合治理，加大餐饮油烟污染治理力度。实施 VOCs 排放总量控制。

（1）工业涂装

推进建设适宜高效的治污设施。喷涂废气应设置高效漆雾处理装置。喷涂、晾（风）干废气宜采用吸附浓缩+燃烧处理方式，小风量的可采用一次性活性炭吸附等工艺。调配、流平等废气可与喷涂、晾（风）干废气一并处理。使用溶剂型涂料的生产线，烘干废气宜采用燃烧方式单独处理，具备条件的可采用回收式热力燃烧装置。

针对原辅材料进行革新。原辅材料替代技术主要包括高固体分溶剂型涂料替代技术、水性涂料替代技术、水性清洗溶剂替代技术等，通过原辅材料替代减少 VOCs 的产生量。

有效控制无组织排放。涂料、稀释剂、清洗剂等原辅材料应密闭存储，调配、使用、回收等过程应采用密闭设备或在密闭空间内操作，采用密闭管道或密闭容器等输送。除大型工件外，禁止敞开式喷涂、晾（风）干作业。除工艺限制外，原则上实行集中调配。调配、喷涂和干燥等 VOCs 排放工序应配备有效的废气收集系统。

（2）印刷印染

源头替代是印刷行业VOCs治理的根本措施，应推广使用低挥发性环保原辅材料。鼓励使用通过中国环境标志产品认证的油墨、清洗剂和润版液等环境友好型原辅材料。使用低VOCs含量的油墨。印刷企业须使用水性油墨、树脂型油墨、大豆油基胶印油墨、能量固化（UV、EB固化油墨）等低VOCs含量的油墨。推广使用免酒精润版液，在胶印工艺中应使用免酒精润版液/无醇润版液，或低醇润版液（VOCs含量5%以下），应不使用或在少数情况下少量使用酒精或异丙醇作为润版液的添加剂（添加量≤3%）。推广使用环保型油墨清洗剂，应尽量不使用溶剂型油墨清洗剂（如乙酸乙酯等），推广使用低（不）挥发和高沸点的清洗剂。溶剂型上光油可用水性上光油或UV上光油替代。在覆膜工艺中，使用预涂膜工艺来代替即涂膜工艺，或者使用水性覆膜胶，在印刷品装订工艺中使用水性胶黏剂或聚氨酯型（PUR）胶黏剂代替溶剂型胶黏剂。

印刷过程产生的废气应根据废气产生量、污染物成分特征、风量和排放条件（温度、湿度、压力和颗粒物）等因素，合理选择适宜的处理技术及设备。实行排放浓度与去除效率双重控制，治理设施去除效率不应低于80%并不产生二次污染，行业标准有更高要求的执行行业标准。对于技术先进、规模大、有实力的企业，废气经捕集后推荐采用活性炭吸附+催化燃烧在线或定期脱附再生方式处理。对于中小规模的企业，综合不同印刷工艺和原辅材料使用等实际情况，废气经捕集后推荐采用活性炭吸附+第三方脱附再生方式处理。加强油墨、稀释剂、胶黏剂、涂布液、清洗剂等含VOCs物料储存、调配、输送、使用等工艺环节VOCs无组织逸散控制。含VOCs物料储存和输送过程应保持密闭。

（3）化工行业

依据《重点行业挥发性有机物综合治理方案》要求，积极推广使用低VOCs含量或低反应活性的原辅材料，加快工艺改进和产品升级。制药、农药行业推广使用非卤代烃和非芳香烃类溶剂，鼓励生产水基化类农药制剂。橡胶制品行业推广使用新型偶联剂、黏合剂，使用石蜡油等替代普通芳烃油、煤焦油等助剂。优化生产工艺，农药行业推广水相法、生物酶法合成等技术；实施废气分类收集处理。优先选用冷凝、吸附再生等回收技术；难以回收的，宜选用燃烧、吸附浓缩+燃烧等高效治理技术。水溶性、酸碱 VOCs 废气宜选用多级化学吸收等处理技术。恶臭类废气还应进一步加强除臭处理。

（4）橡胶和塑料制造

调研潍坊市橡胶和塑料制造企业发现，企业多数采用光解加活性炭或者活性炭废气吸收方式。此外，仍存在无组织排放收集及处理效率较低的情况，应加快企业深度治理，达到《挥发性有机物无组织排放控制标准》（GB 37822—2019）要求。推荐末端治理技术，根据污染物种类及浓度的不同，分别可采用静电吸附、干式过滤、多级填料塔吸收、光催化氧化、吸附、高温焚烧等连用多级技术净化处理。

源头替代技术积极推广使用低 VOCs 含量或低反应活性的原辅材料，加快工艺改进和产品升级，橡胶制品行业推广使用新型偶联剂、黏合剂，使用石蜡油等替代普通芳烃油、煤焦油等助剂。优化生产工艺，橡胶制品行业推广使用串联法混炼、常压连续脱硫工艺。推行全密闭生产工艺，加大无组织排放收集。塑料制品行业优先采用环保型原辅材料，禁止使用附带生物污染、有毒有害物质的废塑料作为生产原辅材料。

（5）加油站

规范油气回收设施运行，促进油气回收设施正常运行，巩固油气回收成果。自行或聘请第三方加强加油枪气液比、系统密闭性及管线液阻等检查，提高检测频次，原则上每半年开展 1 次，确保油气回收系统正常运行。加快加油站安装油气回收自动监控设备，并与生态环境部门联网。重点加油站使用三级油气回收。

（6）汽修

汽修企业 VOCs 处理设施大部分采用活性炭吸附或光催化氧化技术。应提高末端处理设施效率，推广汽修企业使用水性等低挥发性有机物含量的环保型涂料，限制使用溶剂型涂料；禁止露天喷漆，喷漆和烘干操作应在喷烤漆房内完成。

7.4.2.7 积极应对重污染天气，加强区域联防联控

优化重污染天气应对体系。持续完善环境空气质量预报能力建设，进一步提升准确率。健全重污染天气监测、预警和应急响应体系，积极参与建立区域联合会商机制，与区域各县（市、区）同步启动重污染天气应急。落实国家、省重污染天气重点行业绩效分级和应急减排的实施范围，推进重污染绩效分级管理规范化、标准化，落实差异化管控措施。完善应急减排信息公开和公众监督渠道。修订优化应急减排清单，调整应急减排企业行业和区域结构。研究实施分行业、分区域的差别化错峰减排，降低区域和时间上的污染峰值。引导重点企业在秋冬季安排停产检维修计划，减少污染物排放。到 2025 年，基本消除重污染天气。

（1）夯实重污染天气应急减排措施，实现精准管控

夯实应急减排措施。动态更新大气污染物源排放清单，完善颗粒物来源解析工作，优化重污染天气应急预案修订及减排措施清单。充分运用大气污染物源排放清单、颗粒物来源解析工作成果，根据天气预警分级，确定应急减排重点，明确启动条件，启动程序，预警解除，应急预案实施后评估等相关内容。细化应急减排措施，落实到企业各工艺环节，实施清单化管理。开展环保治理水平评估，把工艺水平落后、污染治理水平低、环境违法行为多发、超排放标准或超总量控制排放的大气污染源作为首要的应急减排对象。加强重污染天气应急预案实施后评估，结合污染成因和应急措施实施效果评估结果，应急管理期间优先调控产能过剩行业并加大调控力度；优先管控高耗能、高排放行业；

同行业内企业根据污染物排放绩效水平进行排序并分类管控；优先对城市建成区内的污染企业、使用高污染燃料的企业等采取停产、限产措施。企业应制订“一厂一策”实施方案，优先选取污染物排放量较大且能够快速安全响应的工艺环节，采取停产限产措施，并在厂区显著位置公示，接受社会监督。

（2）严格落实秋冬季重点企业错峰生产

实施秋冬季重点行业错峰生产。加大秋冬季工业企业生产调控力度，针对钢铁、水泥熟料、焦化、铸造、有色、化工等高排放行业，制订错峰生产方案，实施差别化管理。要将错峰生产方案细化到企业生产线、工序和设备，载入排污许可证。企业未按期完成治理改造任务的，一并纳入当地错峰生产方案，实施整治属于《产业结构调整指导目录》限制类的，要提高错峰限产比例或实施停产。

（3）加强重污染天气应急能力建设，创新监管方式

基于潍坊市现有监测、监管能力和潍坊市空气质量智慧平台系统，加强重污染天气应急管理能力建设。利用企业污染源在线监控系统、企业智慧用电系统，实时、精准把握企业生产排放工况，识别排放工况异常、用电环节应停未停的企业并严加监管。采用车流信息、企业进出厂门禁，实现对重型运输车辆的有效管控；采用颗粒物走航、扬尘源在线监控、火点监控、高空瞭望监控等手段，实现针对城市散面源的有效监督。

第8章 大气污染防治工作机制

8.1 量化问责机制

为强化各级各部门环境保护责任，扎实推进生态文明建设，2017年潍坊市委、市政府制定《潍坊市各级党委、政府及有关部门（单位）环境保护工作职责》，明确了各级党委和政府、党委职能部门、政府职能部门环境保护工作职责。2019年潍坊市政府编制《潍坊市打好污染防治攻坚战量化约谈问责实施细则（暂行）》，明确了约谈问责对象、处理方式以及问责情形，旨在传导压力、压实责任。为进一步提升生态文明建设水平，将生态环境改善目标和实施进度落到实处，2019年调整和制定《潍坊市生态环境保护委员会组成人员和主要职责》，成立燃煤污染防治、工业污染防治、机动车船污染防治、扬尘污染防治、环保督察整改等8个专业委员会，各专业委员会主任由市级领导担任，副主任由市政府分管副秘书长（办公室副主任）和牵头部门主要负责同志担任，建立领导包靠制度。为进一步健全完善市生态环境保护委员会工作制度，同步制定了《潍坊市生态环境保护委员会工作规则》，明确各级领导和成员工作职责，制定市环委会会议制度、调度制度、督导制度、约谈制度、奖惩制度、报告制度和签发制度，专业委员会会议制度、专项检查制度、定期调度制度、报告制度和签发制度，以及市环委会办公室联络制度、会议制度、调度通报制度、督查督办制度、考核奖惩制度、媒体曝光制度、报告制度和签发制度。

8.2　跟踪研究工作机制

8.2.1　精准调度机制

通过对大气环境智慧分析管理工具环境大数据、监测点实时数据、气象数据等进行精确分析，形成切实可行的措施建议并及时预警，并每天利用潍坊市大气污染治理“一市一策”群、中心城区大气调度群等微信群进行过程及实时调度，推送空气质量变化情况，提出有针对性的管控措施建议，帮助潍坊市削减污染，从而做到时保日、日保周、周保月、月保年，力争月度、年度空气质量目标达成；对空气质量影响较大的轻中度及重污染天气，进行有针对性的管控，结合年、月预警控制量化每项管控指标，每天进行气象会商，提前预警，轻中度及重污染过程中重点分析给出针对性管控建议，管控后给出效果评估，切实实现污染“削峰减频”。

臭氧高值月份，通过每日空气质量预报，利用空气质量监测平台、工业企业在线监控平台、企业用电量监控平台、激光雷达、VOCs 在线监测设备、卫星遥感监测等多源数据和多技术耦合发现问题、梳理问题、推送问题。结合气象变化，每日定时开展综合分析，调度不同方位重点管控清单，及时提出针对性的管控措施建议。

8.2.2　实时分析机制

数据分析组每日对昨日空气质量情况进行分析，主要包括潍坊市综合指数排名情况、高值站点分析、污染过程分析、现场存在问题及管控建议，形成空气质量分析日报。

每月对空气质量变化、污染过程、排名变化进行分析解读，同时对未来空气质量进行预测预报并提出对应管控建议，形成空气质量分析月报。

年度对当年空气质量情况，污染过程，现场、各部门存在的问题进行总结，对下一年目标进行分解，对阶段性工作提前部署，形成空气质量分析年报。

为更好地反映应急管控期间污染源督查情况、重污染应急管控情况，以及提供专项污染源的解决方案，针对重点点位、重点区域、重点污染源、重要节假日期间等污染问题进行数据研判，根据数据的空间、时间等变化规律，经过模型反演后进行分析总结，提出针对性建议，形成专项报告。

8.2.3 联合会商机制

安排专业预报人员，每日进行空气质量预报，预报未来 7 d 空气质量变化情况，包括预测未来 7 d 的气象变化情况、空气扩散条件、污染等级、AQI 数值等重要指标参数；重污染期间联合市气象局、市监测站、南京大学预报组多方综合研判，提高预报预警的准确度、可信度和实用性。服务期间严格按照要求进行预报，并结合潍坊市本地情况适时延长预报时间为未来 7～15 天。

根据常态化预测预报需求及不同的气象、空气污染形势，不同的预警条件或特殊时段，开展“定时会商”与“即时会商”的灵活会商模式，并联合市气象局、市监测站以及各服务团队之间建立完善相应的会商机制体制，以适应大气污染防治不同条件、不同状态下的需求。

8.2.4 常态化巡查机制

通过国控点位、市控点位和乡镇站的监测数据，利用颗粒物源解析、便携式六参数传感器、走航监测车、企业在线监测等多种方式寻找污染源，实现对污染源治理效果的持续跟踪，将污染源治理与管控任务，按照责任主体分给相关单位，驻场期间重点工作巡查组与数据分析组通过微信群实时通报、App 交办等方式督促各级单位落实污染源整改。

综合利用市生态环境局提供的各类数据平台以及自主研发平台，在进行数据清洗后，从用电量、企业排放量、渣土车在线监控平台、颗粒物组分数据等多方面进行数据分析，针对不同点位的污染源特点，提出针对性管控建议；特别是重污染期间，面对部分数据平台无历史数据的情况，团队 24 小时值班人工统计数据情况，分析污染源规律，以点带面做好应急管控及重大活动保障工作。

第9章 经验总结与展望

历时两年半的大气污染防治技术支撑与精准帮扶，潍坊市空气质量改善取得显著成效，2020 年潍坊市成为山东省第一个全面完成“十三五”空气质量约束性指标的城市。

9.1 空气质量改善成效

2020 年潍坊市各项污染物浓度同比下降显著，潍坊市成为山东省第一个全面完成“十三五”空气质量约束性指标的城市。

①年综合指数 5.13，同比改善 12.2%。

②优良天数 267 d，同比增加 46 d；重污染 11 d，同比减少 7 d。

③$PM_{2.5}$ 浓度 50 μg/m^3，同比下降 6 μg/m^3，同比改善 10.7%；$PM_{2.5}$ 年累计浓度较 2017 年下降 19.0%，完成省定 $PM_{2.5}$ 下降率目标（16.8%）。

④PM_{10} 浓度 87 μg/m^3，同比下降 17 μg/m^3，同比改善 16.3%。

⑤SO_2 浓度 11 μg/m^3，同比下降 2 μg/m^3，同比改善 15.4%。

⑥NO_2 浓度 33 μg/m^3，同比下降 5 μg/m^3，同比改善 13.2%。

⑦CO 浓度 1.6 mg/m^3，同比下降 0.1 mg/m^3，同比改善 5.9%。

⑧O_3 浓度 170 μg/m^3，同比下降 15 μg/m^3，同比改善 8.1%。

2021 年潍坊市各项污染物浓度显著下降，多项指标改善率位于山东省前列，浓度和排名创历年最佳。

①综合指数 4.31，168 个全国重点城市排名第 115，同比前进 24 名；山东省第 6，同比前进 2 名，同比改善 15.0%，168 个全国重点城市排名第 8，山东省第 1。

②优良天数 289 d，山东省第 5，同比增加 21 d，山东省第 2。

③重污染 2 d，同比减少 9 d。

④$PM_{2.5}$ 浓度 38 μg/m^3，山东省第 6，同比改善 22.4%，山东省第 1。

⑤PM_{10} 浓度 71 μg/m^3，山东省第 6，同比改善 17.4%，山东省第 1。

⑥SO_2 浓度 8 μg/m^3，山东省第 2，同比改善 20.0%，山东省第 2。

⑦O_3 浓度 156 μg/m^3，山东省第 5，同比改善 7.1%，山东省第 3。

2020 年 5—9 月和 2021 年同期夏季臭氧治理成效显著。

①2020 年 5—9 月潍坊市 $O_{3\text{-}8h\text{-}90}$ 浓度为 197 μg/m^3，浓度同比降低 2.5%。

②2021 年 5—9 月潍坊市 $O_{3\text{-}8h\text{-}90}$ 浓度为 164 μg/m^3，山东省排第 3 位（3/16），168 个全国重点城市排第 69 位；浓度同比降低 16.8%，改善率位于山东省第 1 位，168 个全国重点城市排第 4 位。

9.2 综合治理经验

9.2.1 领导重视，部门、团队倾心合力

（1）市委、市政府高度重视

潍坊市委、市政府高度重视大气污染防治工作，始终坚持将打好、打赢蓝天保卫战作为根本目标，多措并举推进空气质量显著改善。一是不定期召开全

市环境污染防治攻坚大会，高效推动环保工作，统筹安排、齐抓共管生态环境工作，旨在肯定成绩、正视问题、及时纠正，强化责任担当，为生态环保铁军增强信心和决心。二是市领导每日紧盯空气质量、亲临一线指导工作，市委书记、市长和副市长每日紧盯潍坊环境空气质量状况，及时部署环保工作。为进一步压实责任，市里专门成立了市级领导包靠制度，16 名市级领导分别包靠一个县（市、区），紧盯各县区环保工作，并亲临一线指导工作。三是建立量化约谈问责制度、强化部门责任担当，市政府专门建立了《关于打好潍坊市污染防治攻坚战的量化约谈问责实施细则》，不仅压实了各有关市直部门环保责任，而且对各县（市、区）空气质量严峻形势者进行量化问责，环环相扣，层层压实，步步紧逼空气质量持续改善。

（2）各相关部门、各县（市、区）协同攻坚

潍坊市空气质量改善取得显著成效，离不开全体环保铁军们的英勇奋战和强有力的落地实施。一是离不开市生态环境局的勇敢担当与必胜决心，市生态环境局以身作则，组建 8 个督导组长期下沉一线，联合执法检查，分头带队全面开展专项执法检查，始终坚持“高标准、严要求、贴实际”的原则，突出重点，狠抓落实，争做打赢潍坊蓝天保卫战的“主力军”和“总指挥”。二是离不开各有关市直部门合力支持与密切配合，各部门根据任务分工，充分发挥职能作用，形成协调紧密、运转高效的环境污染防治强大合力，有效助力潍坊市空气质量持续改善。三是离不开各县（市、区）的主动作为和有效落地，各项管控与治理措施建议均需强有力的落地执行，潍坊市环境质量改善取得优异成绩，更是离不开各县（市、区）政府、生态环境分局以及相关部门的苦干实干和积极配合，将管控和治理建议落地、落实和落细。同时，在各部门的大力支持和积极配合下，市生态环境局通过强化舆论监督引导，营造全民共治、共护蓝天的良好氛围，推动潍坊市空气质量持续改善。

（3）“一市一策”团队科学指导

潍坊市大气污染防治“一市一策”跟踪研究团队入驻潍坊市期间，坚持精准治污、科学治污、依法治污，利用多平台数据和多技术方法，为潍坊市大气污染综合防治提供强有力的技术支撑。一是系统研究、全面支撑，针对夏季臭氧、春季扬尘、秋冬季细颗粒物污染等问题，滚动开展工业源、机动车源、扬尘源等专项研究，基于多源数据，系统解析污染成因，开展精准溯源，全面支撑市里各项大气污染防治工作。二是创新技术、量身定做，采用卫星遥感技术和车载出租车走航监测技术，提取工地裸地详细信息，用于排查整治，并量化高值污染路段；应用行车大数据创新技术，评估本地与过境货车排放影响；利用卫星遥感技术，耦合源清单和应急清单，识别臭氧高值区，并定位高值区污染企业，为各类污染问题量身打造精细化管控方向及建议，研究成果直接服务于实际管理和落地执行。三是聚焦重点，深入一线，基于源解析、源清单等基础研究结果，聚焦重点污染源、重点行业，组织多轮次专家监督帮扶，通过“传、帮、带”模式，深入一线摸清现状，每日一报，及时给出整改建议，有效解决“有想法、没办法，有头绪、没依据”的技术瓶颈。长期性的系统研究和科学指导，高效助推全市空气质量显著改善。

9.2.2　能力建设与技术支撑共助空气质量改善

（1）多平台多系统多源融合，“天地空”全方位立体管理

组建以智慧用电、企业在线、扬尘监测、非道机械、货运监管、渣土车监管、组分网等多源平台，融合无人机锁源、道路积尘负荷走航、卫星遥感监测等多方位监测系统，实现从预警到监测再到监控的完整闭环，为潍坊市大气污染物时空变化提供趋势分析，为大气环境推动提供有力保障。

（2）高密度全市域清单绘制，精细化网格化动态施策

系统构建污染源排放清单，强化重污染应急清单编制，深化油罐储运、裸

土及高密度污染源台账，动态更新中心城区关键区域污染源排放清单，开展“一厂一策”方案编制培训，提供环境管理需要的核心基础数据支撑，确保精准治理、精细治理。

（3）高规格多尺度科学研判，多部门双反馈上下联动

实时污染源分析研判，动态调度，精准溯源。基于潍坊市污染物不同尺度的分析结果及相关污染物长期监测数据，结合专家研判会商，实时动态分析研判，高值区域调度，现场督查双向反馈，督查每项措施的有效落实，确保各部门措施执行到位，圆满解决“最后一公里”。

（4）引技术促成果科学转化，建机制明责任齐抓共管

开展基于源采样、源解析、源反演、源追踪、碳指纹识别等技术，对重点行业、高污染排放企业实施“一厂一策”专项检查行动，对污染排放控制水平、差别化管控手段、末端治理水平进行评估，优化大气污染物的减排效果。建立健全联动考核机制。通过 App 联合各市直部门、各级政府生态环境负责人，全民联动，齐抓共管。量化考核，实现责任到人，压力传导，及时消源。

（5）早部署早谋划有的放矢，攻短期锁中期立足长远

基于本地污染排放，源头治理，科学解决环保治理过程中存在的“排放底数不清、形成机理不明、系统治理不足”等问题，设计强有力的工作目标，措施落实与考核并行，攻克短期、锁定中期、立足长期。建立日调度机制，明确每日预警指标，措施精细化至园区、行业、企业，明确各部门工作内容；建立实时污染成因分析机制，开展动态污染回顾，提前预判污染趋势；污染天气加密专家联合会商，实行小时会商预警，量化管控时间、点明重点管控区域、行业及企业，提前应对，入厂督查。过程跟踪，保持实时动态分析，动态调整措施建议。实施污染天气应急与评估，及时针对典型污染过程的成因机理、控制对策等进行深入会商，实施动态环境容量评估模拟，总结评估污染减排效果，优化管控方案。协助政府对企业环境和经济效益双向评估，深化环境预算管理，

为产业结构调整、转型发展提供科学支撑，科学指导空气质量达标。实施专业团队专项驻场指导找准症结，因地制宜，精准施治，协助市委、市政府、市生态环境局更好地划分各部门责任，从宏观进行大尺度把控，从微观进行实际落地操作。

9.3 展望

“十四五”开局阶段，潍坊市环境空气质量得到显著改善，但空气质量仍未达标，面对《空气质量持续改善行动计划》提出的“十四五”期间细颗粒物浓度下降 20%的目标，以及在减污降碳协同增效新形势下的新挑战与新任务，要持续实施重污染天气消除攻坚、臭氧污染防治攻坚、柴油货车污染治理攻坚，保持方向不变、力度不减，进一步发挥“传、帮、带”大气污染综合治理技术帮扶作用，更大力度抓好工业、燃煤、机动车、扬尘四大污染源深度治理，以大气环境高水平保护推动社会经济高质量发展，接续攻坚、久久为功。

①环境空气质量改善方面，着力打好重污染天气消除攻坚战、持续打好臭氧污染防治攻坚战、深入打好柴油货车污染治理攻坚战，坚持科学治污、精准科学、依法治污，实现空气质量持续改善，主要污染物排放总量持续下降。到 2025 年，潍坊市 $PM_{2.5}$ 浓度比 2020 年下降 20%，重度及以上污染天数比例控制在 1%以内；氮氧化物和 VOCs 排放总量比 2020 年分别下降 10%以上。

②工作机制创新与实践方面，结合污染防治实际需求，适时更新大气污染防治综合治理工作机制，开拓创新、勇于实践，优化工作方法，完善工作机制，有效应对污染态势。一是强化信息共享。整合市政府、各部门、各企业数据资源，进一步提升数据分析和应用能力，实现数据资源的最大化利用，为大气污染防治工作提供更加精准、高效的支持。二是优化奖惩机制。完善大气污染防治的奖惩政策，细化奖惩内容，增加奖惩频次，通过明确、公正的奖励和惩罚

措施，激励各方积极参与防治工作，促进防治措施得到更加有效的执行。三是强化科技支撑与帮扶。运用大数据、物联网等现代科技手段，持续强化科技支撑和技术帮扶，聚焦涉 VOCs 和 NO_x 排放的工业园区、产业集聚区、重点行业企业以及用车大户，开展规模性、系统性技术帮扶，进一步提高污染源识别精准性和时效性，持续提升污染治理能力水平。

③污染物控制与污染源治理方面，以降低细颗粒物（$PM_{2.5}$）浓度为主线，大力推动氮氧化物（NO_x）和挥发性有机物（VOCs）减排，动态更新 $PM_{2.5}$、NO_x 和 VOCs 污染物排放精细化底账；开展工业源、移动源、扬尘源等重点源协同治理，突出精准治污、科学治污、依法治污。

一是加强工业源污染排放监管，加快行业提标改造。潍坊市工业源对 $PM_{2.5}$ 浓度贡献占比为 41.8%，是采暖季细颗粒物的第一大污染源类。一方面，建议继续加强工业源污染物排放监管，尤其是钢铁、铸造和焦化、建材、电力以及耐火材料等行业污染物排放源监管；另一方面，加快潍坊市重污染行业如钢铁、焦化、铸造、石油化工等行业提标改造，制订“一行一策”和“一企一策”系统治理方案，建立行业科学发展评价体系，制订科学的监管制度和秋冬季/重污染天气的停限产方案，加大日常环境监管和执法力度。

二是加大移动源强化监管，倡导使用高排放标准车辆。机动车源是潍坊市的第二大污染源类，贡献占比为 21.8%，其中柴油车排放占比 19.6%。一方面，依托大数据技术持续打好柴油货车污染治理攻坚战，利用货车监控平台和非道路移动机械监控平台，加大重点工业园区、物流园区、大型企业货车行驶监管，尤其是高排放型重型柴油车，加大惩罚力度，力争减少违规上路车辆引起的硝酸盐及前体物增高现象。另一方面，加快提升机动车清洁化水平。新增或更新公交、出租、城市物流配送、轻型环卫等车辆中新能源汽车比例不低于 80%；钢铁、焦化、水泥等行业和物流园区推广新能源中重型货车，发展零排放货运车队。

三是持续加强扬尘源管控，力争减少粗颗粒污染。扬尘源在各污染源 $PM_{2.5}$ 浓度贡献中位列第 3，排放占比为 17.6%。其中，城市道路和乡村道路的扬尘排放总量高于城省道和高速公路。一方面，建议加强道路扬尘管控，不仅要加大对主要交通干线机械化湿式清扫和洒水保洁频次，还要充分重视公路尤其是县道和乡道的清扫保洁工作，城市道路中强化对工地周边道路和背街小巷的清扫保洁。另一方面，强化施工企业环保理念，加强施工工地内部精细化管理，确保施工企业严格执行“房屋建筑施工现场扬尘治理六个百分之百标准”，并加强施工工地扬尘排放监管。

四是加强民用散煤管控，进一步提升散煤管控水平。潍坊市燃煤源对 $PM_{2.5}$ 的贡献占比为 13.0%。一方面，严格落实中心城区禁燃区高污染燃料禁燃规定，严格落实“煤改电”“煤改气”等“双替代”政策落地；在采暖期组织开展散煤复燃专项检查，严防清洁取暖替代地区散煤复燃。严格散煤生产、加工、储运、销售环节监管，持续开展煤质监测监管，严禁使用劣质煤。另一方面，加强对禁燃区内燃用散煤和生物质焚烧问题的排查，重点针对高密市、青州市、寿光市和安丘市等民用散煤使用量较高区域进行排查。对仍未实现清洁取暖的城中村，特别是寒亭区吴官庄村，距离国控点较近，要加大街道基层宣传力度，多形式、高质量、全方位取代散煤燃烧取暖，开展重点区域分散燃煤锅炉及民用小煤炉的逐户排查建档工作。